D1722200

Faszination Astronomie

Arnold Hanslmeier

Faszination Astronomie

Ein topaktueller Einstieg für alle naturwissenschaftlich Interessierten

Arnold Hanslmeier
Institut für Physik
Graz, Österreich

ISBN 978-3-642-37353-4 ISBN 978-3-642-37354-1 (eBook)
DOI 10.1007/978-3-642-37354-1

Die Deutsche Nationalbibliothek verzeichnet diese Publikation in der Deutschen Nationalbibliografie; detaillierte bibliografische Daten sind im Internet über http://dnb.d-nb.de abrufbar.

© Springer-Verlag Berlin Heidelberg 2013
Dieses Werk einschließlich aller seiner Teile ist urheberrechtlich geschützt. Jede Verwertung, die nicht ausdrücklich vom Urheberrechtsgesetz zugelassen ist, bedarf der vorherigen Zustimmung des Verlags. Das gilt insbesondere für Vervielfältigungen, Bearbeitungen, Übersetzungen, Mikroverfilmungen und die Einspeicherung und Verarbeitung in elektronischen Systemen.

Die Wiedergabe von Gebrauchsnamen, Handelsnamen, Warenbezeichnungen usw. in diesem Werk berechtigt auch ohne besondere Kennzeichnung nicht zu der Annahme, dass solche Namen im Sinne der Warenzeichen- und Markenschutz-Gesetzgebung als frei zu betrachten wären und daher von jedermann benutzt werden dürften.

Planung und Lektorat: Dr. Vera Spillner, Dr. Meike Barth
Redaktion: Heike Pressler
Einbandabbildung: NASA, ESA, Z. Levay und R. van der Marel (STScI) und A. Mellinger

Gedruckt auf säurefreiem und chlorfrei gebleichtem Papier.

Springer Spektrum ist eine Marke von Springer DE. Springer DE ist Teil der Fachverlagsgruppe Springer Science+Business Media
www.springer-spektrum.de

Vorwort

Astronomie ist eine Wissenschaft, die an die Grenzen geht. Man hat es mit unvorstellbar riesigen Raum- und Zeitdimensionen zu tun, unvorstellbaren heißen und auch kalten Objekten, und selbst in unserem mittlerweile auch durch Satellitenmissionen gut erforschten Sonnensystem gibt es laufend neue Entdeckungen. Dazu kommt noch, dass Astronomen nicht direkt mit ihren Forschungsobjekten arbeiten können. Die einzige Information, die wir über Sterne und Galaxien erhalten, ist deren Strahlung und Position am Himmel. Trotzdem erlauben es die physikalischen Gesetze, über diese Objekte Informationen zu bekommen: Von vielen Sternen und Galaxien wissen wir, woraus sie bestehen, wie alt sie sind, wie weit sie von uns entfernt sind usw. Erkenntnisse der Astronomie haben unser Denken wesentlich beeinflusst. Die Erde ist keineswegs der Mittelpunkt, sondern nur ein winziger Planet im Universum, das unendlich, aber doch endlich ist und das selbst keinen Mittelpunkt besitzt. Wir werden in diesem Buch, das aus einer an der Universität Graz gehaltenen Vorlesung für Studierende aller Fakultäten entstanden ist, astronomische Kenntnisse vermitteln, ohne zu viel auf Physik und Mathematik einzugehen. Etwas tiefergehende Formeln und Textstellen sind vom Rest des Textes getrennt und können, ohne den Zusammenhang zu verlieren, übersprungen werden. Trotzdem soll der Eindruck entstehen, dass astronomische Zahlen belegbar sind und Ergebnis sorgfältiger Messungen.

Im ersten Kapitel beschreiben wir die Faszination des Ursprungs des Universums. Moderne Erkenntnisse der theoretischen Physik helfen hierbei und Astrophysik und Physik bringen zusammen neue Erkenntnisse und werfen gleichzeitig auch neue Fragen auf. Wir behandeln Dunkle Materie, das Sonnensystem, die Sonne sowie die Entwicklung der Sterne. Riesige supermassive Schwarze Löcher befinden sich in den Zentren der Galaxien, erstmals ist es möglich, diese durch Beobachtungen nachzuweisen. Seit mehr als 20 Jahren kennen wir auch Planeten außerhalb unseres Sonnensystems. Damit versuchen wir dann am Ende des Buches eine Antwort auf die wohl spannendste Frage der Naturwissenschaften zu geben: Sind wir alleine im Universum?

Das Buch wendet sich nicht nur an Studierende, sondern auch an interessierte Laien sowie an alle, die sich mit modernen Erkenntnissen der Naturwissenschaft beschäftigen. Physik, insbesondere Astrophysik, kann extrem spannend sein, ich hoffe, meine Leserinnen und Leser gewinnen durch die Lektüre dieses Buches diesen Eindruck!

Danksagung: Ich bedanke mich bei Frau Dr. Vera Spiller und Frau Meike Barth vom Spektrum Verlag für die ausgezeichnete Zusammenarbeit. Meiner Lebensgefährtin Anita danke ich für zahlreiche Diskussionen und ihre Geduld.

März 2013 Arnold Hanslmeier

Inhaltsverzeichnis

Kräfte, die das Universum bestimmen

1

Inhaltsverzeichnis

In diesem Kapitel untersuchen wir, welche Kräfte im Universum vorkommen.

Nach der Lektüre werden Sie verstehen, weshalb

- es unterschiedliche Kräfte wie Gravitation oder Elektromagnetismus gibt,
- das Universum von der schwächsten Kraft geformt wird,
- es Atomkerne überhaupt geben kann,
- Protonen und Neutronen keine Elementarteilchen sind,
- Kräfte übertragen werden.

Erstaunlicherweise sind es vier Grundkräfte. Es stellt sich natürlich die Frage, weshalb gerade vier Kräfte und nicht mehr oder gar nur eine Grundkraft. Die Kräfte sind sehr unterschiedlich, was ihre Reichweite und Stärke anbelangt. Ausgerechnet die schwächste der vier Kräfte ist es, die die Struktur des Universums bestimmt.

1.1 Die Gravitation

1.1.1 Newton und der Apfel

Sir Isaac Newton (1643–1727, Abb. 1.1) gilt als einer der bedeutendsten Physiker. Neben der reinen Physik beschäftigte er sich auch mit Optik, Mathematik und anderen Diszi-

A. Hanslmeier, *Faszination Astronomie*, DOI 10.1007/978-3-642-37354-1_1,

© Springer-Verlag Berlin Heidelberg 2013

Abb. 1.1 Sir Isaac Newton. National Portrait Gallery, London: NPG 2881

plinen. Sein Hauptwerk sind die *Philosophiae Naturalis Principia Mathematica*, oft kurz als *Principia* bezeichnet (Abb. 1.2). Das Werk erschien 1687 in der damals üblichen Wissenschaftssprache Latein. In diesem Werk präsentiert Newton das Gravitationsgesetz. Er erkannte, dass zwischen zwei Massen eine anziehende Kraft wirkt. Doch wie lässt sich diese Kraft beschreiben, wovon hängt sie ab? Die Argumentation ist sehr einfach:

- Je größer die Masse, desto stärker die Kraft, die sie auf andere Massen ausübt.
- Je weiter der Abstand zwischen zwei Massen, desto schwächer wird die Kraft. Experimente ergaben, dass die Kraft zwischen zwei Massen mit dem Quadrat ihrer Entfernung abnimmt.

Betrachten wir dazu einige Beispiele. Alle Massen im Universum ziehen einander an. Ein in die Höhe gehobener Apfel zieht die Erde an, die Erde zieht den Apfel an. Da jedoch die Masse der Erde wesentlich größer als die des Apfels ist, fällt der Apfel zur Erde und nicht umgekehrt. Auch im System Erde–Mond besitzt die Erde die etwa 81-fache Erdmasse, deshalb kann man sagen, der Mond umkreist die Erde. In Wirklichkeit bewegen sich beide Himmelskörper um ihren gemeinsamen Schwerpunkt, der jedoch wegen der größeren Erdmasse im Inneren der Erde liegt. Die Masse der Sonne beträgt das 333.000-fache der Masse der Erde. Somit kreist die Erde um die Sonne.

Exkurs
Man kann das Newton'sche Gravitationsgesetz wie folgt anschreiben:

$$F = G\frac{M_1 M_2}{R^2} \tag{1.1}$$

Dabei ist $G = 6{,}67 \times 10^{-11}$ die Gravitationskonstante, M_1 steht für die erste Masse, M_2 für die zweite Masse und R für den Abstand zwischen beiden Massen. Will man die Kraft ausrechnen (in der physikalischen Einheit Newton, N), dann ist die Masse in kg und der Abstand R in m einzusetzen.

Abb. 1.2 Das Hauptwerk Newtons in welchem er das Gravitationsgesetz einführte. A. Dunn, Creative Commons Lizenz

Angeblich sei Newton auf dieses Gesetz gekommen, während er sich unter einem Apfelbaum aufhielt und sich überlegte, dass es die gleiche Kraft sei, die einen Apfel zur Erde fallen lässt, wie die Kraft, die den Mond um die Erde kreisen lässt. Was uns heute als selbstverständlich erscheint, war zur Zeit Newtons keineswegs so einfach zu akzeptieren. Newtons Annahme setzt nämlich voraus, dass auf der Erde und im – wie man damals sagte – *Himmel* dieselben Naturgesetze gelten. Übrigens ist gerade auch die Geschichte, wie Newton zu seinem Gesetz gelangte, typisch auch für den Usus in der heutigen Wissenschaftsszene. Man muss zur rechten Zeit Ideen aufschnappen und diese dann weitgehend als seine eigenen verkaufen. Zwei Jahre vor Newtons Veröffentlichung schickte der Astronom E. Halley (er gilt als Entdecker des alle 76 Jahre wiederkehrenden Kometen) an Newton eine Abhandlung über die Bewegung von Körpern auf einer Umlaufbahn. Und bereits 1674 vermutete der Physiker Hooke, dass es eine Kraft geben muss, die die Planeten an die Sonne bindet.

So gesehen ist Newton nicht wirklich der Urheber des nach ihm benannten Gesetzes.

1.1.2 Wo hört die Schwerkraft auf?

Wir können also etwas abstrakt Folgendes formulieren: Gravitation ist eine Eigenschaft, die alle Massen besitzen. Die Gravitation wirkt stets anziehend und was interessant ist, man kann sie nicht umgehen. Jede Masse übt diese Kraft aus, sie lässt sich nicht abschirmen. Es wäre natürlich sehr praktisch, die Gravitation abzuschirmen. Dann könnten wir antriebslos über dem Erdboden schweben. Wie ist das aber mit Astronauten, die schwerelos im Weltall in ihrer Raumstation um die Erde kreisen? Wirkt auf diese keine Erdanziehung mehr? Zwar nimmt die Erdanziehung mit dem Quadrat der Entfernung ab, aber in einer für erdumkreisende Raumschiffe typischen Höhe von etwa 250 km spielt diese Abnahme praktisch keine Rolle. Weshalb sind die Astronauten dann und alles im Raumschiff im – wie man immer sagt – schwerelosen Zustand?

Die Antwort ist ganz einfach: Das Raumschiff fällt praktisch kontinuierlich um die Erde. Dies ist eine beschleunigte Bewegung, da sich die Richtung der Geschwindigkeit wegen der Kreisbahn um die Erde laufend ändert. Sobald diese Beschleunigung gleich der in der Höhe des Raumschiffes wirkenden Erdbeschleunigung (als der Erdanziehung) ist, hat man das Gefühl der Schwerelosigkeit.

Im Prinzip können wir also die Gravitation durch Beschleunigung ändern. Beim Start eines Flugzeuges werden wir in die Sitze gepresst, fährt ein Fahrstuhl anfangs beschleunigt nach unten, sind wir etwas leichter, beim freien Fall erlebt man ebenso das Gefühl der Schwerelosigkeit (allerdings wird man hier durch den Luftwiderstand gebremst, sodass man nach dem Absprung aus dem Flugzeug ab einer gewissen Höhe etwa konstant mit 200 km/h der Erdoberfläche entgegenfliegt).

1.1.3 Wie das Sonnensystem zusammenhält

Das Sonnensystem werden wir in den folgenden Kapiteln noch genauer beschreiben. Hier geht es nur um die Gravitation. Die Sonne besitzt etwa 99,9 % der Masse des gesamten Sonnensystems. Wenn man also alle bekannten acht Planeten (einschließlich der Erde), die Monde der Planeten, kleine Planeten (man kennt einige 100.000) und Kometen zusammenaddiert, ergibt deren Masse nicht mehr als 0,1 % der Sonne. Deshalb müssen sich all diese Körper um die Sonne bewegen – ganz genau um den Schwerpunkt des Systems, der jedoch auf Grund unterschiedlicher Stellung der Planeten variabel ist, sich aber stets sehr nahe bei der Sonne befindet. Durch die Bewegung erfahren die Körper eine nach außen gerichtete Zentrifugalkraft. Diese Kraft kennen und fürchten alle, die mit einem Auto zu schnell in die Kurve gefahren sind. Unser Sonnensystem ist etwa 4,6 Milliarden Jahre alt. Genauso lange funktionierte bisher folgendes Gleichgewicht für nahezu alle Himmelskörper im Sonnensystem:

- Stabile Planetenbahn: Zentrifugalkraft = Anziehung durch Sonne

Deshalb ist unser Sonnensystem auch relativ stabil. Die Zentrifugalkraft wirkt umso stärker, je schneller sich der Körper bewegt, und deren Betrag nimmt zu, wenn der Radius der Bahn abnimmt. Fährt man in eine sehr enge Kurve, merkt man das.

Exkurs
Die Zentrifugalkraft berechnet sich aus

$$F_{\text{Zentrifugalkraft}} = \frac{mv^2}{r}, \tag{1.2}$$

wobei r der Bahnradius, m die Masse und v die Geschwindigkeit ist.

Betrachten wir den sonnennächsten Planeten: Merkur. Auf Grund seines geringen Abstandes von der Sonne erfährt er eine viel stärkere Anziehung von ihr. Sein Abstand beträgt etwa das 0,4-fache des Abstandes Erde–Sonne, d. h. die Kraft, mit der Merkur von der Sonne angezogen wird, ist gleich dem $1/0{,}4^2$ fachem der Kraft mit der die Erde angezogen wird. Damit Merkur nicht in die Sonne stürzt, muss er sich sehr schnell um diese bewegen. Je näher Planeten bei der Sonne, desto geringer ihre Umlaufdauer um diese.

Um 1990 hat man die ersten Planeten außerhalb unseres Sonnensystems gefunden. Viele von diesen Planeten bewegen sich auf sehr engen Bahnen in oft nur wenigen Tagen um ihren Zentralstern.

1.1.4 Vom Planetensystem zum Universum

Das Universum besitzt eine hierarchische Struktur. Gleichartige Objekte bilden stets zusammengehörige Strukturen und Formen. Planeten kommen nicht isoliert vor, sondern in Planetensystemen. Sterne ordnen sich zu riesigen Galaxien, die oft mehrere hundert Millionen Sonnenmassen enthalten. Galaxien ordnen sich zu Galaxienhaufen und die Galaxienhaufen wiederum bilden Superhaufen. All diese Gebilde werden durch die Gravitation zusammengehalten. Damit die Sterne einer Galaxie nicht in deren im Zentrum befindlichen supermassiven Schwarzen Löcher stürzen, kreisen sie um das Zentrum. Unsere Sonne ist ca. 30.000 Lichtjahre vom Zentrum unserer Heimatgalaxie, der Milchstraße, entfernt und benötigt für einen Umlauf mehr als 220 Millionen Jahre.

Auf Grund der Gravitationskräfte ist unser Kosmos dynamisch und keineswegs statisch. Auch die Fixsterne am Himmel bewegen sich, allerdings werden diese auf Grund der großen Entfernungen der uns sehr langsam erscheinenden Bewegungen für das freie Auge erst nach einigen 10.000 Jahren merkbar. Unsere alten Kulturen sahen also praktisch dieselben Sternbilder wie wir.

Was ist Gravitation?

Gravitation ist also allgegenwärtig im Universum, jede Masse übt eine solche anziehende Kraft auf andere Massen aus. Weil alles in Bewegung ist, stürzt das Universum nicht in sich zusammen. Woher kommt diese Bewegung eigentlich? Und was ist Gravitation wirklich? Zwei Antworten darauf, die nicht wirklich befriedigend sind, aber im Laufe der Lektüre des Buches hoffentlich klarer erscheinen:

- Ein Körper mit einer Masse M erzeugt um sich herum ein Gravitationsfeld. Dies findet man in klassischen Physikbüchern, aber eigentlich bringt uns das nicht weiter.
- Gravitation ist eine fundamentale Eigenschaft der Raum-Zeit und deshalb auch nicht abschaltbar. Massen bewirken eine lokale Krümmung der Raum-Zeit. Dies ist die Aussage der Allgemeinen Relativitätstheorie Einsteins.

Gibt es abgesehen von uns bekannter Materie noch etwas anderes, auf das die Gravitation wirkt? Die Antwort lautet eindeutig ja. Diese Materie können wir zwar nicht direkt sehen, messen oder beobachten, aber sie wirkt durch die Gravitation. Man nennt sie deshalb auch *Dunkle Materie*. Wir werden darauf noch zurückkommen.

Halten wir hier nur fest, dass Gravitation zwar die große Struktur des Universums bestimmt, aber bei weitem noch viele ungelöste Fragen bleiben.

1.2 Die elektromagnetische Kraft

Elektromagnetische Kräfte waren schon den alten Griechen bekannt. Beim Reiben von Bernstein (griech. *Elektron*) entstehen Ladungen, die andere kleinere Papierstückchen anziehen.

Gravitationskräfte bestimmen die Bewegung im Universum, elektrische Kräfte bestimmen die Bewegung von Elektronen um den Atomkern, den Zusammenhalt von Molekülen. Sie spielen jedoch auch bei astronomischen Objekten eine Rolle. In der mehrere Millionen Grad heißen Korona der Sonne bestimmen Magnetfeldlinien die Bewegung des Plasmas.

1.2.1 Ladungen

Neben der Eigenschaft *Masse* gibt es eine weitere Eigenschaft von vielen Körpern und Teilchen, die *Ladung*. Atome bestehen aus einem positiv geladenen Atomkern und negativ geladenen Elektronen. Im Normalfall sind die positiven und negativen Ladungen gleich groß, und das Atom ist als Ganzes gesehen elektrisch neutral. Allerdings sind bei vielen chemischen Elementen die äußeren Elektronen nur leicht gebunden und können verschoben werden. Gibt es dann zu wenige negativ geladene Elektronen in einem Atom, so ist dieses elektrisch positiv geladen; gibt es mehr Elektronen als die positiv geladenen Protonen im Atomkern, ist das Atom negativ geladen. Man kann Elektronen aus einem Atom lösen, indem man Energie zufügt. Dies bezeichnet man als Ionisation (Abb. 1.3).

Ionisierte Atome findet man also immer bei hohen Temperaturen. Als Beispiel dazu unsere Sonne. An der Oberfläche ist die Ionisation nicht besonders hoch, da die Temperatur nur etwa 6000 K beträgt. In der mehrere Millionen Grad heißen Korona der Sonne können bestimmte Elemente wie Eisen bis zu 14 Elektronen verloren haben. Dafür schreiben Astrophysiker dann FeXV.

- Im klassischen Bild besteht ein Atom aus einem Atomkern mit positiven Ladungen (Protonen) und neutralen Teilchen (Neutronen) sowie den Elektronen in der Hülle (negativ geladen). Elektrisch geladene Atome werden als Ionen bezeichnet.

In der Natur tritt Ladung nicht beliebig auf, sondern immer in Vielfachen der elektrischen Elementarladung e.

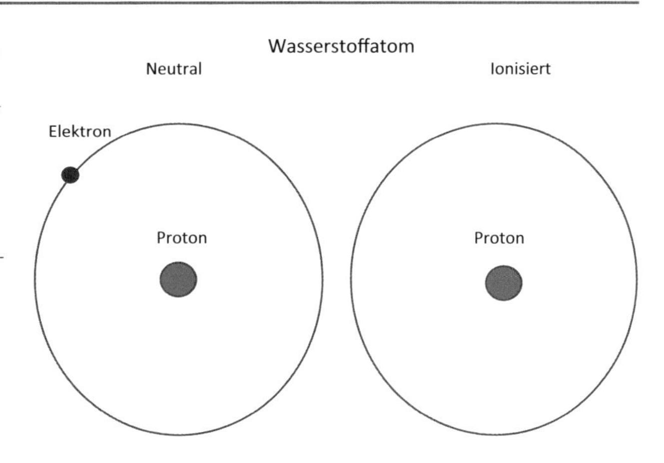

Abb. 1.3 Das einfachste Atom ist das Wasserstoffatom. Es besteht aus einem Proton (positiv geladen) im Kern und einem Elektron (negativ geladen) in der Schale. Links ist das neutrale Wasserstoffatom (Proton + Elektron), rechts das ionisierte Wasserstoffatom (nur mehr Kern) gezeichnet

▸ Ladung tritt als Vielfaches der Elementarladung e auf:

$$1e = 1{,}6 \times 10^{-19}\,\mathrm{C}$$

Exkurs
Ein Elektron trägt die Ladung $-e$, ein Proton die Ladung $+e$. Die Ladung eines Körpers ist dann immer $Q = Ne$, N ist die Anzahl seiner geladenen Teilchen. Man misst die Ladung in der Einheit C, Coulomb. Ein elektrischer Strom entsteht, wenn Ladung Q während einer Zeit t transportiert wird:

$$I = Q/t\,. \tag{1.3}$$

Die Stromstärke wird in Ampere = 1 A angegeben. Nehmen wir an, die Ladung beträgt $Q = It =$ 1 Ah. Sie ist ein Vielfaches der Elementarladung, also $Q = Ne$, und deshalb ergeben $N = 3600/(1{,}6 \times 10^{-19}) = 2{,}25 \times 10^{22}$ Elektronen die Ladung 1 Ah.

1.2.2 Das Coulombgesetz

Physik ist einfach, ebenso natürlich Astrophysik. Hat man einmal ein Prinzip verstanden, dann ist alles weitere analog. Das Coulombgesetz ist dem Newtongesetz der Gravitation analog:

Eigenschaft	Gravitationsgesetz	Coulombgesetz
Gilt für	Massen, m_1, m_2	gilt für Ladungen q_1, q_2
Kraft nimmt ab mit	Quadrat der Entfernung	Quadrat der Entfernung
Reicht bis	unendlich	unendlich
Ist proportional zu	Produkt der Massen	Produkt der Ladungen
Unterschiede	nur eine Art von Massen	Positive und negative Ladungen

Exkurs
Die Kraft, die zwischen zwei Ladungen q_1, q_2 wirkt, ist gegeben durch:

▸ Coulombgesetz

$$F = \frac{1}{4\pi\epsilon_0} \frac{q_1 q_2}{r^2} \quad (1.4)$$

$\epsilon_0 = 8{,}854 \times 10^{-12} \frac{\text{As}}{\text{Vm}}$ ist die elektrische Feldkonstante.

Einen wichtigen Unterschied zum Gravitationsgesetz müssen wir jedoch nochmals hervorheben: Die elektrische Kraft zwischen zwei geladenen Teilchen kann sein:

- anziehend: wenn beide Ladungen verschiedene Vorzeichen besitzen; Bsp.: Elektron und Proton im Wasserstoffatom.
- abstoßend: wenn beide Ladungen dasselbe Vorzeichen besitzen.

Ansonsten alles wie gehabt: Kraft hängt ab von den Ladungen und nimmt mit dem Quadrat der Entfernung ab.

1.2.3 Atome – Miniaturplanetensysteme

Betrachten wir das einfachste und zugleich häufigste Atom im Universum: Wasserstoffatom (Abb. 1.3). Es besteht aus einem Atomkern mit einem positiv geladenen Proton und ein negativ geladenes Elektron umkreist diesen. Beide würden einander anziehen, aber durch die Kreisbewegung entsteht eine nach außen gerichtete Zentrifugalkraft, analog wie bei den Planeten.

Eine Besonderheit der Natur ist jedoch, dass Elektronen nur in bestimmten Abständen (man spricht von Energieniveaus) um den Atomkern kreisen können. Dies versteht man nur mit Hilfe der Quantenmechanik. Dies widerspricht unserer alltäglichen Erfahrung. Übertragen wir dies auf unser Planetensystem, dann könnten Planeten nur in bestimmten Abständen zur Sonne vorkommen. Theoretisch könnte sich ein Planet in jeder beliebigen Entfernung zur Sonne befinden.

Springen Elektronen von einem Energieniveau E_1 in anderes E_2, dann wird

- Strahlung emittiert, wenn $E_2 > E_1$;
- Strahlung absorbiert, wenn $E_1 < E_2$.

Somit kann man die Entstehung von Spektrallinien verstehen. Bei der Wasserstofflinie H-α springt ein Elektron von der dritten auf die zweite Schale (Emission) oder von der zweiten auf die dritte Schale (Absorption). Die Linie kann man im Roten Bereich des sichtbaren Spektrums sehen (siehe auch Abb. 1.4).

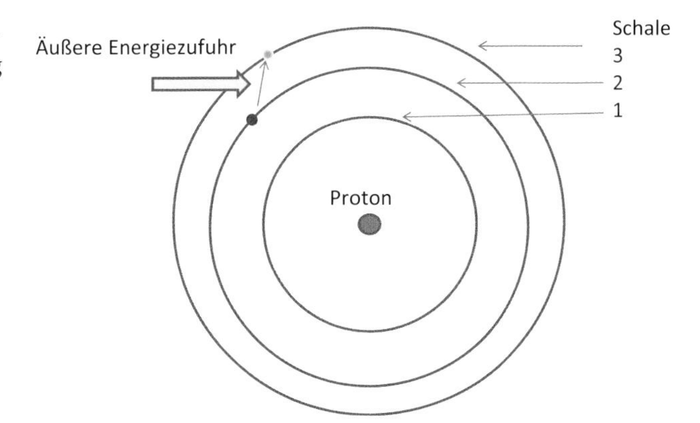

Abb. 1.4 Bildung der Absorptionslinie H-α durch Übergang des Elektrons vom Zustand 2 auf den Zustand 3, wenn von außen Energie zugeführt wird

Abb. 1.5 Ein Hufeisenmagnet, der Eisenspäne anzieht. Magnete sind bipolar, besitzen also einen Nord- und Südpol. Wikimedia Commons, CC BY-SA 3.0

1.2.4 Elektrizität + Magnetismus = Elektromagnetismus

Wir alle kennen Magnete, z. B. einen Hufeisenmagneten (Abb. 1.5).

Magnete kommen stets bipolar vor, also mit einem Nord- und einem Südpol. Es gibt also keine magnetischen Monopole (diese könnten jedoch ein Überrest aus einer Frühphase des

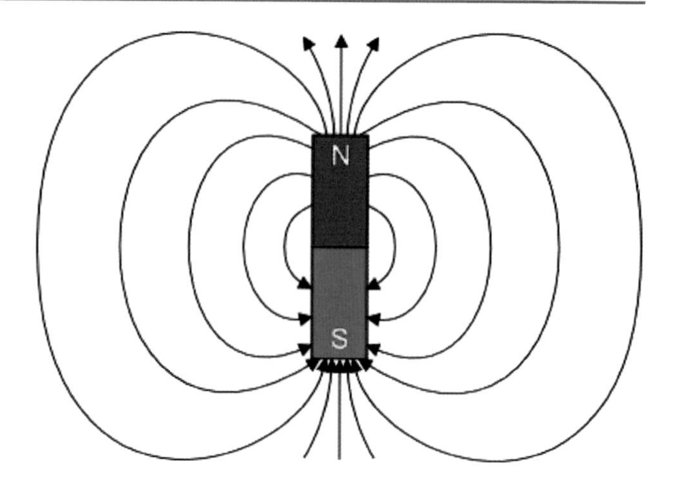

Abb. 1.6 Magnetfeld eines Stabmagneten

Universums sein). Bereits im 19. Jahrhundert hat vor allem Maxwell (1831–1879) gezeigt, dass elektrische und magnetische Erscheinungen zusammengefasst werden können:

- Sich ändernde elektrische Felder erzeugen Magnetfelder,
- sich ändernde Magnetfelder erzeugen elektrische Felder,
- Magnetfelder entstehen durch Ströme (z. B. um einen stromdurchflossenen Leiter).

Das Magnetfeld eines Stabmagneten ist in Abb. 1.6 skizziert.

Auf der Erde sind wir durch das Erdmagnetfeld geschützt vor energiereichen Teilchen aus dem Kosmos (die meisten davon stammen von der Sonne). Geladene Teilchen können Magnetfelder nicht durchdringen. Woher kommt das Magnetfeld auf der Erde? Der Erdkern ist flüssig und sehr heiß. Man findet dort Ströme von geladenen Teilchen welche bekanntlich ein Magnetfeld erzeugen. Durch einen sogenannten Dynamoprozess kann man erklären, wie sich das Erdmagnetfeld nach Phasen von Umpolungen immer wieder selbst erneuert.

1.2.5 Plasma – der häufigste Materiezustand im Universum

Unter dem Begriff Plasma versteht man ein Gas, welches zumindest teilweise ionisiert ist. Es herrschen also hohe Temperaturen. Durch die Ionisation ist das Gas leitend und je nach der Plasmadichte bestimmt die Bewegung des Plasmas die Struktur des Magnetfeldes (dies ist nahe der Sonnenoberfläche der Fall) oder das Magnetfeld bestimmt die Bewegung eines dünnen Plasmas. In der Abb. 1.7 sieht man diese Strukturen. In der Korona der Sonne wird die Plasmastruktur durch die Magnetfeldlinien bestimmt. Man bezeichnet diese Schleifen oder Bögen auch als Loops.

Etwa 99 % der sichtbaren Materie des Universums ist Plasma. Auf der Erde beobachten wir Plasmazustände z. B. bei elektrischen Entladungen.

Abb. 1.7 Die bogenförmigen Strukturen in der Korona der Sonne entstehen durch die Anordnung des Plasmas an den Magnetfeldlinien. Aufnahme: TRACE, NASA

1.3 Die starke und die schwache Kraft

1.3.1 Was hält Atomkerne zusammen?

Mit unseren bisherigen Vorstellungen vom Aufbau der Materie bekommen wir ein Problem: Sobald es mehr als ein positiv geladenes Proton im Atomkern gibt (alle Elemente außer Wasserstoff), kann der Atomkern nicht stabil sein. Zwischen den positiv geladenen Protonen wirken ja die Coulomb-Abstoßungskräfte. Betrachten wir Helium: Es besteht aus zwei Protonen und zwei Neutronen. Es muss eine Kraft geben, die stärker ist als die Abstoßung zwischen den beiden positiv geladenen Protonen. Zwar sind die Neutronen elektrisch neutral, aber mildern kaum die Abstoßung. Diese Kraft, welche Atomkerne zusammenhält, nennt man *starke Kraft*.

Die starke Kraft ist so beschaffen, dass ihre Stärke mit wachsendem Abstand zunimmt, dann aber rasch gegen Null geht. Entfernt man also zwei Protonen weit genug voneinander, spüren sie nichts mehr von der starken Kraft. Protonen und Neutronen sind keine Elementarteilchen im strengen Sinne. Sie bestehen aus kleineren Teilchen, den Quarks. Die Quarks werden durch Gluonen zusammengehalten (siehe Abb. 1.8). Quarks besitzen drittelzahlige Vielfache der Elementarladung e und kommen niemals als freie Teilchen vor. Nur am Beginn des Universums, als Temperatur und Dichte extrem hoch waren, gab es ein Quark-Gluonen-Plasma.

1.3.2 Die schwache Kraft

Diese Kraft benötigt man, um den radioaktiven Zerfall der Elemente zu erklären.

Abb. 1.8 Protonen (hier skizziert) und Neutronen bestehen aus je drei Quarks, die durch Gluonen zusammengehalten werden

1.4 Elementarteilchen

Wir haben Kräfte beschrieben, die im Universum wirken. In der Physik spricht man anstelle von diesen vier Grundkräften auch von Wechselwirkungen.

Materie besteht aus Atomen. Diese wiederum sind aus einem Atomkern und einer Hülle aufgebaut. Im Atomkern finden wir die positiv geladenen Protonen p sowie die neutralen Neutronen n. Diese beiden Teilchen bezeichnet man auch als Nukleonen.

Beispiele:

- Wasserstoffatom: Das neutrale Wasserstoffatom besteht aus einem Proton im Kern sowie einem Elektron in der Hülle. Es gibt jedoch mehrere Isotope, das sind Atome mit gleicher Anzahl der Protonen, aber unterschiedlicher Neutronenzahl. Das Deuterium enthält im Atomkern ein Proton sowie ein Neutron, das Isotop Tritium enthält im Kern ein Proton sowie zwei Neutronen.
- Helium: Heliumatome enthalten stets zwei Protonen. Das am häufigsten vorkommende Heliumisotop enthält zwei Protonen sowie zwei Neutronen im Kern.

Lange Zeit glaubte man, dass es sich bei diesen Nukleonen um wirkliche Elementarteilchen handelt, d. h. sie sind nicht weiter in kleinere Teilchen zerlegbar. Wir wissen heute, dass dies nicht stimmt. Protonen und Neutronen sind aus den schon erwähnten Quarks aufgebaut. Diese können nicht weiter gespalten werden, und deshalb die Bezeichnung Elementarteilchen. Eine weitere Klasse von Elementarteilchen sind die Leptonen, zu denen auch die in der Atomhülle befindlichen Elektronen zählen.

Quarks und Leptonen sind also Elementarteilchen, aus denen die gesamte uns bekannte Materie aufgebaut ist.

1.4.1 Wechselwirkungen

Das Universum wäre völlig uninteressant, würden diese Elementarteilchen ohne Wechselwirkung zueinander existieren. Es gibt also die vier bereits besprochenen Kräfte oder Wechselwirkungen zwischen den Elementarteilchen. Im Sinne der modernen Physik spricht man von Feldquanten, welche Kräfte übertragen. Für jede Wechselwirkung gibt es eigene Feldquanten.

1. Gravitation: wirkt zwischen Massen; die Feldquanten, die diese Wechselwirkung übertragen, nennt man Gravitonen. Die Reichweite der Gravitation ist bis ins Unendliche. Die Stärke beträgt 10^{-39} (man bezieht die Stärke relativ zur starken Kraft).
2. Elektromagnetische Wechselwirkung: Feldquanten, die diese Wechselwirkung übertragen nennt man Photonen. Auch diese Wechselwirkung reicht bis ins Unendliche. Man kann sich durch folgendes einfache Experiment leicht überzeugen, dass diese Wechselwirkung wesentlich stärker sein muss als die Gravitation. Man stelle sich vor, wie ein Eisenstückchen von einem Magneten trotz der Schwerkraft nach oben gezogen wird. Die Stärke der elektromagnetischen Wechselwirkung beträgt 10^{-2}. Da es aber zwei Arten von Ladungen gibt, ist das Universum im Großen gesehen elektrisch neutral.
3. Schwache Wechselwirkung: Die Feldquanten nennt man W^+, W^-, Z^0 Teilchen; diese Kraft besitzt eine sehr geringe Reichweite von nur 10^{-18} m. Die relative Stärke beträgt 10^{-14}.
4. Starke Wechselwirkung: Überträger dieser Wechselwirkung sind die Gluonen. Sie ist nur wirksam im Bereich der Atomkerne. Die Reichweite beträgt 10^{-15} m. Für die Quarks nimmt man die Reichweite als unendlich an. Quarks können daher zumindest im heutigen Universum nicht als freie Teilchen beobachtet werden.

Im Sinne dieser Theorie werden Kräfte zwischen den Teilchen durch Austausch von Feldquanten übertragen. Als Analogon stelle man sich zwei Eisläufer vor, die sich gegenseitig Schneebälle zuwerfen. Feldquanten werden ständig absorbiert und emittiert.

Im subatomaren Bereich dominieren die starke und die schwache Wechselwirkung, elektromagnetische Kräfte bestimmen den Aufbau von Atomen und Molekülen, doch die Struktur des Universums wird von der schwächsten Kraft, der Gravitation, bestimmt.

1.4.2 Elementarteilchen – Beschreibung

Man verwendet heutzutage folgendes Modell:

Es gibt drei Gruppen von Elementarteilchen:

1. Leptonen,
2. Quarks,
3. Feldquanten.

Zu jedem Teilchen gibt es auch ein Antiteilchen.

Leptonen

Das griechische Wort *leptos* bedeutet leicht. Es handelt sich um leichte Teilchen. Elektron und sein Antiteilchen, das Positron, sind sicher allen bekannt. Weitere Leptonen sind die Myonen und Tauonen, die jedoch in Elektronen und Neutrinos zerfallen. Neutrinos sind ungeladene Teilchen mit einer sehr geringen Ruhemasse. Sie reagieren nur auf die schwache Wechselwirkung. Es dürfte im Universum etwa 10^9-mal mehr Neutrinos geben als Kernteilchen. Deshalb sind sie trotz ihrer sehr geringen Masse doch wesentlich für die Gesamtmasse im Universum.

Quarks

Woher das Wort Quark kommt, ist nicht mehr genau bekannt, möglicherweise jedoch aus dem Buch *Finnegans Wake* von J. Joyce, wo der Satz fällt: „Three Quarks for a master Mark" (drei Käsehochs machen einen ganzen Mann). Es handelt sich um schwere Teilchen, die niemals einzeln auftreten. Man kennt 18 verschiedene Quarks (up, down, strange, charmed, bottom und top, abgekürzt: u, d, s, c, b, t). Jedes dieser Quarks tritt in drei Versionen auf, die man als rot, grün und blau bezeichnet. Man spricht auch von Farbladungen. Das sind natürlich reine Phantasiebezeichnungen und beschreiben nur Quantenzahlen. Zu jedem Quark existiert auch ein Antiteilchen.

Feldquanten

Feldquanten sind also die Überträger von Kräften. Das Graviton konnte bisher noch nicht nachgewiesen werden.

1.4.3 Quarks und Hadronen

Wie bilden nun die Quarks die Hadronen? Das griechische Wort *hadros* bedeutet stark, für Hadronen ist die starke Wechselwirkung wesentlich. Man unterscheidet bei den Hadronen wieder zwischen

1. Baryonen: Beispiele dafür sind Protonen und Néutronen. Sie bestehen aus drei Quarks: Das Proton besteht aus (uud), die Ladung eines u-Quarks beträgt $+2/3e$, die eines d-Quarks $-1/3e$. Daher ist die Ladung des Protons e. Neutronen bestehen aus (udd), was die Ladung Null ergibt. Weitere Beispiele für Hadronen sind z. B. die Sigma-Teilchen $\Sigma^+, \Sigma^0, \Sigma^-$ die aus (uus), (uds) bzw. (dss) bestehen.
2. Mesonen: Diese bestehen aus einem Quark und einem Antiquark. Als Beispiel betrachten wir die Pionen π^0, π^+, π^-, die aus $(u\bar{u})$, $(u\bar{d})$, $(\bar{u}d)$ bestehen. Man kennt etwa 30 weitere Mesonen.

1.4.4 Wir bauen ein Universum

Damit haben wir alles, was wir für die Schaffung eines Universums benötigen. Teilchen sowie Wechselwirkungen, also Kräfte, die zwischen den Teilchen wirken. Wir haben das heute verwendete Standardmodell der Physik diskutiert, welches alles beschreibt. Zugegeben, besonders einfach sieht dieses Modell nicht aus. Es gibt eine verwirrende Anzahl von Teilchen. Die Frage stellt sich, ob man das nicht alles vereinfachen könnte. Genau das ist das Ziel der modernen Physik, eine Theorie von allem, Theory of Everything, TOE genannt. Um zu verstehen, wie man sich eine solche Vereinfachung vorstellen könnte, müssen wir das frühe Universum betrachten. Bei den extrem heißen und dichten Bedingungen, die winzige Bruchteile von Sekunden nach dem Urknall vorhanden waren, kann man sich vorstellen, dass alle Kräfte zu einer Superkraft vereint waren bzw. aus den hohen Energien Teilchen gebildet wurden. Dies ist Inhalt des nächsten Kapitels.

Der Urknall – Wie alles begann

2

Inhaltsverzeichnis

In diesem Kapitel beschreiben wir die frühen Phasen des Universums. Zunächst betrachten wir, welche Hinweise es von den Beobachtungen her gibt, dass der Urknall wirklich stattgefunden hat. Dann gehen wir zurück auf das im vorigen Kapitel beschriebene Standardmodell der Physik der Teilchen und Kräfte.

Sie werden nach der Lektüre dieses Kapitels Antwort auf folgende Fragen geben können:

- Wann und wie ist das Universum entstanden?
- Was war vor dem Universum?
- Was ist außerhalb des Universums?
- Was bedeutet Raum-Zeit?
- Was ist die Kernaussage der Allgemeinen Relativitätstheorie?
- Wie wissen wir, dass es einen Urknall gab?

A. Hanslmeier, *Faszination Astronomie*, DOI 10.1007/978-3-642-37354-1_2,
© Springer-Verlag Berlin Heidelberg 2013

2.1 Die Galaxienflucht

2.1.1 Vermessung des Universums

Um 1900 war das Bild, das wir von unserem Universum hatten, relativ einfach. Die Erde und damit das Sonnensystem ist Bestandteil eines riesigen Systems von etwa 100 Milliarden Sternen, welches man als Galaxis oder Milchstraße bezeichnet. Erste Vorstellungen von der wahren Natur der Milchstraße gab es schon bei den alten Griechen. Demokrit (ca. 460 bis 370 v. Chr.) meinte, die Milchstraße sei in Wirklichkeit eine Ansammlung von weit entfernten Sternen, die wir als Nebel wahrnehmen. Um 1900 gab es bereits größere Teleskope von mehr als einem Meter Durchmesser und man kannte zahlreiche Nebel. Viele dieser Nebel zeigten eine Spiralstruktur. Es entbrannte ein großer Streit über die wahre Natur dieser Nebel:

- Handelt es sich bei allen Nebeln um wirkliche Gasnebel, ähnlich wie beispielsweise der bekannte Orionnebel?
- Handelt es sich bei allen Nebeln um sogenannte Welteninseln, d. h. der Milchstraße ähnliche, aber eigenständige Systeme von Sternen?

Diese Frage kann man erst klären, wenn man die Entfernung zu diesen Nebeln kennt. Entfernungen von relativ nahen Sternen konnte man bereits um 1850 durch die Methode der jährlichen Parallaxe messen (Abb. 2.1). Durch die jährliche Bewegung der Erde um die Sonne verschiebt sich die Position eines näheren Sternes relativ zu weit entfernten Hintergrundsternen im Laufe eines Jahres. Dieser Winkel ist sehr klein, er beträgt weniger als eine Bogensekunde am Himmel (eine Bogensekunde, meist als " bezeichnet, ist 1/3600 ei-

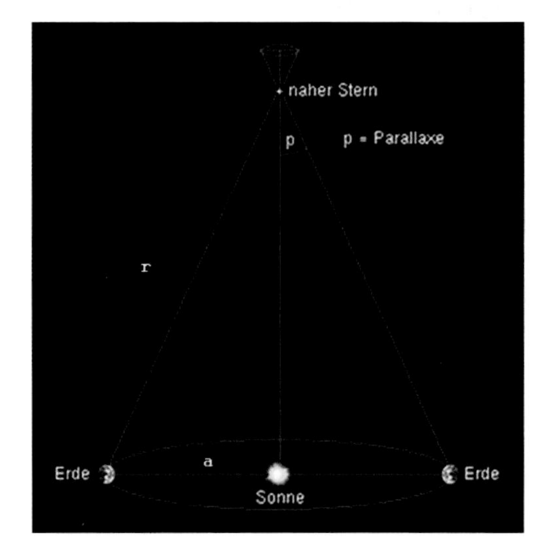

Abb. 2.1 Bestimmung der Entfernung eines Sterns durch Messung seiner jährlichen Parallaxe $\sin p = a/r$, a Erdbahnhalbachse, r Entfernung des Sterns

nes Grades). Erst äußerst präzise Messungen erlaubten die Bestimmung der Parallaxe der nächsten Sterne.

Die erste Messung einer Sternparallaxe gelang im Jahre 1838 Friedrich Wilhelm Bessel. Er wählte den sich relativ schnell am Himmel bewegenden Stern 61 Cygni aus. Seine Parallaxe beträgt nur 0,3 Bogensekunden. Zum Vergleich: Der scheinbare Radius des Mondes am Himmel beträgt etwa 900 Bogensekunden.

Diese Methode reicht aber nicht für große Entfernungen, da mit zunehmender Entfernung der Winkel immer kleiner wird. Man entdeckte aber eine Klasse von veränderlichen Sternen, die Cepheiden. Diese ändern periodisch ihre Helligkeit durch Pulsation, die Sterne blähen sich auf und ziehen sich wieder zusammen. Hochinteressant war, als man herausfand, dass es eine Beziehung zwischen der (leicht messbaren) Periode des Helligkeitswechsels und der wahren Leuchtkraft der Cepheiden gibt. Vergleicht man nun die aus der Periode bestimmte wahre Helligkeit eines Cepheiden mit der gemessenen Helligkeit, folgt sofort dessen Entfernung. Weshalb? Man überlege, dass die von uns auf der Erde gemessene Helligkeit natürlich von der Entfernung des Sternes abhängt.

Um also die Entfernung der Nebel zu bestimmen, muss man lediglich einen Cepheiden in diesem System finden, die Periode des Helligkeitswechsels bestimmen (sie beträgt nur wenige Tage) und man bekommt die Entfernung des Nebels, in dem dieser Stern eingebettet ist.

2.1.2 Hubble

E. Hubble (1889–1953, Abb. 2.2) versuchte mit dem damals größten je von Menschenhand gebauten Teleskop auf dem Mt. Wilson die Entfernung des Andromedanebels zu bestimmen. Das Teleskop ist als Spiegelteleskop konstruiert, man hat also als Sammelfläche für Licht einen Spiegel von etwa 2,5 m Durchmesser. Mit diesem lichtstarken Instrument konnte Hubble erstmals Cepheiden im Andromedanebel (Abb. 2.3) finden und so die Entfernung des Nebels zu uns bestimmen: Der von Hubble gemessene Wert lag bei 700.000 Lichtjahren. Dieser Wert ist zwar falsch, der moderne Wert liegt bei etwa 2,5 Millionen Lichtjahren, aber trotzdem war sofort klar: Der Andromedanebel ist ein eigenständiges Sternsystem ähnlich unserer Milchstraße. Erst ab diesem Zeitpunkt wurde klar, wie ungeheuer groß die Ausdehnung des Universums sein muss.

Was ist ein Lichtjahr? Licht breitet sich mit einer Geschwindigkeit von 300.000 km pro Sekunde aus. Dies ist etwas weniger als die Entfernung Erde–Mond. In einem Jahr breitet sich Licht etwa 10.000.000.000.000 km aus, also 10^{13} km.

Abb. 2.2 E. Hubble, der Entdecker der Galaxienflucht. Observatories of the Carnegie Institution of Washington

Abb. 2.3 Die Andromedagalaxie M31, die uns am nächsten gelegene Galaxie, ist bei sehr guten Bedingungen bereits mit freiem Auge oder Feldstecher erkennbar. Amateuraufnahme

Licht

Ausbreitung:	300.000 km/s
	In 1 s etwa achtmal um die Erde!
Erde–Mond:	1 s
Erde–Sonne:	8 Minuten
Erde–Planeten:	Stunden
Erde–nächster Stern (α Centauri):	4,3 Jahre

- Hubble zeigte: Es gibt Galaxien außerhalb unseres Systems; er bestimmte erstmalig die Entfernung der Andromedagalaxie.

2.1.3 Der Blick in die Vergangenheit

Bevor wir uns eingehender mit der berühmtesten Entdeckung Hubbles beschäftigen, noch ein wichtiger Hinweis. Licht breitet sich mit endlicher Geschwindigkeit aus. Von der Sonne benötigt es etwa 8,3 Minuten. Wenn wir die Sonne beobachten, dann sehen wir im Moment der Beobachtung Licht, welches vor 8,3 Minuten von der Sonne ausgestrahlt wurde, da dies die Zeit ist, welche Licht zur Ausbreitung bis zur Erde hin benötigt.

Licht

Licht breitet sich mit 300.000 km/s aus. Es benötigt 8,3 Minuten zur Erde, das sind $8{,}3 \times 60 = 498$ Sekunden. Somit beträgt die Entfernung Erde–Sonne $498\,\mathrm{s} \times 300.000\,\mathrm{km/s} \sim 150.000.000\,\mathrm{km}$.

Ein Telefonat mit einem Kollegen oder einer Kollegin auf dem Mars wäre eine mühevolle Angelegenheit. Es dauert mehrere Minuten, bis unsere Frage dort ankommt, da sich auch Funksignale maximal mit Lichtgeschwindigkeit ausbreiten. Und wir müssen mindestens doppelt so lange auf eine Antwort warten. Noch spürbarer wird dies bei den Entfernungen zwischen Sternen. Der (abgesehen von der Sonne) nächste Stern ist Alpha Centauri, etwa 4,3 Lichtjahre entfernt. Ein Funksignal dorthin ist also 4,3 Jahre unterwegs und senden wir heute eine Botschaft, so müssen wir mindestens 8,6 Jahre auf Antwort warten, vorausgesetzt, dort ist jemand, der uns versteht und antwortet. Außerdem beobachten wir jetzt Strahlung dieses Sternes, welche vor 4,3 Jahren emittiert wurde. Da das Licht der Andromedagalaxie mehr als 2,5 Millionen Jahre zu uns unterwegs ist, beobachten wir mit unseren modernen Teleskopen Strahlung dieser Galaxie, die emittiert wurde, als es noch gar keine Menschen auf der Erde gab! Die Strahlung eines Objektes, das z. B. 5 Milliarden Lichtjahre entfernt ist, stammt aus einer Zeit, als es noch keine Erde und keine Sonne im Universum gab.

- Wegen der endlichen Ausbreitungsgeschwindigkeit des Lichts (300.000 km/s) ist ein Blick in die Tiefen des Universums auch gleichzeitig ein Blick in die Vergangenheit.

2.1.4 Galaxienflucht

Zurück zu Hubble. Nach der Vermessung der Entfernung der Andromedagalaxie untersuchte er andere Galaxien. Gleichzeitig analysierte er auch die Spektren dieser Galaxien. Bei einem Spektrum wird die Strahlung eines Objekts in die einzelnen Farben zerlegt, und man sieht dunkle Linien, die meist von bestimmten chemischen Elementen dieses Sternes stammen. Diese dunklen Linien nennt man auch Absorptionslinien. Sie entstehen bei Elektronenübergängen im Atom. Zur großen Überraschung zeigte sich, dass praktisch alle Galaxienspektren nach Rot verschobene Linien aufweisen. Eine Rotverschiebung der Linien kann man durch den Dopplereffekt deuten. Entfernt sich eine Strahlungsquelle (Stern oder Galaxie) vom Beobachter, dann erscheinen deren Linien nach Rot verschoben.

Exkurs

Aus der Wellenlängenverschiebung $\Delta\lambda$ kann man sofort die Geschwindigkeit ermitteln aus der bekannten Dopplerformel:

$$\boxed{\frac{\Delta\lambda}{\lambda} = \frac{v}{c}}, \tag{2.1}$$

dabei bedeutet $c = 300.000\,\text{km/s}$ die Lichtgeschwindigkeit und λ die Wellenlänge der unverschobenen Linie.

Den Dopplereffekt kann man bei Schallwellen hören. Nähert sich ein Einsatzwagen mit eingeschaltetem Folgetonhorn dem Beobachter, dann erscheint der Ton erhöht, bei Entfernung wird der Ton tiefer. Aus der Rotverschiebung der Spektrallinien von Galaxienspektren (natürlich gilt das für alle Objekte) konnte Hubble also bestimmen, welche Geschwindigkeiten diese besitzen. Neben der schon oben erwähnten gemessenen Rotverschiebung für alle Galaxien hatte Hubble die Idee, die Geschwindigkeiten gegen die Entfernung der Galaxien aufzuzeichnen. Da zeigte sich eine einfache Beziehung: Die Geschwindigkeit, mit der sich eine Galaxie von uns wegbewegt, hängt von deren Entfernung ab, je weiter weg, desto schneller. Dies ist das berühmte Hubble-Gesetz:

- Hubble-Gesetz:

$$\boxed{v = rH}. \tag{2.2}$$

H ist die Hubble-Konstante. Damit haben wir eine sehr einfache Methode, die Entfernung r einer Galaxie zu messen. Man bestimmt einfach die Geschwindigkeit v, mit der sich diese von uns entfernt.

- Die Tatsache, dass sich alle Galaxien von uns entfernen, nennt man Galaxienflucht. Galaxienbewegungen kann man durch den Dopplereffekt bestimmen.

2.2 Die Expansion des Universums

2.2.1 Sind wir der Mittelpunkt?

Immer wieder versuchten die Menschen, das Universum durch ein Weltmodell oder Weltsystem zu erklären. Im geozentrischen System stellt man sich vor, die Erde ruhe im Mittelpunkt des Kosmos, und um sie herum bewegen sich Sonne, Mond, Planeten und die anderen Sterne. Dies ist auch der Eindruck, den wir aus der scheinbaren täglichen Bewegung der Sterne haben. Wir sprechen auch heute noch davon, dass die Sonne im Osten aufgeht und im Westen untergeht. Kompliziert wird das geozentrische System, wenn man sich die Bewegung der Planeten genauer ansieht. Sie zeigen zu bestimmten Zeiten seltsame Schleifenbewegungen am Himmel, die man durch Annahme einer Bewegung um die Erde nur sehr schwer erklären kann. Es wurde die komplizierte Epizykeltheorie entwickelt, nach welcher man die Bewegung der Planeten durch Überlagerung von Bewegungen auf Kreisen im Prinzip darstellen kann. Der Nachteil dieser Erklärung ist, sie wird sehr kompliziert. Bereits im alten Griechenland äußerte Aristarch (310 bis 230 v. Chr.) erstmals die Vermutung, dass nicht die Erde, sondern die Sonne im Zentrum des Universums sein könnte. Dies nennt man heliozentrisches Weltsystem (siehe Abb. 2.4).

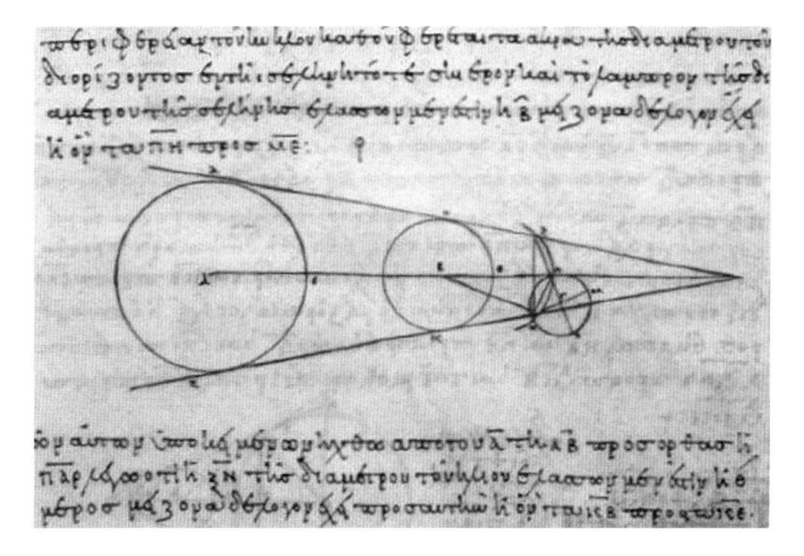

Abb. 2.4 Skizze aus den Überlieferungen des Aristarch. Er zeigt darin, wie man aus einfachen Winkelmessungen das Verhältnis der Entfernung Erde–Mond zu Erde–Sonne bestimmen kann. Library of Congress

Erst mit N. Copernicus wurde dieses System in Europa bekannt – er veröffentlichte sein Hauptwerk *De revolutionibus orbium coelestium* in seinem Todesjahr 1543. Damit rückte die Erde weg vom Zentrum des Universums, eine für die damalige Lehrmeinung der Kirche untragbare Tatsache. Berühmt aus dieser Zeit ist der Prozess gegen Galilei (1564–1642). Im Jahre 1624 reiste Galilei sechsmal nach Rom, um Papst Urban VIII seine Standpunkte bezüglich des heliozentrischen Weltsystems zu erörtern. Der Papst ermunterte Galilei weiter zu forschen, allerdings sollte er betonen, dass das heliozentrische Weltmodell nur eine mathematische Hypothese sei. So gab 1632 Galilei den *dialogo* heraus, wo in Dialogform über die beiden Weltsysteme diskutiert wurde. Der Vertreter des geozentrischen Weltsystems, Simplicio, kommt darin allerdings nicht sehr gut weg. Im Jahre 1633 wurde Galilei nach Rom zitiert, musste seinen Thesen abschwören und wurde zu lebenslangem Hausarrest verbannt. So wurde Galilei zwar nicht auf dem Scheiterhaufen verbrannt wie G. Bruno (im Jahre 1600), aber er bekam Hausarrest, und das, obwohl der damalige Papst zu seinen Freunden zählte. Man sollte sich nicht immer auf Freunde verlassen. Das Galilei zugeschriebene Zitat *eppur si mouve – und sie (die Erde) bewegt sich doch* stammt mit sehr hoher Wahrscheinlichkeit nicht von ihm. Übrigens wurde das Urteil gegen Galilei von zehn Kardinälen gefällt, wobei sich drei gegen schuldig aussprachen. Erst 1992 wurde Galilei von der römisch-katholischen Kirche unter Papst Johannes Paul II offiziell rehabilitiert.

Aber die Entwicklung geht noch viel weiter. Der endgültige Beweis für die Richtigkeit des heliozentrischen Weltsystems war erbracht, als man die jährlichen Fixsternparallaxen messen konnte, also erst 300 Jahre nach dem Erscheinen der Theorie. Die tägliche Bewegung der Gestirne am Himmel kann man ganz einfach durch die Rotation der Erde erklären. Sterne gehen nicht im Osten auf und im Westen unter, sondern die Erde dreht sich in dieser Zeit von West nach Ost. Um 1900 wusste man dann in etwa, dass die Sonne und damit das Sonnensystem an die 30.000 Lichtjahre vom Zentrum der Milchstraße entfernt ist, und etwa 20 Jahre später entdeckte Hubble die Fluchtbewegung der Galaxien. Sind wir damit erneut in den Mittelpunkt des Universums gerückt?

2.2.2 Das Universum dehnt sich aus

Die Galaxienflucht kann man wiederum ganz einfach erklären, wenn man annimmt, dass sich der gesamte Raum ausdehnt. Man stelle sich einen Luftballon vor. Wir markieren auf diesem kleine Punkte und blasen den Ballon auf. Egal, von welchem Punkt man dann ausgeht, man hat immer den Eindruck, dass sich von diesem Punkt aus betrachtet alle anderen Punkte entfernen. Genau dies passiert mit dem Universum, es expandiert. Auch als Bewohner der Andromedagalaxie oder irgendeiner anderen beliebigen Galaxie hätte man ein Hubble-Gesetz gemessen und daher den Eindruck einer Galaxienflucht. Somit hat sich die Stellung des Sonnensystems und damit die der Erde im Universum wieder relativiert, wir befinden uns nicht im Mittelpunkt. In Abb. 2.5 wird dieser Effekt nochmals skizziert.

Wo also ist der Mittelpunkt des Universums? Gehen wir nochmals zu unserem Modell des Luftballons, der aufgeblasen wird. Das Universum gleicht der immer größer werdenden

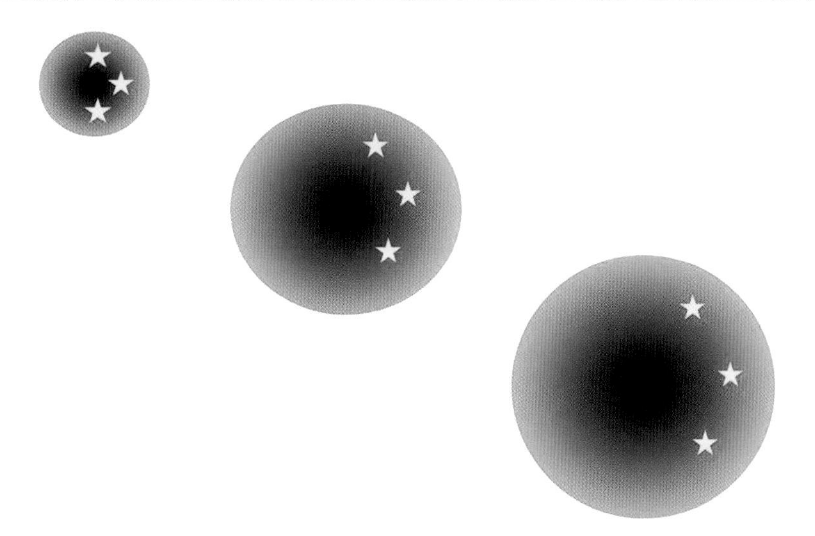

Abb. 2.5 Skizze zur Expansion des Universums, d. h. der Raum-Zeit

Oberfläche des Ballons. Wo ist auf dieser Fläche ein Mittelpunkt, wo befindet sich auf einer derartigen Fläche überhaupt ein ausgezeichneter spezieller Punkt? Die Lösung ist einfach: Es gibt keine ausgezeichneten Punkte, weder auf dem Ballon noch im Universum, es gibt keinen Mittelpunkt oder besonderen Punkt im Universum.

Jeder Punkt im Universum ist gleichwertig. Auf großen Skalen von einigen hundert Millionen Lichtjahren erscheint das Universum als homogen und isotrop. Isotropie bedeutet, dass die Erscheinung des Universums auf großen Skalen unabhängig von der Richtung ist, in die wir blicken.

▸ Die richtige Interpretation der Galaxienflucht ist daher: Das Universum dehnt sich aus. Es besitzt keinen Mittelpunkt.

2.2.3 Das Alter des Universums

Gehen wir nochmals zum Beispiel des aufgeblasenen Luftballons. Wenn wir diesen gleichmäßig aufblasen, dann kann man leicht zurückrechnen, wann wir mit dem Aufblasen begonnen haben.

Exkurs
Dies zeigt sich auch im Hubble-Gesetz:

$$v = rH \quad [\text{km/s}] = [\text{km}]H\,, \tag{2.3}$$

daraus kürzt sich die Längeneinheit km weg und wir bekommen

$$1/s = H\,. \tag{2.4}$$

Der Kehrtwert der Hubble-Konstanten $1/H$ hat daher die physikalische Dimension einer Zeit, man nennt dies die Hubble-Zeit. Diese ist ein Maß für das Alter des Universums.

Gehen wir von einer gleichmäßigen Expansion aus, dann ergibt sich ein Weltalter von etwa 13,6 Milliarden Jahren. Dies stimmt auch gut mit anderen Beobachtungen überein.

Je weiter wir also in der Geschichte des Universums zurückgehen, desto kleiner wird es, weil ja die Ausdehnung immer kleiner wird. Vor 13,6 Milliarden Jahren war das Universum extrem klein, extrem heiß, extrem dicht. Es hat sich durch einen explosionsartigen Vorgang entwickelt, wofür man die Bezeichnung Urknall, oder im Englischen Big Bang, eingeführt hat.

▸ Ein wichtiger Beweis für die Richtigkeit der Urknalltheorie ist also die beobachtete Expansion des Universums.

Aber es gibt noch zwei weitere wichtige Beweise für die Richtigkeit der Urknalltheorie.

2.3 Der heiße Urknall

2.3.1 Das Universum und der Kühlschrank

Erinnern wir uns an das Kühlschrankprinzip. Ein Kühlschrank funktioniert, indem ein Kühlmittel durch einen Kompressor stark verdichtet wird und sich dann ausdehnt. Bei dieser Ausdehnung kühlt es sich ab. Ein zuvor stark komprimiertes und dann expandierendes Gas kühlt sich also ab. Umgekehrt ist es, wenn wir einen Fahrradschlauch aufpumpen. Durch die Kompression der Luft wird die Temperatur erhöht.

Exkurs

Nehmen wir an, vor dem Aufpumpen habe die Temperatur der Luft im Schlauch T_1 betragen, dann wird nach dem Aufpumpen die Temperatur zu T_2. Vor dem Aufpumpen betrage das Luftvolumen V_1, nach dem Aufpumpen V_2, dann gilt für eine adiabatische Zustandsänderung – wie man in jedem Physiklehrbuch nachlesen kann:

$$\frac{T_1}{T_2} = \left(\frac{V_2}{V_1}\right)^{\kappa-1}, \tag{2.5}$$

In dieser Formel ist κ der Adiabatenexponent, welcher von den Eigenschaften des Gases abhängt. Der wichtigste Punkt hier: Ändert sich das Volumen eines Gases, dann gilt:

$$T \sim \frac{1}{V}. \tag{2.6}$$

Daraus folgt: Je größer das Volumen, desto geringer die Temperatur. Wenden wir nun das Kühlschrankprinzip auf das Universum an. Am Beginn war das Universum sehr dicht, das Volumen also sehr klein. Da die Temperatur umgekehrt proportional zum Volumen ist, muss die Temperatur im frühen Universum sehr hoch gewesen sein. Aber das Universum dehnte sich aus, deshalb wurde das Volumen größer und die Temperatur nahm ab. So einfach kann Physik sein!

▸ Das junge Universum war heiß und kühlte sich langsam ab.

Wir erwarten also ein sehr heißes frühes Universum. Die Frage ist, ob sich das auch experimentell finden lässt.

2.3.2 Die Hintergrundstrahlung

Aus den obigen Überlegungen war klar, dass man ein heißes frühes Universum erwarten würde. Heiß bedeutet hohe Temperatur, ein Körper hoher Temperatur strahlt. Je höher die Temperatur, desto mehr rückt das Maximum seiner Strahlung in den kurzwelligen Bereich. Wir kennen das vom Einschalten einer Herdplatte. Zunächst wird die Platte warm. Wärme kann man nicht sehen, aber fühlen. Physikalisch gesehen ist Wärme Infrarotstrahlung. Wartet man einige Zeit, dann beginnt die Platte rot zu glühen. Sie ist heißer geworden. Rote Strahlung ist für unser Auge sichtbar, die Wellenlänge des roten Lichts ist kürzer als die der Infrarotstrahlung. Wartet man noch länger, leuchtet die Platte nicht mehr dunkelrot, sondern hellrot.

Dieser einfache Versuch zeigt uns, dass die emittierte Strahlung irgendwie mit der Temperatur eines Körpers zusammenhängen muss. In der Physik wird dies als Wiensches Gesetz bezeichnet.

Übertragen wir dieses Experiment auf die Entwicklung des Universums:

- Frühes Universum: heiß, daher lag die Strahlung im kurzwelligen Bereich, UV, Röntgenstrahlung
- Jetziges Universum: hat sich enorm ausgedehnt, daher geringe Temperatur, daher muss die Strahlung bei sehr langen Wellenlängen zu finden sein.

Sehr oft passiert es, dass man nach irgendwelchen Effekten sucht und dabei etwas ganz anderes Unerwartetes findet. Bereits um 1940 wurde von G. Gamow, R. Alpher und R. Herman eine Strahlung vorhergesagt, die aus der Zeit des frühen Universums stammen sollte. Im Jahre 1964 wurde sie dann von A. Penzias und R. Wilson als Rauschen in den Antennen gefunden. Die beiden Wissenschaftler wollten die Ausbreitung von elektromagnetischen Wellen im Sonnensystem studieren bzw. untersuchen, wie sich deren Ausbreitung ändert, wenn die Sonne infolge ihrer Aktivität gewaltige Materiemengen in den interplanetaren Raum schleudert. Dabei fand man, dass es ein Rauschen gibt, das von allen Himmelsrichtungen gleichmäßig empfangen wird. Das Maximum dieser Strahlung liegt im Radiobereich; die Energieverteilung (Spektrum) der Hintergrundstrahlung entspricht der Temperatur eines Körpers von 2,7 K (K steht für Grad Kelvin; in der Kelvinskala zählt man vom absoluten Nullpunkt weg, der bei −273,3 Grad Celsius liegt). Übrigens hielten Penzias und Wilson diese Strahlung anfangs für eine durch Vogeldreck auf der Antenne hervorgerufene Störung. Sie erhielten für ihre Entdeckung im Jahre 1978 den Nobelpreis für Physik.

2.3.3 Hintergrundstrahlung und Rotverschiebung

Die Hintergrundstrahlung stammt aus der frühen heißen Phase des Universums. Stellen wir uns ein Gas vor, welches hauptsächlich aus Wasserstoff besteht. Wasserstoff ist das häufigste und einfachste Element im Kosmos. Es besitzt ein positiv geladenes Proton im Kern, umgeben von einem negativ geladenen Elektron in der Hülle. Bei hohen Temperaturen jedoch werden die Elektronen vom Atom getrennt. Dann besteht das Gas nurmehr aus Wasserstoffionen. Strahlung, also elektromagnetische Wellen, kann ein derartiges Gas nicht durchdringen, da es zu einer Streuung an den freien Elektronen kommt. Das Gas wird undurchsichtig. Man kann sich überlegen, dass es bei einer Temperatur unterhalb von 3000 K zu einer Rekombination der freien Elektronen mit den Protonen kommt, also zu einem Übergang von Wasserstoffionen zu neutralen Wasserstoffatomen. Damit wird das Gas durchsichtig.

Man kann nun abschätzen, wann die Temperatur des Universums etwa 3000 K betrug und findet den Wert von 400.000 Jahren nach dem Urknall. Die Strahlung, die wir jetzt als 2,7 K Hintergrundstrahlung beobachten, stammt also aus einer Zeit, als das Universum etwa 400.000 Jahre alt war! Weiter zurück in die Vergangenheit können wir nicht blicken, da dann das Universum undurchsichtig wird. Das Universum ist also beobachtbar von heute bis zu einem Alter von etwa 400.000 Jahren. In der Astrophysik verwendet man häufig die Rotverschiebung z, die schon früher eingeführt wurde.

$$z = \frac{\Delta\lambda}{\lambda} = \frac{v}{c}. \tag{2.7}$$

Exkurs

Die Rotverschiebung der Hintergrundstrahlung beträgt $z = 1000$. Aus obiger Formel würde sich dann eine Geschwindigkeit von $v = 1000c$ ergeben, also die tausendfache Lichtgeschwindigkeit. Natürlich kann es keine Geschwindigkeiten oberhalb der Lichtgeschwindigkeit geben. Wir müssen hier einfach mit der relativistischen Dopplerformel rechen:

$$\frac{\Delta\lambda}{\lambda} = \frac{\sqrt{1 + v/c}}{\sqrt{1 - v/c}} - 1. \tag{2.8}$$

Damit sieht man, dass wenn v nahe an die Lichtgeschwindigkeit herankommt, die Rotverschiebung z größer als 1 werden kann. Nehmen wir an, eine Strahlung besitze eine Wellenlänge von 100 nm. Das wäre im für uns nicht sichtbaren UV-Bereich (der für das menschliche Auge sichtbare Bereich liegt zwischen 400 und 700 nm). Eine Rotverschiebung von $z = 1000$ bedeutet, wir beobachten diese

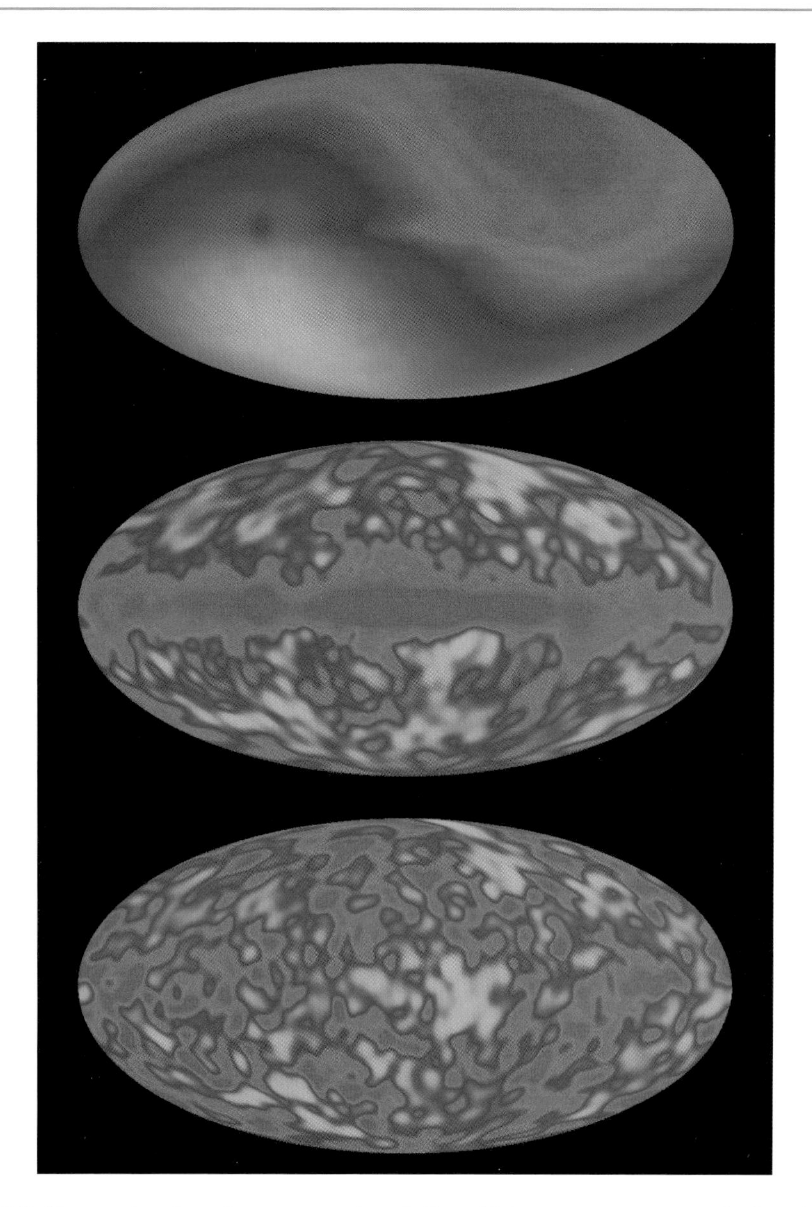

Abb. 2.6 Temperaturschwankungen aus dem frühen Universum, gemessen mit dem COBE-Satelliten. Oben sind die Rohdaten dargestellt, beeinflusst durch die Bewegung des Satelliten, in der Mitte sieht man den Einfluss der Milchstraße, unten die korrigierten Enddaten. NASA

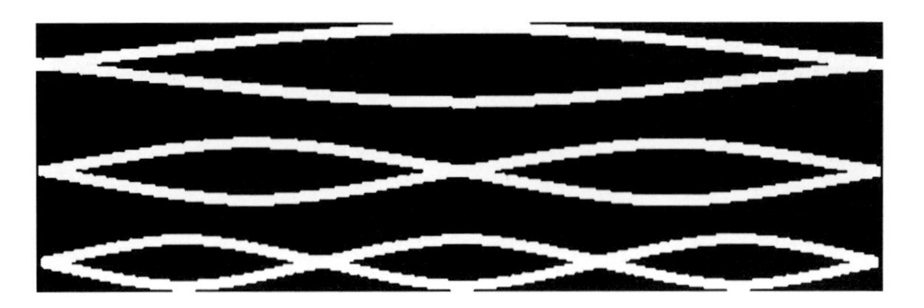

Abb. 2.7 Grundschwingung und erste und zweite Oberschwingung einer Gitarrensaite

Strahlung bei einer Wellenlänge von

$$\Delta\lambda/\lambda = z \quad \Delta\lambda = z\lambda = 100 \times 1000 = 100.000\,\text{nm} \tag{2.9}$$

$$\lambda = \lambda_0 + \Delta\lambda = 100 + 100.000 = 100.100\,\text{nm}\,, \tag{2.10}$$

d. h. wir sehen die Strahlung bei einer Wellenlänge von $10^5 \times 10^{-9} = 10^{-4}$ m, also im Mikrowellenbereich.

▸ Die 2,7 K Hintergrundstrahlung ist Beweis für einen heißen Urknall. Wir können allerdings nur bis etwa 400.000 Jahre nach dem Urknall zurücksehen, da dann das Universum undurchsichtig für Strahlung wird.

2.3.4 Temperaturschwankungen im frühen Universum

Mit Hilfe von mehreren Satellitenmissionen (COBE, WMAP, PLANCK) hat man den Mikrowellenhintergrund genau gemessen. Dabei zeigt sich, dass es kleinste Temperaturschwankungen gibt (Abb. 2.6). Die gemessenen Schwankungen sind jedoch sehr gering, nur etwa 0,001 %. Der Hintergrund ist also einerseits bemerkenswert gleichförmig, andererseits gibt es dennoch kleine Schwankungen. Diese Schwankungen könnten als spätere Kondensationskeime für Galaxien fungiert haben. Schwankungen im frühen Universum kann man als Schwingungen verstehen. Hier wieder ein aus dem Alltag bekanntes Beispiel. Zupft man die Saite einer Gitarre, dann erklingt ein bestimmter Ton. Allerdings gibt es auch zahlreiche Oberschwingungen:

- Grundton: ein Schwingungsbauch entlang der Saite auf ihrer Gesamtlänge,
- erster Oberton: zwei Schwingungsbäuche entlang der Saite,
- zweiter Oberton: drei Schwingungsbäuche.

Dies ist in Abb. 2.7 skizziert.

Insgesamt ergibt sich bei einer angeschlagenen Gitarrensaite eine Kombination aus Grund- und Oberschwingungen. Das frühe Universum kann als extrem heißes kompaktes

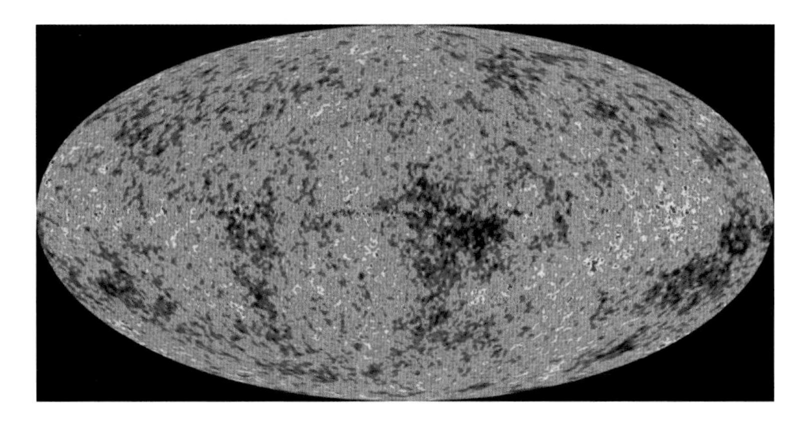

Abb. 2.8 Ergebnisse der WMAP-Messungen, die Temperaturfluktuationen im frühen Universum zeigen. NASA

Plasma angesehen werden. In einem solchen Plasma gibt es immer zufällige Störungen. Störungen eines Gleichgewichtszustandes führen in der Physik meist (eigentlich fast immer) zu Schwingungen. Diese Schwingungen kann man auch im heutigen Universum als Temperatur und Wellenlängenschwankungen messen. Die Metrik des Universums ist durch dessen Krümmung und Anfangsgeschwindigkeit gegeben. Aus der Analyse der gemessenen Schwingungen kann man daher auf diese Werte schließen. Die WMAP-Sonde hat über tausend solcher Obertöne gemessen.

Der COBE-Satellit (Cosmic Background Explorer) war von 1989 bis 1993 im Einsatz, die Nachfolger waren dann WMAP (Wilkinson Microwave Anisotropy Probe), die von 2001 bis 2010 gemessen hat, und PLANCK (seit 2009).

Die Ergebnisse der WMAP-Messungen sind in Abb. 2.8 gezeigt. Rot sind wärmere Regionen, blau sind kältere Regionen. Die damit gemessenen Temperaturschwankungen betragen 5×10^{-5} K, also weniger als mit COBE gemessen. Mit WMAP (Abb. 2.8) wurde das Alter des Universums zu 13,75 Milliarden Jahren bestimmt, mit einer Unsicherheit von 1 %.

▸ Im Mikrowellenhintergrund gibt es kleinste Temperaturunterschiede, aus denen sich später die Galaxien entwickelt haben.

2.3.5 Dunkle Materie

Die beobachteten Temperaturschwankungen kann man alleine aus der Verteilung der sichtbaren Materie nicht erklären. Unter der Annahme, dass etwa 22 % dunkle, nicht strahlende Materie ist und dass die sichtbare leuchtende Materie (leuchtend bedeutet hier: Materie strahlt, egal in welchen Wellenlängen) etwa 4 % ausmacht, kann man die mit WMAP gemessene Verteilung erklären. Die dunkle Materie übertrifft also die strahlende

Abb. 2.9 Skizze, wie der Satellit PLANCK zu den ersten Anfängen des Universums sieht. Noch tiefer in die Vergangenheit kann man nichts mehr erkennen, das Universum wird undurchsichtig. ESA

uns bekannte Materie um mindestens den Faktor 5! Der Satellit PLANCK liefert noch feinere Details der Hintergrundstrahlung. In Abb. 2.9 wird skizziert die PLANCK-Daten des frühen Universums gewinnt. Der Satellit sieht quasi durch das Sonnensystem, Galaxien, bis zu den frühesten Galaxien und dann bis zu einem Zeitpunkt, als die Rekombination abgeschlossen war, sich also die Elektronen mit den Protonen vereinigten; wie wir gesehen haben, war dieser Vorgang bei einer Temperatur von 3000 K abgeschlossen und das Universum war etwa 400.000 Jahre alt.

Bisher haben wir experimentelle Beobachtungen besprochen, die auf einen Urknall hindeuten. Es gibt noch eine weitere Beobachtung, die sich nur mit dem Urknallmodell erklären lässt.

- Zur Erklärung der gemessenen Temperaturschwankungen im frühen Universum reicht die sichtbare Materie nicht aus. Deshalb muss es auch dunkle, nicht leuchtende Materie geben.

2.4 Die Entstehung der Elemente

2.4.1 Kernfusion am Anfang

Wasserstoff ist das häufigste Element im Kosmos. Das Universum besteht grob zu etwa 75 % aus Wasserstoff und etwa 25 % Helium. Alle Elemente, die schwerer als Helium sind, machen weniger als 1 % der Masse aus. Dennoch sind diese Elemente wichtig, ohne sie gäbe es keine festen Planeten und natürlich auch kein Leben.

Woher stammen diese Elemente? Blickt man in die Vergangenheit des Universums zurück, dann zeigt sich, dass die Zusammensetzung 3/4 Wasserstoff, 1/4 Helium fast konstant bleibt. Sehr alte Sterne weisen jedoch einen noch geringeren Gehalt an Metallen auf, wobei unter Astrophysik alles als Metall bezeichnet wird, das schwerer als Helium ist. Das legt die Vermutung nahe, dass das Verhältnis Wasserstoff zu Helium bereits in den frühen Phasen des Universums festgelegt wurde. Man spricht von der primordialen Kernfusion. Als das Universum noch genügend heiß und dicht war, konnten während einer kurzen Zeit (innerhalb der ersten drei Minuten) durch Kernfusion aus vier Wasserstoffatomen Heliumatome entstehen. Helium besteht aus zwei Protonen und zwei Neutronen, es wurden also zwei Protonen während der Fusion zu Neutronen umgewandelt. Die primordiale Nukleosynthese limitiert die Anzahl der Baryonen ($\beta\alpha\rho\upsilon\varsigma$ heißt schwer; schwere Teilchen bestehen aus drei Quarks, z. B. Neutronen, Protonen) im Universum. Die nicht gleichmäßige Verteilung der Baryonen im Universum erklärt sich durch die schon besprochene Dunkle Materie.

▸ Bei der Entstehung des Universums, also beim Urknall wurden innerhalb der ersten 3 Minuten die Elemente Wasserstoff und Helium gebildet, wobei wegen der hohen Temperaturen der Wasserstoff ionisiert war.

2.4.2 Elemente schwerer als Helium

Wenige Minuten nach dem Urknall waren Temperatur und Dichte nicht mehr hoch genug, um die Kernfusion zu ermöglichen. Woher stammen dann die anderen Elemente, z. B. Sauerstoff oder Kohlenstoff?

Diese Elemente konnten nicht während des Urknalls entstehen, da sich das Universum sehr rasch ausdehnte und infolgedessen abkühlte. Alle Elemente schwerer als Helium wurden im Inneren der Sterne durch Kernfusion erzeugt. Möglicherweise waren die ersten Sterne, die sich im frühen Universum bildeten, viel massereicher als Sterne, wie wir sie heute kennen. Bei der Besprechung der Sternentwicklung werden wir sehen, dass die Entwicklung bzw. Lebensdauer eines Sternes nur von einem Parameter bestimmt wird: von dessen *Masse*.

▸ Je massereicher die Sterne, desto kürzer ihre Lebensdauer.

Die frühen Sterne (man spricht von Population-III-Sternen) entwickelten sich sehr rasch (innerhalb weniger als etwa 1 Million Jahre) und explodierten dann und reicherten so das Universum mit Elementen schwerer als Helium an. So gesehen besteht also unsere Erde wie die anderen erdähnlichen Planeten aus Sternenstaub.

Die Entstehung der Elemente im Universum geschah und geschieht auch heute noch in zwei Phasen:

- Während der ersten drei Minuten: primordiale Kernfusion, aus Wasserstoff (Protonen) wird Helium (etwas weniger als 25 %).
- Bereits in den ersten Sternen werden dann durch Kernfusionsprozesse im Inneren schwerere Elemente gebildet. Dieser Prozess dauert auch heute noch an. Langsam reichert sich das Universum mit schwereren Elementen an.

▸ Alle Elemente schwerer als Helium entstanden durch Fusion in den Sternzentren. Wir bestehen also aus Sternenstaub.

2.5 Das frühe Universum

Nachdem wir experimentelle Beweise untersucht haben, die für ein Urknallmodell (Big Bang Theorie) sprechen, untersuchen wir noch das frühe Universum.

2.5.1 Die Superkraft

Im ersten Kapitel haben wir die vier Grundkräfte besprochen, die das Universum heute regieren: Gravitation, elektromagnetische Wechselwirkung, starke und schwache Wechselwirkung. Das Universum wird heute von der schwächsten Kraft, der Gravitation, bestimmt. Gehen wir jedoch zurück zu den Anfangsphasen des Universums, so wird die Energiedichte und damit die Temperatur immer größer. Bei immer höheren Energien kommt es zu einer Vereinigung der Naturkräfte. Gehen wir immer weiter zurück in die Geschichte bis an den Anfang, so finden wir zunächst eine Vereinigung der schwachen Wechselwirkung mit der elektromagnetischen Wechselwirkung. Dies wurde bereits experimentell in großen Beschleunigeranlagen überprüft. Man spricht dann von einer elektroschwachen Wechselwirkung. 1979 bekamen Glashow, Salam und Weinberg den Nobelpreis für deren Theorie der elektromagnetischen und schwachen Wechselwirkung, 1984 entdeckten Rubbia und van der Meer die von diesem Modell vorhergesagten W- und Z-Teilchen.

Als das Universum etwa eine Millionstel Sekunde alt war, $t \sim 10^{-6}$ s, betrug die Temperatur 10^{13} K, und es kam zu einer Vereinigung der elektromagnetischen Wechselwirkung mit der schwachen Wechselwirkung. Bei noch höheren Temperaturen, als das Universum 10^{-35} s alt war, vereinigte sich die elektroschwache Wechselwirkung mit der starken Wechselwirkung. Man spricht hier von GUT. GUT steht für Grand Unified Theory. Bei noch höherer Energie waren alle vier heute bekannten Naturkräfte auf eine Superkraft vereinigt.

Abb. 2.10 A. Guth, der die Theorie des inflationären Universums aufstellte

Das Aufspalten der Kräfte kann man sich als eine Art Symmetriebrechung vorstellen. Dazu ein Analogon. Nehmen wir die verschiedenen Phasenzustände des Wassers als Beispiel: Eis, flüssig, gasförmig. Eis hat die höchste Symmetrie (Ordnung), im flüssigen Zustand sind die Wassermoleküle wesentlich freier beweglich und im gasförmigen Zustand ist diese Freiheit am größten. Kühlt man Wasser auf unter null Grad ab, so setzt die Kristallisation nicht sofort ein, das Wasser ist unterkühlt. Erst bei Temperaturen unter null Grad setzt die Erstarrung spontan ein und Energie wird frei.

Die Superkraft hat die höchste Symmetrie, keine Richtungen sind ausgezeichnet. Als Analogon dazu hätten wir Wasserdampf. Bei Abkühlung (= Expansion des Universums) kommt es zu Phasenübergängen.

- Die heute bekannten vier Grundkräfte entwickelten sich durch Abspaltung (Symmetriebrechung) im frühen Universum aus einer einzigen Superkraft.

2.5.2 Das inflationäre Universum

Der Zeitpunkt 10^{-35} s nach dem Urknall war ein besonderer. Wie schon oben beschrieben, kam es zu einer Symmetriebrechung, die starke Wechselwirkung trennt sich von der elektroschwachen Wechselwirkung ab. Das Universum wurde mit Energie angefüllt, man spricht auch von Vakuumsenergie. Dadurch wurde die Gravitation für einen extrem kurzen Zeitpunkt abstoßend und das Universum dehnte sich um den Faktor 10^{30} aus. Diese rasche Ausdehnung des frühen Universums bezeichnet man als inflationäre Phase. Sobald der Phasenübergang oder die Symmetriebrechung abgeschlossen war, setzte sich die Entwicklung des Universums wieder normal fort. Nach Abschluss der inflationären Phase hatte das Universum eine Ausdehnung von etwa 1 m.

Die Theorie des inflationären Universums, entwickelt von A. Guth (Abb. 2.10) folgt einerseits aus dem Konzept der Symmetriebrechung, andererseits kann sie auch einige experimentelle Befunde erklären:

- Horizontproblem: Betrachten wir zwei entgegengesetzte Punkte am Himmel. Diese können wegen ihrer großen Entfernung physikalisch nie in Zusammenhang gestanden haben. Eine inflationäre Expansion erklärt dies jedoch, d. h. vor der inflationären Phase gab es sehr wohl einen Zusammenhang.
- Flachheitsproblem: Das Universum erscheint trotz der Masse extrem flach.
- Magnetische Monopole: Magnetfelder zeichnen sich dadurch aus, dass es immer einen Nord- und Südpol gibt. Magnetische Monopole könnten jedoch in der Frühphase entstanden sein, jedoch durch die inflationäre Phase weit verstreut worden sein und deshalb heute praktisch unbeobachtbar.
- Dichtefluktuationen: Durch die inflationäre Expansion entwickelten bzw. verstärkten sich geringe Dichtefluktuationen, die dann später als Kondensationskeime für Materie, d. h. Galaxienhaufen/Galaxien, dienten.

Man stelle sich vor, man befinde sich auf einem Himmelskörper, der kugelförmig ist. Je größer die Kugel, desto weniger wird man auf kleinen Skalen etwas von der Krümmung wahrnehmen.

In Abb. 2.11 ist die Entwicklung des Universums schematisch dargestellt, ebenso wie die Symmetriebrechung (Aufspaltung der Kräfte).

▸ Die Inflationsphase im frühen Universum wird benötigt, um zu erklären, weshalb uns das Universum heute als ziemlich flach erscheint.

2.6 Zeitskala

Wir skalieren die Entwicklungsgeschichte des Universums auf ein Jahr. Somit bedeutet ein Jahr die gesamte seit dem Urknall vergangene Zeitspanne. Dann finden wir die in Tab. 2.1 gegebenen Werte.

In dieser Tabelle ist auch etwas über die Zukunft gesagt. Am „Jahresende" sind wir beim heutigen Zeitpunkt angelangt. Da unsere Sonne langsam heißer wird, beginnt die Temperatur auf der Erde im Laufe der nächsten 100 Millionen Jahre zuzunehmen (das erklärt natürlich nicht die gegenwärtige Klimaerwärmung) und auf unserer Zeitskala wird die Erde Mitte Januar unbewohnbar. Schließlich dehnt sich unsere Sonne zum Roten Riesen über die Erdbahn hinweg aus. Außerdem steht uns eine Kollision mit der Andromedagalaxie bevor.

2.7 Die Zukunft des Universums

2.7.1 Masse und Energie

Beginnen wir wieder mit einem anschaulichen Beispiel. Versuchen wir, einen Stein nach oben zu werfen. Ohne auf die genauen Formeln einzugehen, wird es klar, dass die Höhe,

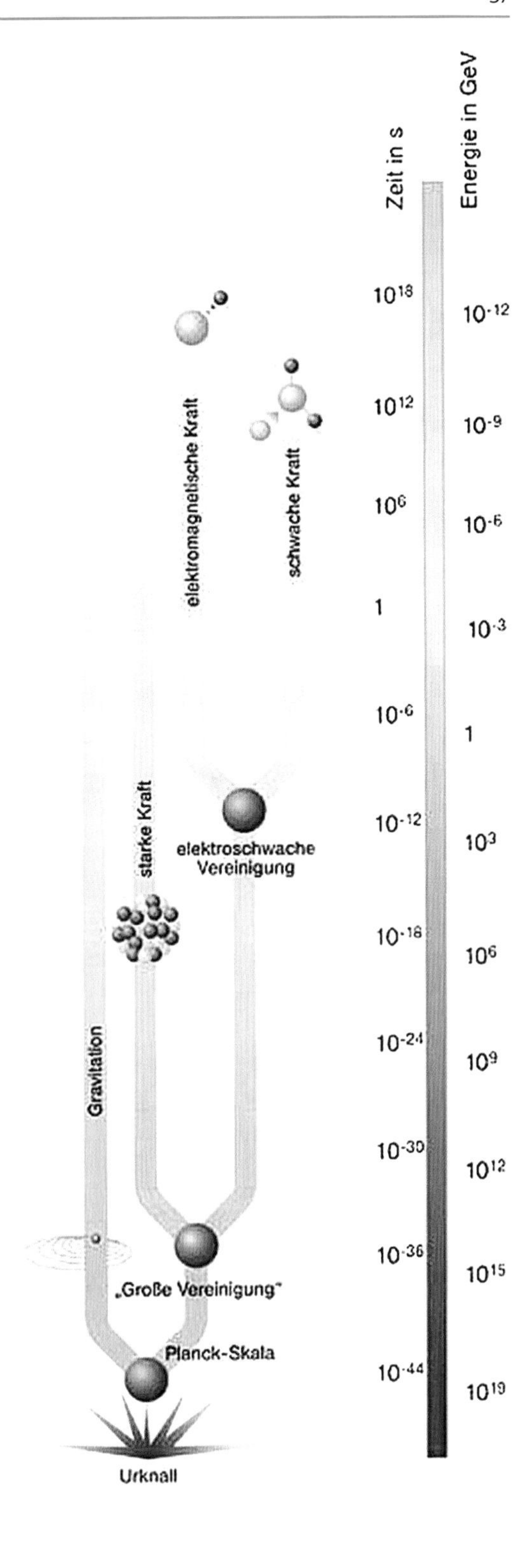

Abb. 2.11 Entwicklung des Universums. Dirk Rathje, CC by-nc-nd

Tab. 2.1 Auf ein Jahr skalierte Entwicklungsgeschichte des Universums

Zeit	Ereignis
1. Jan $0^h 0^m$	Urknall, Entstehung von H, He
1. Jan. $0^h 14^m$	Entkopplung von Strahlung und Materie
5. Jan.	Erste Sterne und Schwarze Löcher, C, N, O, …
16. Jan.	Älteste bekannte Galaxie, Quasar
9. Sep.	Entstehung von Sonnensystem und Erde
28. Sep.	Erstes Leben auf Erde (Cyanobakterien)
16.–19. Dez.	Wirbeltierfossilien, Pflanzen
20.–24. Dez.	Wald, Fische, Reptilien
25. Dez.	Säugetiere
28. Dez.	Aussterben der Dinosaurier
31. Dez. $20^h 00^m$	Erste Menschen
31. Dez. $23^h 55^m$	Neandertaler
31. Dez. $23^h 55^m 56^s$	Das Jahr 0
12. Jan	Erde wird zu heiß
7. April	Sonne wird zum Roten Riesen
16. April	Kollision Milchstraße mit Andromedagalaxie

die der Stein erreicht, von der Anfangsgeschwindigkeit abhängt. Je größer die Anfangsgeschwindigkeit, desto größer die erreichte Höhe.

Exkurs

Man kann sich auch vorstellen, dass bei einer bestimmten Geschwindigkeit die dem Stein mitgegebene kinetische Energie so groß wird, dass dieser den Anziehungsbereich der Erde verlassen kann bzw. zunächst einmal in einer Bahn um die Erde kreisen kann – wir kennen dies natürlich von Satelliten. Die Entweichgeschwindigkeit beträgt:

$$V_e = \sqrt{2GM/R}\,, \tag{2.11}$$

wobei R der Erdradius ist, M die Erdmasse, G die Gravitationskonstante. Die Geschwindigkeit, um endgültig von der Erde wegzufliegen, beträgt dann

$$v_{\text{entw}} = v_e\sqrt{2}\,. \tag{2.12}$$

Setzen wir die Werte für die Erde ein, dann finden wir, dass wenn wir einen Stein oder eine Rakete mit einer Geschwindigkeit von 11,2 km/s nach oben bringen, diese die Erde endgültig verlassen werden.

Das Universum ist vor 13,7 Milliarden durch den Urknall entstanden. Es expandiert, die Frage ist, wie lange dauert diese Expansion. Im Prinzip gibt es drei Möglichkeiten:

- Expansion dauert für ewig; das wäre der Fall für ein offenes Universum.
- Expansion geht langsam gegen Null, genauer gesagt, für $t \to \infty$; dies wäre ein Grenzfall.

- Expansion endet irgendwann, dann kommt es wieder zu einer Kontraktion. Das wäre dann ein geschlossenes Universum.

Wodurch könnte die Expansion gestoppt werden? Ähnlich wie beim Beispiel des nach oben geworfenen Steins, wo es von der Erdmasse abhängt, wie hoch der Stein fliegt bzw. ob er von der Erde wegfliegt, hängt es beim Universum von dessen Gesamtmasse ab, ob es offen oder geschlossen ist. Es muss daher eine Art kritische Materiedichte des Universums geben, ρ_{crit}. Das Universum ist

- offen, wenn die Materiedichte $\rho < \rho_{\text{crit}}$,
- Expansion stoppt im Unendlichen, wenn $\rho = \rho_{\text{crit}}$,
- Expansion geht nach einer gewissen Zeit in eine Kontraktion über, wenn $\rho > \rho_{\text{crit}}$.

▶ **Deshalb muss man die kritische Materiedichte kennen und sie mit der gemessenen vergleichen, um die Frage zu klären, ob das Universum für immer expandiert oder irgendwann einmal wieder kollabiert.**

Die kritische Materiedichte bestimmt die Expansion, die Expansion ist wiederum mit der Hubble-Konstante verknüpft, deshalb ist die kritische Materiedichte proportional zur Hubble-Konstante.

Exkurs

$$\boxed{\rho_{\text{crit}} = \frac{3H_0^2}{8\pi G}} . \tag{2.13}$$

Dabei ist H_0 der gegenwärtige Wert der Hubble Konstante.

Man gibt auch eine Gesamtenergie K an: Dieser Parameter kann sein

- $K = +1$ positive Gesamtenergie, → Expansion dauert ewig;
- $K = 0$, Gesamtenergie = 0, → Expansion stoppt;
- $K = -1$, negative Gesamtenergie, → Expansion geht irgendwann in Kollaps über.

Man kann einen Dichteparameter einführen, der das Verhältnis der gemessenen Materiedichte ρ zur kritischen Dichte beschreibt:

Exkurs

$$\Omega_m = \rho/\rho_{\text{crit}} \tag{2.14}$$

und kann zeigen, dass

$$\Omega = 1 + \frac{Kc^2}{HR^2} . \tag{2.15}$$

Der Wert, den man für die kritische Materiedichte bestimmt, liegt bei

$$\rho_{\text{crit}} = 9 \times 10^{-30}\ \text{g/cm}^3 . \tag{2.16}$$

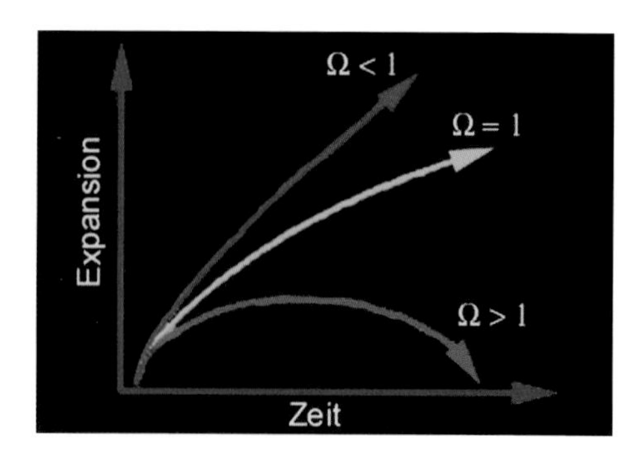

Abb. 2.12 Der Parameter Ω, also das Verhältnis Materiedichte zur kritischen Materiedichte, bestimmt die Zukunft des Universums

Zu dieser kritischen Materiedichte muss man alles rechnen was der Gravitation unterliegt. Wir müssen daher die Dunkle Materie miteinbeziehen. Dann findet man:

$$\Omega_m = 0{,}3 \,. \tag{2.17}$$

Was bedeutet dies? Die Materiedichte im Universum beträgt nur etwa 30 % der kritischen Dichte, dies würde also eine Expansion in alle Ewigkeit bedeuten.

In Abb. 2.12 sind die drei Grenzfälle nochmals dargestellt. In der y-Achse ist die Expansion des Universums gegeben, was gleichbedeutend mit dessen Ausdehnung ist. In der x-Achse ist die Zeit aufgetragen. Für $\Omega > 1$ dauert die Expansion ewig.

2.7.2 Das nichtleere Vakuum

Nach der Quantenfeldtheorie gibt es kein eigentliches Vakuum, sondern es werden laufend virtuelle Teilchen erzeugt und wieder vernichtet. Dies führt zu einem nicht verschwindenden Energie-Impuls-Tensor des Vakuums. Kurz: Im Vakuum herrscht Energie. Die Vakuumenergiedichte $\Omega_L = 0{,}7$ entspricht daher 70 % der kritischen Energiedichte.

Diese Vakuumenergiedichte führt zu einer beschleunigten Expansion des Universums. Man stelle sich eine gewöhnliche Explosion vor. Die Teile fliegen auseinander. Man würde erwarten, die Expansion könnte im Laufe der Zeit abgebremst werden. Sie ist also früher schneller verlaufen als jetzt. Genau das Gegenteil hat man für das Universum bestimmt! Das Universum expandiert beschleunigt. Da eine Beschleunigung Energie benötigt, hat man die dazu erforderliche Energie auch als *Dunkle Energie* bezeichnet. Was die Dunkle Energie genau ist, wissen wir nicht. Aber woher wissen wir denn überhaupt, dass das Universum beschleunigt expandiert?

▸ Das Universum expandiert beschleunigt, heute schneller als früher, dies erfordert dunkle Energie.

Wie wir schon erwähnten, blickt man in die Vergangenheit, je tiefer man in den Kosmos sieht. Weit entfernte Galaxien sind also wesentlich jünger als nahe Galaxien. Messen wir

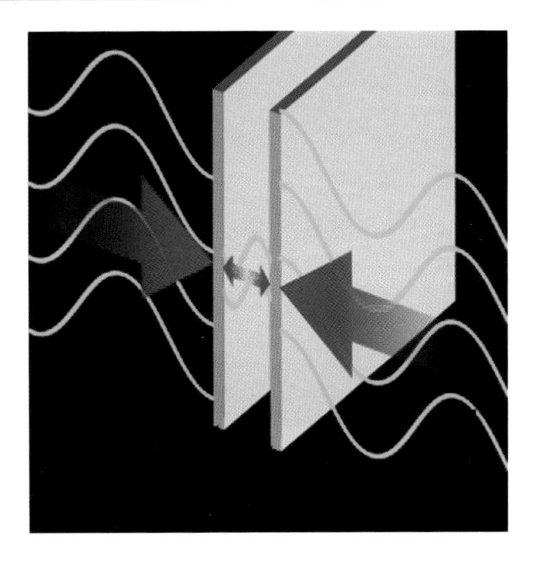

Abb. 2.13 Der Casimir-Effekt, ein Beweis für die Existenz von Vakuumfluktuationen. Wikimedia Commons, CC BY -SA 3.0

die Rotverschiebung von weit entfernten Galaxien und vergleichen wir diese mit näheren Galaxien, dann ergibt sich daraus die Änderung der Expansionsrate. Das Ergebnis zeigt: Das Universum expandiert heute schneller als früher!

Exkurs

Der Casimir-Effekt ist ein Beweis für Vakuumfluktuationen. Betrachten wir zwei parallele Platten (Abb. 2.13). Wie in der Abbildung gezeigt, wirkt auf diese im Vakuum eine Kraft, die die Platten zusammendrückt. Außerhalb der Platten existiert ein Kontinuum virtueller Teilchen, innerhalb der Platten kann es nur eine diskrete Anzahl von Teilchen geben. Den Teilchen entsprechen die sogenannten De-Broglie-Wellenlängen . Ein beliebiges Teilchen mit Impuls p hat eine Wellenlänge von

$$\lambda = h/p\,, \tag{2.18}$$

wobei p der relativistische Impuls ist: $p = mv/\sqrt{1-(v/c)^2}$.

2.7.3 Materie und Raum

Nach der Allgemeinen Relativitätstheorie von Einstein gibt es einen Zusammenhang zwischen Materie und Raum. Die Materie bestimmt die Krümmung des Raumes, genauer gesagt der Raum-Zeit. Dies zeigt sich in den Feldgleichungen der Allgemeinen Relativitätsheorie. Je größer die Masse, desto größer die Raumkrümmung. Diese Theorie konnte man experimentell bestätigen. Eine der ersten Bestätigungen war die Beobachtung der Lichtablenkung. Bei einer totalen Sonnenfinsternis wird die Sonne von der Erde aus gesehen vom Mond verfinstert. Man kann so auch am Tage Sterne beobachten. Misst man die Position von Sternen nahe dem Sonnenrand und vergleicht diese gemessene Position mit der gemessenen Position, wenn sich die Sonne nicht in der Nähe dieser Sterne befindet,

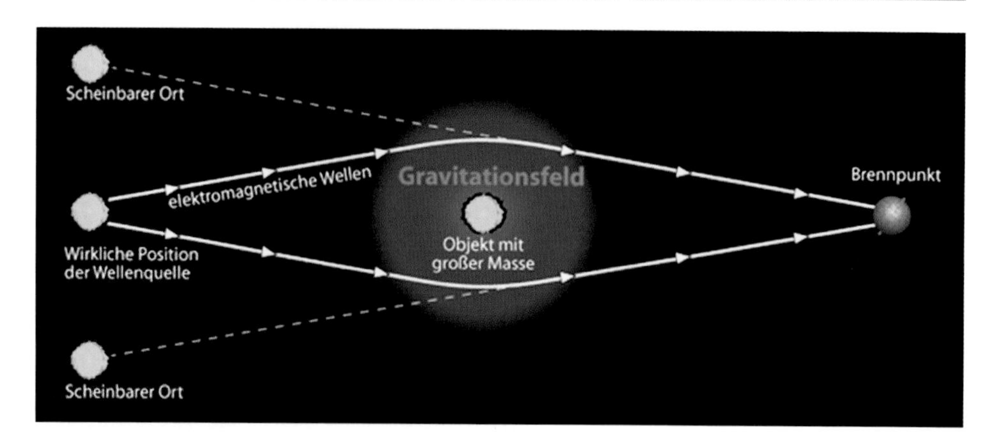

Abb. 2.14 Durch die Lichtablenkung bei Anwesenheit von Massen erscheint die Position der Sterne verschoben. www.scififorum.de

dann findet man eine kleine Abweichung. Diese Abweichung lässt sich mit der Ablenkung des Lichtes erklären, wie in Abb. 2.14 gezeigt ist. Im Jahre 1919 wurde zur Durchführung dieser Messung eine von der Royal Society finanzierte Expedition gestartet. Nahe dem Sonnenrand beträgt die Lichtablenkung nur 1,75 Bogensekunden, es sind daher sehr genaue Messungen erforderlich um diesen Effekt zu finden.

Die Lichtablenkung hängt wie viele andere Effekte der Allgemeinen Relativitätstheorie vom Verhältnis des Schwarzschildradius zum Radius des Objekts ab. Der Schwarzschildradius errechnet sich wie folgt: man überlege sich, wie ein Objekt beschaffen sein müsste, damit die Entweichgeschwindigkeit von diesem gleich der Lichtgeschwindigkeit c wäre:

Exkurs

$$c = \sqrt{2GM/R}, \tag{2.19}$$

daraus ergibt sich der Schwarzschildradius:

$$R_S = \frac{2GM}{c^2}, \tag{2.20}$$

Setzen wir die Werte für die Sonne in die Formel ein: Die Sonnenmasse beträgt $M_\odot = 2 \times 10^{30}$ kg, dann bekommen für den Schwarzschildradius der Sonne 3 km. Würde also die Sonne von ihrem gegenwärtigem Radius von etwa 700.000 km auf 3 km zusammengestaucht, wäre sie ein Schwarzes Loch, da dann nicht einmal Strahlung ihre Oberfläche verlassen kann. Unsere Erde müsste auf etwa 1 cm zusammengestaucht werden, um ein Schwarzes Loch zu werden.

Exkurs

Wir können nun insgesamt das Universum als Masse betrachten. Dies hat natürlich ebenso eine Krümmung des Raumes (der Raum-Zeit) zur Folge. In der Relativitätstheorie spricht man immer von der Raum-Zeit. Ein Ereignis im Universum hat drei räumliche Koordinaten (x, y, z) sowie eine

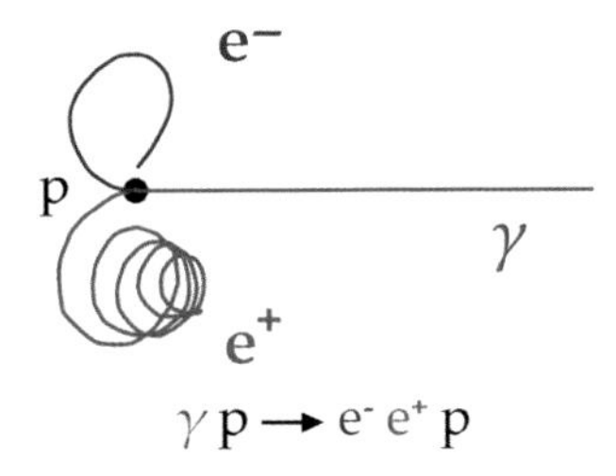

Abb. 2.15 Skizze, wie sich die Erzeugung eines Elektron-Positron Paares in einer Blasenkammer abbildet

zeitliche Koordinate (ct). Die Eigenschaften des Raumes kann man angeben, indem man sich den Abstand ds^2 zwischen zwei Ereignissen in der Raum-Zeit ansieht:

$$ds^2 = c^2 dt^2 - dx^2 - dy^2 - dz^2 . \tag{2.21}$$

Die Masse des Universums krümmt also die Raum-Zeit. Masse bestimmt den Raum. Es ist daher sinnlos zu fragen, was außerhalb des Universums liegt. Die Raum-Zeit ist durch die im Universum enthaltene Masse bestimmt. Ebenso ist es sinnlos zu fragen, was vor dem Urknall war. Die Raum-Zeit wurde durch den Urknall bestimmt und definiert.

▸ Raum und Materie sind durch die Allgemeine Relativitätstheorie miteinander verknüpft.

2.7.4 Energie und Masse

Einsteins berühmteste Formel kennt beinahe jeder. Sie stellt einen einfachen Zusammenhang zwischen der Energie und der Masse eines Objektes dar:

$$E = mc^2 . \tag{2.22}$$

Daraus sieht man: Bei genügend hoher Energie können wir Teilchen erzeugen. Umgekehrt geht bei der Kernfusion etwas an Masse verloren, der Differenzbetrag wird als Energie abgestrahlt. Betrachten wir als Beispiel die Fusion von vier Wasserstoffatomen zu Helium. Das Heliumatom ist etwas leichter (weniger als 1 %) als die Summe der vier Wasserstoffatome, und diese Massendifferenz wird als Energie abgestrahlt.

Bei der Paarerzeugung werden bei hohen Energien Teilchen erzeugt. Zum ersten Mal wurde dies 1933 nachgewiesen, als Elektron-Positron- Paarerzeugung (das Positron ist das Antiteilchen zum Elektron, es besitzt dieselben Eigenschaften wie das Elektron, hat jedoch die entgegengesetzte Ladung, als $+e$) (Abb. 2.15).

▸ Bei hohen Energien entstehen Teilchen, dies war in der Frühphase des Kosmos der Fall.

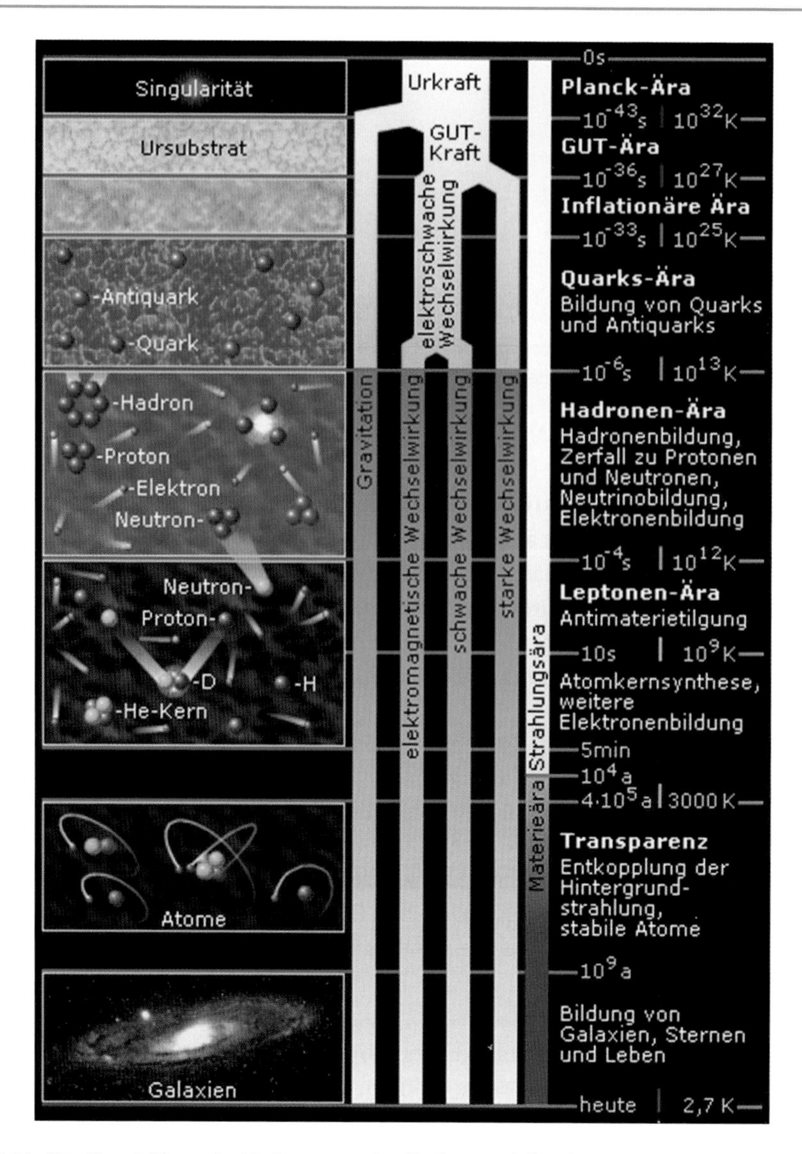

Abb. 2.16 Die Entwicklung des Universums. Quelle: http://sfrd.u-f-p.net/2010/03/der-urknall/

Je weiter wir also in der Geschichte des Universums zurückgehen, desto höhere Temperaturen finden wir und immer schwerere Teilchen konnten entstehen.

Die Geschichte des Universums ist in Abb. 2.16 skizziert.

Damit haben wir die Geschichte des Universums im sogenannten Standardmodell der Kosmologie bzw. der Teilchenphysik dargelegt. Je weiter wir zurückgehen, desto höher werden die Energien. Man versucht einige der Prozesse, die sich im frühen Universum abgespielt haben, mit modernen Beschleunigeranlagen nachvollziehen (z. B. CERN).

2.7.5 Urknall und Planck-Ära

Rechnen wir die Expansion zurück, so kommen wir zu einer Singularität, das Universum wird zu einem Punkt. Doch schon kurz davor versagt unsere gegenwärtige Physik. Wir können bis etwa 10^{-43} s nach dem Urknall rechnen, das ist die sogenannte Planck-Zeit. Das Universum hat eine Länge von 10^{-35} m und eine Temperatur von 10^{32} K, die Dichte betrug 10^{94} g/cm^3. Die Zeit davor bezeichnet man als Planck-Ära. Es könnte während dieser Zeit ein Quantenvakuum mit vollkommener Symmetrie gegeben haben, welches unendlich viele Dimensionen hatte. In einem solchen Quantenvakuum könnten spontane Symmetriebrechungen aufgetreten sein. Ist unser Universum also das Resultat einer spontanen Symmetriebrechung?

2.8 Das Universum und Teilchen

2.8.1 Bosonen-Ära

Bosonen sind Teilchen, die die Kräfte zwischen den Materieteilchen, den Fermionen, übermitteln. Das Higgs-Teilchen ist nach P. Higgs benannt. Es ist elektrisch neutral und besitzt Spin 0. Nach Higgs erhalten alle Elementarteilchen ihre Masse erst durch Wechselwirkung mit dem allgegenwärtigen Higgs-Feld. Das zu diesem Feld gehörige Higgs-Boson soll 2012 bei Experimenten im CERN gefunden worden sein, was aber noch umstritten ist. Das Standardmodell der theoretischen Elementarteilchenphysik kennt vier Arten von Teilchen:

- Quarks
- Leptonen
- Eichbosonen – sie vermitteln Wechselwirkungen, also Kräfte
- Higgs-Feld

In der Physik gibt es die zweite Quantisierung, der Gegensatz zwischen Teilchen und Feld wird aufgehoben.

► Ein Teilchen ist ein angeregter Zustand des entsprechenden Feldes.

Das Higgs-Boson ist eine quantenmechanische Anregung des Higgs-Feldes. Dieses Teilchen lässt sich theoretisch bei hohen Energien nachweisen. Man stelle sich eine Gitarrensaite vor. Diese wird zu einer Schwingung angeregt. Die Schwingung hört man als Ton.

- Gitarrensaite: entspricht dem Higgs-Feld,
- Ton: entspricht dem Higgs-Teilchen.

2.8.2 Quark-Ära

Im Alter von 10^{-33} s ist das Universum auf 10^{25} K abgekühlt. Zuvor bildeten die energiereichen Photonen die schweren X- und Y-Bosonen, nun reicht die Energie nicht mehr aus, dieses zu bilden, und Quarks/Antiquarks entstehen. Daneben existieren bereits Leptonen wie z. B. die Elektronen und Neutrinos. Allerdings gibt es auf Grund der hohen Energie noch keine Neutronen und Protonen. Also keine uns bekannte Materie. Die Materie zu dieser Zeit lässt sich als Quark-Gluonen-Plasma beschreiben. Bereits im Jahr 2000 konnte am Schweizer CERN für extrem kurze Zeit ein solches Quark-Gluonen-Plasma erzeugt und indirekt nachgewiesen werden.

Als das Universum ein Alter von 10^{-12} s erreicht hat, ist die Temperatur auf 10^{16} K abgesunken. Es kommt zur Abspaltung der elektroschwachen Kraft in die schwache Kraft und elektromagnetische Kraft. Ab diesem Zeitpunkt gab es also im Universum alle vier uns bekannten Naturkräfte.

2.8.3 Hadronen-Ära

Das Universum wird immer kälter. Als es 10^{-6} s alt war, bildeten die Quarks die Hadronen, von denen im Wesentlichen nur die Protonen und Neutronen überlebten. Wir haben die Erzeugung von Teilchen besprochen und festgestellt, dass immer Teilchen/Antiteilchenpaare entstehen, die wieder zerstrahlen. Weshalb gibt es dann überhaupt Teilchen im Universum, wenn sofort wieder alles zerstrahlt durch Paarvernichtung? Der Grund liegt in einer sehr geringen Asymmetrie. Es gab 1,000000001 mehr Teilchen als Antiteilchen. Deshalb gibt es einen Kosmos mit Materie.

2.8.4 Leptonen-Ära

Im Alter von 10^{-4} s beträgt die Temperatur des Universums immer noch 10^{12} K. Die Energie der Photonen reicht nur noch zur Bildung von Leptonenpaaren. Als das Universum 1 s alt ist und die Temperatur 10^{10} K beträgt, kommt es zur Elektron-Positron-Paarvernichtung, wiederum gibt es jedoch eine kleine Asymmetrie und die Elektronen überleben.

2.8.5 Das Universum wird durchsichtig

Bis zu einem Alter von 379.000 Jahren bleibt das Universum undurchsichtig. Die Photonen streuen an den freien Elektronen. Die Elektronen gewinnen dabei an Energie. Nun hat sich die Temperatur des Universums auf 3000 K abgekühlt, Rekombination setzt ein und das Universum wird durchsichtig.

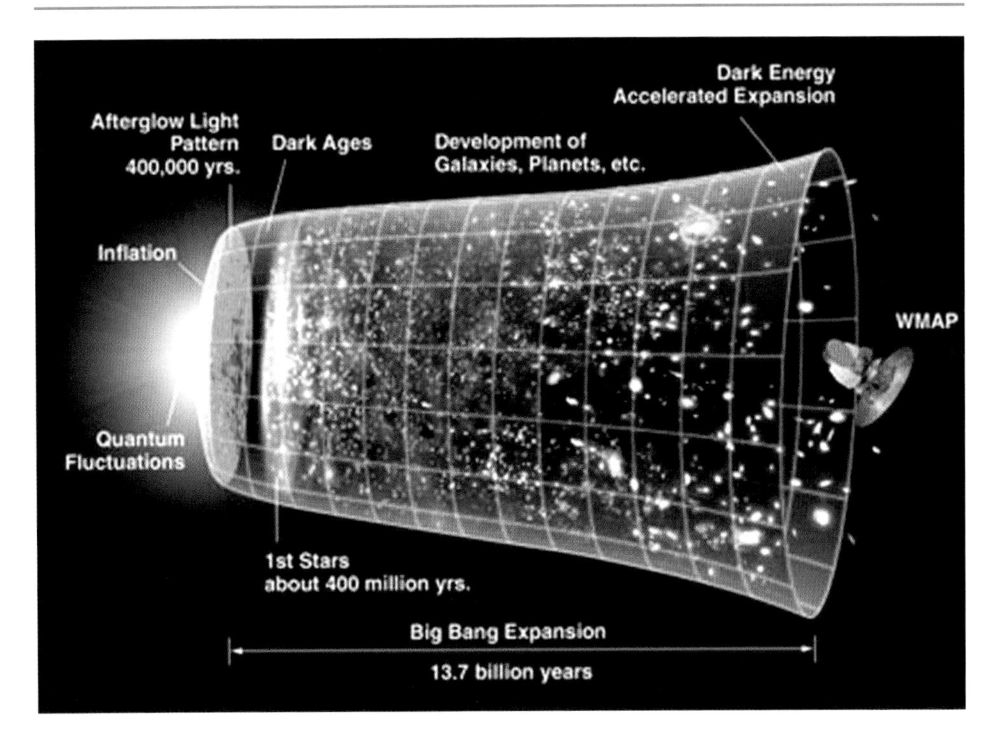

Abb. 2.17 WMAP und die Untersuchung des frühen Universums. NASA

In Abb. 2.17 ist nochmals die Entwicklung des Universums schematisch dargestellt und wie der Satellit WMAP Informationen aus der Frühphase erhalten kann.

Die Welt der Planeten

3

Inhaltsverzeichnis

In diesem Abschnitt behandeln wir die Planeten des Sonnensystems. Wir definieren heute acht große Planeten: Merkur, Venus, Erde, Mars, Jupiter, Saturn, Uranus und Neptun. Pluto wird nicht mehr zu den großen Planeten gezählt, da inzwischen viele Objekte im Sonnensystem gefunden wurden, die ähnlich in Größe von Pluto sind.

Generell unterteilt man die großen Planeten des Sonnensystems in zwei Klassen. Die erdähnlichen oder terrestrischen Planeten besitzen eine feste Oberfläche, die Gasplaneten Jupiter, Saturn, Uranus und Neptun sind deutlich größer und bestehen hauptsächlich aus Gas und einem festen Kern.

Ein Größenvergleich der Planeten mit der Sonne ist in Abb. 3.1 gegeben.

Nach der Lektüre dieses Kapitels haben Sie einen Überblick

- vom Aufbau des Planetensystems,
- können Planeten untereinander vergleichen,
- verstehen den Sinn der vergleichenden Planetenforschung,
- verstehen, wie man z. B. durch den Vergleich Erdatmosphäre mit Venusatmosphäre Informationen über die Folgen der Klimaerwärmung der Erde bekommt,
- lernen die Welt der Planetenmonde kennen.

A. Hanslmeier, *Faszination Astronomie*, DOI 10.1007/978-3-642-37354-1_3,
© Springer-Verlag Berlin Heidelberg 2013

Abb. 3.1 Größenvergleich Sonne mit den Planeten. Die Erde ist der dritte Planet von der Sonne aus gesehen. www.hd1080wallpaper.com

3.1 Allgemeine Eigenschaften der Planeten

3.1.1 Masse und Radius

Eine der wichtigsten physikalischen Zustandsgrößen der Planeten ist deren Masse. Diese kann man relativ einfach bestimmen aus dem Dritten Keplergesetz, wenn der Planet von einem Mond umkreist wird.

Exkurs

Dies erläutern wir am Beispiel der Bestimmung der Erdmasse. Der Mond umkreist die Erde in etwa 27 Tagen, dies ist seine Umlaufperiode in Bezug auf seine Position am Himmel. Man bezeichnet diesen Zeitraum auch als siderischen Monat. Die Entfernung Erde–Mond beträgt im Mittel 384.400 km. Somit kennt man die Größen $a = 384\,400\,\text{km}$, $T = 27$ Tage. Die Masse m_2 des Mondes kann man in der Formel vernachlässigen und bekommt die Masse der Erde m_1 aus der allgemeinen Form des Dritten Keplergesetzes:

$$\frac{a^3}{T^2} = \frac{G}{4\pi^2}\left(m_1 + m_2\right) . \tag{3.1}$$

Übrigens: Die Mondmasse beträgt nur 1/81 der Erdmasse.

Ein großes Problem der Massenbestimmung war lange Zeit die des heute als Zwergplaneten klassifizierten Pluto. Plutos Masse ist relativ klein, er übt nur geringe Störungen auf die Massen der anderen Planeten aus (hauptsächlich Neptunbahn). Erst als man Monde um Pluto entdeckte, konnte die Masse genau bestimmt werden. Der Planet mit der größten

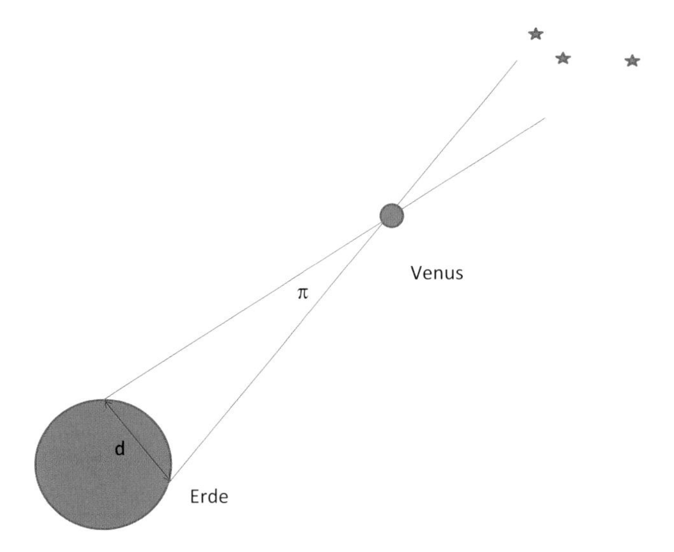

Abb. 3.2 Zur Bestimmung der Venusparallaxe π. Man beobachtet an um den Abstand d entfernten Punkten. Da die Winkel sehr klein sind, gilt die einfache Beziehung $\pi = a/d$, wobei a die Entfernung der Venus zur Erde ist

Masse im Sonnensystem ist Jupiter mit mehr als 300 Erdmassen. Im Vergleich zur Masse der Sonne ist seine Masse aber ebenfalls gering, nur 1/1000 Sonnenmasse.

Den Radius oder Durchmesser eines Planeten kann man bestimmen, wenn man dessen Entfernung kennt sowie den scheinbaren Durchmesser des Planetenscheibchens. Eine einfache trigonometrische Überlegung ergibt dann den Durchmesser. Der Durchmesser des Jupiter beträgt etwa das 10-fache der Erde. Reiht man Jupiter 10 Mal aneinander, ergibt das den Durchmesser der Sonne.

▸ Das Dritte Keplergesetz erlaubt aus der Bahnbewegung die Bestimmung von Planetenmassen.

3.1.2 Entfernungen

Die Entfernungen der Planeten kann man auf zwei Arten bestimmen. Eine Methode ist die Messung der Parallaxe. Blickt man zu einem nahen Planeten (z. B. Venus) von zwei möglichst weit entfernten Punkten von der Erde, dann kann man wie in Abb. 3.2 gezeigt, die Parallaxe der Venus bestimmen. Da man den Abstand d der beiden Messstellen auf der Erde kennt, folgt daraus sofort der Abstand des Planeten. Sobald jedoch eine Entfernung im Sonnensystem berechnet ist, kennt man alle anderen direkt aus dem Dritten Keplergesetz, welches besagt, dass das Verhältnis der Kuben der Abstände zu den Quadraten der Umlaufdauern konstant ist; also wenn a_1, T_1 den Abstand bzw. die Umlaufdauer des ersten

Planeten bedeuten und a_2, T_2 die des zweiten, dann gilt:

$$\frac{a_1^3}{T_1^2} = \frac{a_2^3}{T_2^2}. \tag{3.2}$$

Für Untersuchungen im Sonnensystem verwendet man als Entfernungseinheit meist die mittlere Entfernung Erde–Sonne. Dies wird als Astronomische Einheit, abgekürzt AE (im Engl. AU, Astronomical Unit), bezeichnet.

▸ Eine Astronomische Einheit 1 AE = 150.000.000 km.

3.1.3 Temperaturen, Atmosphären

Die Temperatur eines Planeten kann man leicht abschätzen, wenn man die Energie ausrechnet, die die Oberfläche des Planeten von der Sonne erhält. Auf der Erde empfangen wir unter idealen Verhältnissen etwa 1,36 kW pro m^2. Dies gilt allerdings nur bei senkrechtem Einfall der Sonnenstrahlen sowie für den Fall, dass nichts in der Erdatmosphäre absorbiert wird. Da die Einstrahlung mit dem Quadrat der Entfernung abnimmt, erhält man auf einem Planeten, der doppelt so weit entfernt ist wie die Erde von der Sonne, nur mehr 1/4 des Betrages von 1,36 kW pro m^2.

Abgesehen von Merkur, der nur eine extrem dünne Atmosphäre besitzt, haben alle Planeten Atmosphären. Diese Atmosphären ändern die Oberflächentemperaturen der Planeten gewaltig. Unsere Erdatmosphäre enthält natürliche Treibhausgase wie Wasserdampf, Kohlendioxid (CO_2), und ohne den natürlichen Treibhauseffekt wäre es an der Erdoberfläche um etwa 30 Grad kühler. Die tatsächlich gemessene globale Oberflächentemperatur der Erde liegt bei etwa 14 Grad, ohne Treibhauseffekt würde sie minus 18 Grad betragen, Leben wäre wahrscheinlich auf der Erde unmöglich. Die Atmosphäre schützt Planeten auch vor Abkühlung während der Nacht. Unser Mond besitzt keine Atmosphäre. Dort, wo die Sonne hinstrahlt, herrscht eine Temperatur von über 120 Grad; dort, wo Schatten ist, beträgt sie −180 Grad auf der Mondoberfläche.

Die Zusammensetzung der Planetenatmosphäre kann man aus der Analyse des Spektrums ermitteln. Die Planeten reflektieren Sonnenlicht, aber man beobachtet auch dunkle Absorptionslinien im Spektrum, die von den Planetenatmosphären selbst stammen.

▸ Planetenatmosphären schützen Planeten vor allzu großen Temperaturgegensätzen. Ohne den natürlichen Treibhauseffekt (Treibhausgase die unabhängig von den anthropogenen Abgasen existieren), wäre unsere Erde unbewohnbar.

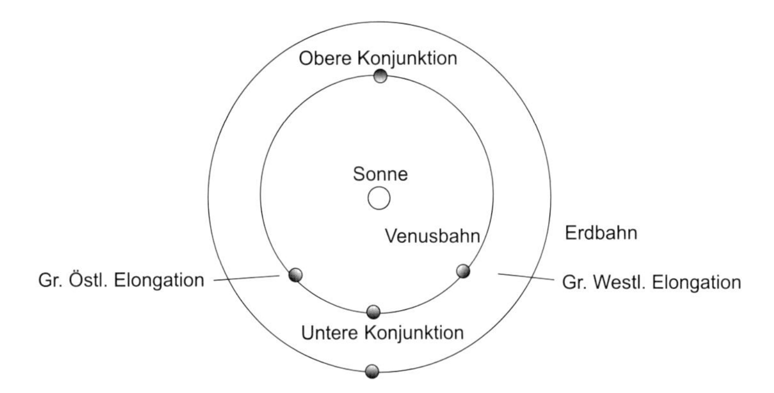

Abb. 3.3 Die Stellungen eines inneren Planeten

3.1.4 Wie sehen wir Planeten am Himmel?

Im Altertum waren bereits fünf Planeten bekannt: Merkur, Venus, Mars, Jupiter und Saturn. Diese Objekte plus Sonne und Mond ergeben auch die Siebentagewoche. Montag ist der Tag des Mondes, Dienstag der Tag des Mars, Mittwoch der Tag des Merkur, Donnerstag der Tag des Jupiter, Freitag der Tag der Venus, Samstag Tag des Saturn und Sonntag der Tag der Sonne.

Der Umlauf des Mondes um die Erde definiert grob den Monat. Hier muss man allerdings unterscheiden zwischen dem synodischen und siderischen Monat. Synodischer Monat bedeutet von einer bestimmten Mondphase zum nächsten Auftreten dieser Phase. Wenn also heute Vollmond ist, dann ist nach 29,5 Tagen oder einem synodischen Monat wieder Vollmond. Der siderische Monat beträgt nur etwa 27 Tage, so lange dauert es, bis der Mond wieder dieselbe Stellung unter den Sternen einnimmt. Da sich die Erde um die Sonne bewegt, ist der synodische Monat länger als der siderische.

Bei der Stellung der Planeten relativ zur Erde muss man zwischen Planeten unterscheiden, deren Bahnen innerhalb der Erdbahn liegen bzw. deren Bahnen außerhalb der Erdbahn liegen.

Die beiden Planeten Merkur und Venus, auch innere Planeten genannt, sind niemals die ganze Nacht hindurch sichtbar, sondern erreichen nur einen maximalen Winkelabstand östlich oder westlich von der Sonne. Um die Zeit ihrer maximalen Elongation sieht man sie daher am Morgenhimmel, wenn sie westlich von der Sonne stehen, oder am Abendhimmel, wenn sie östlich von der Sonne stehen. Am nächsten bei der Erde befinden sie sich während ihrer unteren Konjunktion, dann stehen sie zwischen Sonne und Erde und in seltenen Fällen, wenn die Bahnebenen zusammenfallen, kommt es zu einem Transit, man sieht das dunkle Planetenscheibchen vor der Sonnenscheibe vorbeigehen. Der letzte Venustransit ereignete sich am 6. Juni 2012 (Abb. 3.4). Falls Sie diesen nicht beobachtet haben, gibt es erst am 11. Dezember 2117 wieder eine Gelegenheit dazu. Die nächsten Merkurtransits sind am 9. Mai 2016 sowie am 11. November 2019. Merkurtransits kann man

Tab. 3.1 Oppositionen der Planeten Mars, Jupiter, Saturn, Uranus und Neptun

Planet	2013	2014	2015	2016	2017	2018	2019	2020
Mars	–	8.4.	–	22.5.	–	22.7.	–	14.10.
Jupiter		5.1.	6.2.	8.3.	7.4.	9.5.	10.6.	14.7.
Saturn	28.4.	10.5	23.5.	3.6.	15.6.	27.6.	9.7.	20.7.
Uranus	3.10.	7.10.	12.10.	15.10.	19.10.	24.10.	28.10.	31.10.
Neptun	27.8.	29.8.	1.9.	2.9.	5.9.	7.9.	10.9.	11.9.

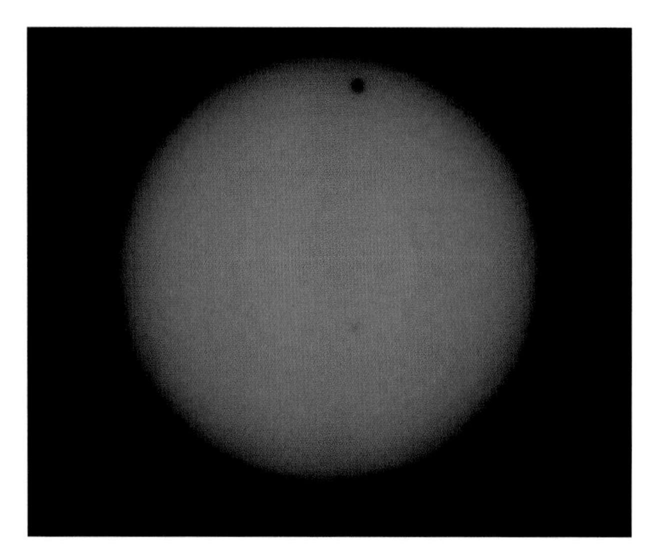

Abb. 3.4 Venustransit im Juni 2012. Man erkennt klar das dunkle Venusscheibchen vor der Sonnenoberfläche und auch einige Sonnenflecken. A. Hanslmeier, Privatsternwarte

allerdings nur mit einem Teleskop beobachten (unbedingt Schutzfolie vor dem Teleskop verwenden!!!). Abgesehen von den Transits sind Merkur und Venus um den Zeitpunkt ihrer unteren Konjunktion herum unbeobachtbar mit der Sonne am Tageshimmel. Bei der oberen Konjunktion sieht man die Planeten ebenfalls nicht, sie sind dann am weitesten von der Erde entfernt. Die unteren Planeten zeigen auch Phasen, was man besonders bei Venus bereits mit kleineren Teleskopen beobachten kann. Wenige Wochen vor bzw. nach ihrer unteren Konjunktion sieht man Venus nur mehr als schmale relativ große Sichel im Teleskop. Wenige Wochen vor oder nach der oberen Konjunktion sieht man Venus nahezu voll beleuchtet, allerdings deutlich kleiner im Durchmesser auf Grund der größeren Erdentfernung (siehe Abb. 3.3).

Die äußeren Planeten Mars, Jupiter, Saturn, Uranus und Neptun zeigen folgende besondere Stellungen in Bezug auf die Erde (siehe Abb. 3.5): Zur Zeit ihrer Opposition stehen sie der Sonne gegenüber, sie sind dann die ganze Nacht hindurch beobachtbar, d. h. sie gehen auf, wenn die Sonne untergeht, und unter, wenn die Sonne aufgeht. Zur Zeit der Konjunk-

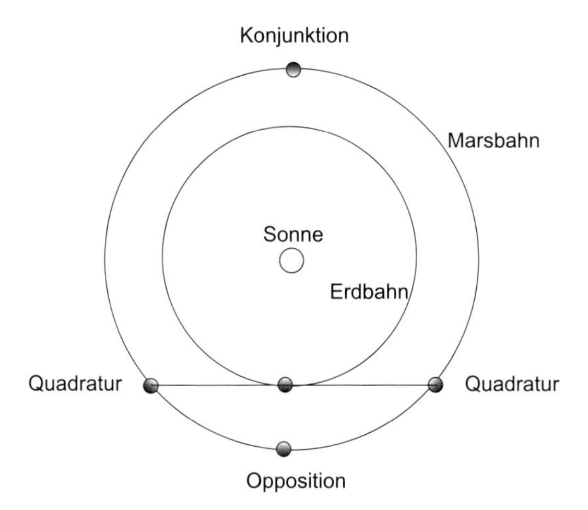

Abb. 3.5 Die Stellungen eines äußeren Planeten am Beispiel Mars

tion stehen sie unbeobachtbar mit der Sonne am Tageshimmel. In Tab. 3.1 findet man die Oppositionsstellungen der äußeren Planeten.

Ein Besonderheit, die helle Planeten leicht unterscheidbar von den anderen hellen Sternen macht: Planeten blinken im Gegensatz zu den Sternen kaum. Auf Grund ihrer Nähe bekommen wir auf der Erde ein Strahlenbündel der Planeten, sie erscheinen also nicht exakt punktförmig und deshalb wirken sich die Schwankungen von Temperatur und Druck in der Erdatmosphäre weniger stark aus. Venus ist leicht erkennbar. Sie ist, wenn sie nicht einige Wochen vor oder nach ihrer oberen Konjunktion steht, als Morgen- oder Abendstern zu erkennen und immer nach dem Mond das hellste Objekt am Himmel. Jupiter ist nach Venus der zweithellste Planet. Zur Zeit seiner Oppositionsstellung ist er die ganze Nacht hindurch zu sehen. Mars leuchtet rötlich, besonders wenn er in Erdnähe steht (also um seine Opposition). Seine Bahn um die Sonne ist relativ stark exzentrisch, deshalb schwankt seine minimale Erdentfernung von Opposition zu Opposition zwischen minimal 54 Millionen und maximal mehr als 100 Millionen km Entfernung. Bei extrem erdnahen Marsoppositionen kann er sogar heller als Jupiter werden (dies wird bei seiner Opposition im Jahre 2018 der Fall sein!). Saturn ist nicht so auffällig wie die anderen Planeten, aber so hell wie die hellsten Sterne. Die anderen äußeren Planeten Uranus und Neptun sind für das freie Auge unsichtbar.

Einige Eigenschaften der Planeten sind in Tab. 3.2 gegeben.

▸ Planeten innerhalb der Erdbahn (Venus, Merkur) kann man entweder als Morgen- oder Abendstern sehen. Planeten außerhalb der Erdbahn sind um deren Opposition die ganze Nacht hindurch sichtbar.

Tab. 3.2 Die großen Planeten. D... Äquatordurchmesser, v_e... Entweichgeschwindigkeit

Planet	D	M	ρ	Beschl.	v_e
	[km]	[M_{Erde}]	g/cm^3	Erde = 1	[km/s]
Merkur	4878	0,055	5,43	0,4	4,25
Venus	12 104	0,815	5,24	0,9	10,4
Erde	12 756	1,0	5,52	1,0	11,2
Mars	6794	0,107	3,93	0,4	5,02
Jupiter	142.796	817,8	1,33	2,4	57,6
Saturn	120.000	95,15	0,70	0,9	33,4
Uranus	50.800	14,56	1,27	0,9	20,6
Neptun	48.600	17,20	1,71	1,2	23,7

3.2 Die erdähnlichen Planeten

Merkur, Venus, Erde und Mars werden als erdähnliche oder terrestrische Planeten bezeichnet. Sie besitzen eine feste Oberfläche und liegen im Durchmesserbereich von etwa 5000 bis 12.000 km.

3.2.1 Erde

Aufbau

Wir beginnen mit einen kurzen Beschreibung der Erde als Planet. Von der Sonne aus gesehen ist sie der dritte Planet. Die Oberfläche der Erde ist relativ jung, sie ist dauernden Veränderungen ausgesetzt. Die mittlere Dichte der Erde beträgt 5500 kg/m^3, sie nimmt nach dem Erdinneren zu. Nahe dem Zentrum beträgt die Dichte etwa 13.000 kg/m^3. Aus der Auswertung der Ausbreitung von Erdbebenwellen weiß man über das Erdinnere relativ gut Bescheid. Es ist schalenartig aufgebaut, die Erdkruste ist über den Kontinenten bis zu 35 km tief, unter den Ozeanböden jedoch nur bis 5 km. Die Erdkruste schwimmt quasi in großen Blöcken über dem nach innen immer flüssiger werdenden Erdmantel, die Platten bewegen sich gegeneinander (Tektonik) und dort, wo es zu Spannungen auf Grund der Plattenverschiebungen kommt, können Erdbeben auftreten. Der Erdkern ist im äußeren Bereich flüssig, innen jedoch fest und er besteht hauptsächlich aus den Metallen Eisen und Nickel.

Der Aufbau der Erde mit Konvektionsströmungen im Erdmantel, die zu den Kontinentalverschiebungen führen, ist in Abb. 3.6 skizziert.

Die Verteilung der Kontinentalplatten hat einen wichtigen Einfluss auf die Meeresströmungen und diese wiederum auf das Erdklima. Vor 225 Millionen Jahren ist der Superkontinent Pangäa in die heutigen Kontinente aufgebrochen. Noch heute beträgt die Kontinentalverschiebung einige cm pro Jahr und kann mit Satelliten genau bestimmt wer-

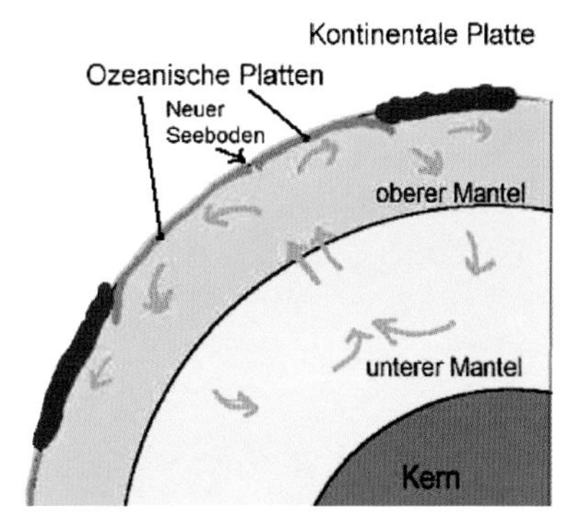

Abb. 3.6 Aufbau der Erde mit Konvektionsströmungen im Erdmantel. www/nepal-dia.de

den. Weshalb ist das Erdinnere warm, was treibt die Plattentektonik an? Ursache dafür ist vor allem der radioaktive Zerfall der Elemente. Bohren wir ein Loch in die Erdkruste, dann nimmt die Temperatur um etwa 30 K pro km Bohrtiefe zu. Dies zeigt die Bedeutung der Nutzung der Erdwärme (z. B. für Erdwärmepumpen). Im Erdkern beträgt die Temperatur etwas weniger als 10.000 K.

Magnetfeld

Der flüssige äußere Erdkern erklärt auch das Erdmagnetfeld, das nahe der Erde wie ein Dipolfeld (Dipol bedeutet zwei Pole, also einen Nord- und einen Südpol) erscheint. Allerdings befindet sich der magnetische Nordpol nahe dem geographischen Südpol und umgekehrt der magnetische Südpol in Kanada, also relativ nahe beim geographischen Nordpol. Weiter weg von der Erdoberfläche in einigen Erdradien Entfernung wird die Form des Erdmagnetfeldes vom ankommenden Sonnenwind bestimmt. Der Sonnenwind besteht aus geladenen Teilchen, die von der Sonne abgestoßen werden. Bei sogenannten Koronalen Massenauswürfen (engl. CMEs, coronal mass ejections) werden große Plasmamengen weg geschleudert und das Magnetfeld wird auf der der Sonne zugewandten Seite zusätzlich zusammengestaucht wie in Abb. 3.7 dargestellt. Man beachte, dass in dieser Abbildung die Maßstäbe nicht naturgetreu sind. Das Erdmagnetfeld ist für uns sehr wichtig. Es schützt uns auf der Erdoberfläche vor den geladenen Teilchen des Sonnenwindes. Die Oberfläche des Mondes ist diesem Bombardement der geladenen Teilchen ausgesetzt.

Atmosphäre

Die Erde besitzt eine Atmosphäre, ohne die Leben nicht möglich wäre und die man in folgende Schichten einteilt:

- Troposphäre: reicht bis in etwa 12 km Höhe (am Äquator); hier spielt sich praktisch das gesamte Wettergeschehen ab. In der Troposphäre steigt vom Erdboden erwärmte Luft nach oben, kühlt sich dann ab und Wolken werden gebildet. Die Temperatur nimmt in der Troposphäre bis auf etwa −50 Grad ab. Die Grenze zur nächstgelegenen Stratosphäre nennt man Stratopause.

Abb. 3.7 Skizze, die zeigt, wie die Sonnenwindteilchen das Erdmagnetfeld beeinflussen. Die Teilchen können nicht senkrecht zu den Feldlinien eindringen. Einige schaffen es jedoch an den Polen des Erdmagnetfeldes und verursachen Polarlichter. NASA

- Stratosphäre: Sie reicht bis in etwa 50 km Höhe. Es kommt zu einer Temperaurzunahme infolge Absorption kurzwelliger UV-Strahlung von der Sonne in der Ozonschicht. Aus der Verbindung von Sauerstoffmolekülen entsteht Ozon O_3. Ohne die Ozonschicht wäre Leben auf der Erdoberfläche nicht möglich, da das kurzwellige Ozon auf die Erdoberfläche dringen würde.
- Mesosphäre: Nach der Stratopause setzt die Mesosphäre ein, wo die Temperatur wieder abnimmt und bei etwa 90 km Höhe ist es mit −90 Grad am kältesten.
- Ionosphäre, Exosphäre: Die Temperatur nimmt hier stark zu durch Absorption kurzwelliger Strahlung. Es werden Temperaturen über 1000 K erreicht. Man muss aber dazu sagen, dass diese Schichten sehr dünn sind und es sich um kinetische Temperaturen handelt. Wie man aus der Thermodynamik weiß, ist ja die Temperatur nichts anderes als ein Maß für die kinetische Energie der Gasteilchen (die gegeben ist durch $1/2mv^2$, m ist die Masse des Teilchens). Auf Grund der hohen Energie der kurzwelligen Strahlen kommt es in der Ionosphäre zur Ionisation.

Unsere Erdatmosphäre ist nur in zwei Wellenlängenbereichen durchlässig, man spricht hier von den zwei Fenstern: Das optische Fenster geht von 290 nm (nahes UV) bis etwa 1 μm (nahes Infrarot). Das Radiofenster reicht von 20 MHz bis 300 GHz. Wir können also auf der Erdoberfläche Strahlung nur in diesen Bereichen messen. Strahlung mit einer Frequenz unterhalb 20 MHz wird reflektiert. Das ist wichtig für die Ausbreitung von Funk- und Radiowellen auf der Erdoberfläche. Da diese Reflexionseigenschaften vom Zustand

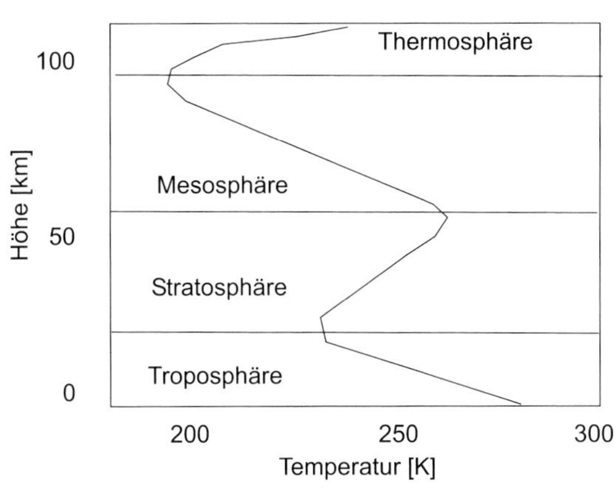

Abb. 3.8 Verlauf der Temperatur in der Erdatmosphäre

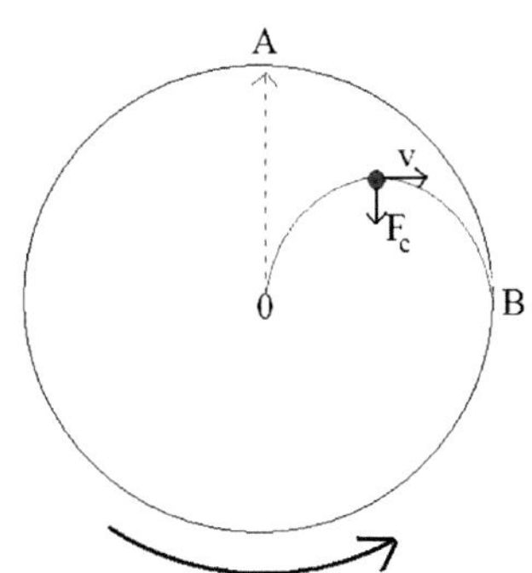

Abb. 3.9 Die Corioliskraft bewirkt in einem rotierenden System, dass die bei 0 abgefeuerte Kugel nicht bei A, sondern bei B landet

der Ionosphäre abhängen, kann die Ausbreitung von Funkwellen durch starke Sonnenausbrüche empfindlich gestört werden. Der Verlauf der Temperatur in der Erdatmosphäre ist als Skizze in Abb. 3.8 dargestellt.

Globales Zirkulationssystem und Klima

Das Wettersystem auf der Erde wird bestimmt durch das globale Zirkulationssystem. Grob erklärt, funktioniert dies so: Am Erdäquator wird die Luft erwärmt und steigt nach oben, in Bodennähe strömt kältere Luft zum Äquator. Da die Erde rotiert, wirkt auf die sich bewegenden Luftmassen die Corioliskraft. Diese kann man sich leicht erklären. Man nehme an, auf einer rotierenden Plattform befinde sich eine kleine Kanone an der Stelle 0, die ein Projektil abschießen soll. Dreht sich die Plattform nicht, landet die Kugel bei A. Dreht sich die Plattform, landet sie jedoch bei B, man hat den Eindruck, eine Kraft F_c habe die Kugelbahn beeinflusst. Diese Scheinkraft nennt man Corioliskraft und sie lenkt die Winde auf der Nordhalbkugel der Erde nach rechts ab, auf der Südhalbkugel nach links. In Abb. 3.9 ist dies dargestellt.

Unter dem Begriff *Klima* fasst man Effekte der Erdatmosphäre (Temperatur, Druck, Luftfeuchtigkeit, Windgeschwindigkeit usw.) zusammen, die sich in einem Zeitraum von mehreren Jahrzehnten ändern. Klimaänderungen hat es immer auf der Erde gegeben. Nach

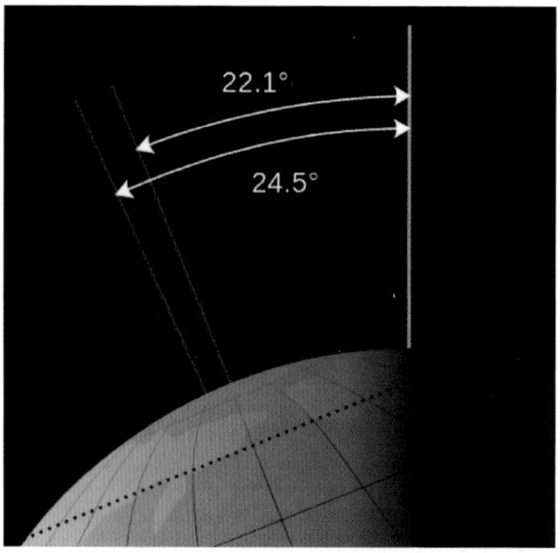

Abb. 3.10 Die Schiefe der Erdachse ändert sich mit einer Periode von 41.000 Jahren. NASA

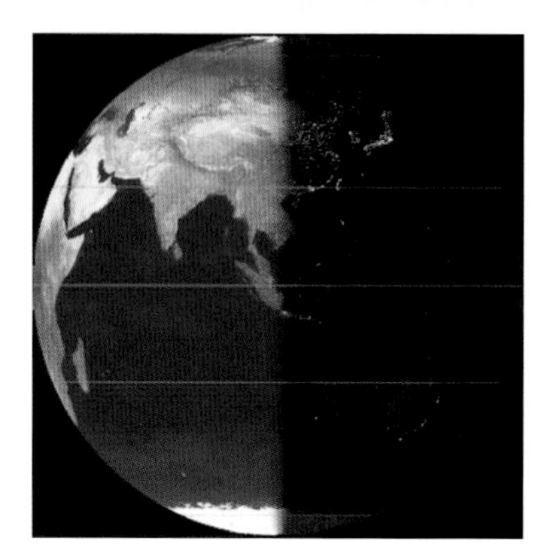

Abb. 3.11 Die Erde zu den Zeiten des Äquinoktiums, Tag- und Nachtgleiche. NASA

der Theorie von Milankovic (1879–1958) bewirken eine Veränderung der Neigung der Erdachse (Abb. 3.10) von wenigen Grad (gegenwärtig ist sie um 23,5 Grad gegenüber der Senkrechten auf die Erdbahnebene geneigt) sowie eine kleine Veränderung des Abstandes Erde–Sonne die Eiszeiten der vergangenen Jahrmillionen. Beide Variationen entstehen durch den Einfluss der Planeten als Störkräfte. Je stärker die Neigung der Erdachse, desto deutlicher fallen die Unterschiede zwischen den Jahreszeiten aus.

Jahreszeiten

Die Jahreszeiten entstehen durch die unterschiedlichen Höhen der Sonne im Sommer bzw. Winter. Im Sommer steht die Sonne hoch am Himmel und die Tage dauern lange, im Winter steht sie tief und die Tage sind kurz. Zur Zeit der Tag- und Nachtgleichen (Äquinoktien) ist die Erde von Pol zu Pol ausgeleuchtet (Abb. 3.11). Dies ist bei Frühlingsbeginn bzw. Herbstbeginn der Fall. Zu Winterbeginn (Wintersonnenwende) steht die Sonne am tiefsten und die Tage sind am längsten, zu Sommerbeginn steht sie am höchsten und die Tage sind am längsten.

Die Jahreszeiten auf der Erde entstehen also nicht durch den unterschiedlichen Abstand Erde–Sonne auf Grund der Elliptizität der Erdbahn. Gegenwärtig sind wir im Winter auf der Nordhalbkugel Anfang Januar der Sonne um fast 4 Millionen km näher als im Sommer. Dies hat praktisch keine Auswirkungen auf die Intensität der Sonneneinstrahlung, aber etwas davon bemerken wir schon: Das Sommerhalbjahr ist etwas länger als das Winterhalbjahr. In Sonnennähe bewegt sich die Erde schneller um die Sonne auf Grund der größeren Anziehung durch die Sonne.

Exkurs

Wie kann man das erklären? Erinnern wir uns an das erste Kapitel, wo wir gesehen haben, dass die Bahn eines Planeten um die Sonne dann stabil ist, wenn die Zentrifugalbeschleunigung auf Grund seiner Umlaufbahn gleich der Anziehungsbeschleunigung durch die Sonne ist:

$$\frac{v^2}{r} = G\frac{M_\odot}{r^2} . \tag{3.3}$$

Dabei ist v die Geschwindigkeit des Planeten auf seiner Bahn, r der Abstand Planet–Sonne, $M_\odot$ die Masse der Sonne. Steht also z. B. die Erde Anfang Januar näher bei der Sonne (der sonnennächste Punkt wird als Perihel bezeichnet), dann ist r kleiner.

- Zentrifugalbeschleunigung $\sim 1/r$,
- Beschleunigung durch Sonnenanziehung $\sim 1/r^2$,
- man kann das r aus der Formel 3.3 herausstreichen → Beschleunigung von der Sonne wird größer, Planet muss sich daher schneller um die Sonne bewegen.

Deshalb sind für die Nordhalbkugel der Erde die Winter kürzer als die Sommer.

Die Jahreszeiten werden durch die Neigung der Erdachse gegenüber der Normalen zur Bahnebene hervorgerufen. Im Sommer steht die Sonne für uns hoch am Horizont, die Tage sind lang, der Erdboden erwärmt sich lange. Allerdings reagiert die Erwärmung zögerlich. Eigentlich müsste es um den 21. Juni herum am heißesten sein, wenn die Sonne ihren höchsten Punkt auf ihrer Bahn erreicht. Aber zu diesem Zeitpunkt haben sich der Erdboden und vor allem die Ozeane noch nicht genügend erwärmt. Deshalb sind bei uns auf der Nordhalbkugel die heißesten Tage erst im Juli oder Anfang August.

Die Erdatmosphäre hat sich in ihrer Zusammensetzung im Laufe der Zeit geändert. Erst nachdem sich vor etwa 3,5 Milliarden Jahren Leben auf der Erde entwickelte (vermutlich tief im Wasser, um vor der UV-Strahlung geschützt zu sein), wurde durch Photosynthese Sauerstoff frei, und langsam reicherte sich die Erdatmosphäre mit freiem Sauerstoff an, was schließlich zur Bildung der Ozonschicht führte. Die Entwicklung des Lebens setzte sich dann vor etwa 500 Millionen Jahren explosionsartig fort. Während der letzten 500 Millionen Jahre gab es mehrere Episoden von Massensterben. Innerhalb kurzer Zeit zeigen Fossilien an, dass etwa fünfmal bis zu 80 % allen Lebens auf der Erde ausgelöscht wurde. Zuletzt geschah dies vor 65 Millionen Jahren, bekannt in der Wissenschaft unter dem Begriff KT-Ereignis oder populärwissenschaftlich als Aussterben der Dinosaurier bezeichnet. Wir kommen darauf nochmals genauer zu sprechen.

- Die Erde ist der größte der terrestrischen Planeten. Durch die Neigung der Erdachse entstehen die Jahreszeiten. Die Erdatmosphäre schützt vor extremen Temperaturgegensätzen. Das Magnetfeld bietet einen Schirm vor geladenen Teilchen von der Sonne und entsteht durch Ströme im flüssigen Erdkern. Die Kontinentalplatten befinden sich in dauernder Bewegung (Tektonik).

3.2.2 Merkur

Merkur ist der sonnennächste Planet und wegen seiner Sonnennähe nur schwierig von der Erde aus zu beobachten (in unseren Breiten kann man den Planeten im Schnitt etwa zweimal im Jahr als Morgen- oder Abendstern sehen). Es gibt viele berühmte Astronomen, die in ihrem Leben noch niemals Merkur erblickt haben. Da Pluto nicht mehr als Planet zählt, fällt Merkur die Rolle als kleinster Planet im Sonnensystem zu. Seine Bahn ist stark elliptisch und so schwankt sein Sonnenabstand zwischen 46 und 70 Millionen km. Von der Erde aus kann man Merkur zwar im Teleskop als kleines Scheibchen sehen, welches Phasen zeigt wie unser Mond, aber Oberflächendetails lassen sich nicht ausmachen. So hat man die fast 59-tägige Rotationsperiode des Merkur nur mittels Radarmessungen nachgewiesen (Radarsignale wurden zu Merkur gesendet und die reflektierten Signale gemessen; infolge der Rotation erscheinen sie dopplerverschoben). Die ersten Bilder der mondähnlich aussehenden, mit Kratern übersäten Merkuroberfläche stammen aus dem Jahre 1974 (US-Sonde Mariner 10). Gegenwärtig wird Merkur von der Messenger-Sonde (gestartet: 2004) genauer kartographiert. Der Aufbau des Merkur kann so beschrieben werden: eine relativ dünne Kruste und ein großer metallischer Kern. Merkur wäre der ideale Lieferant für Metalle. Großes Aufsehen erzeugten die im Jahre 1992 gefundenen Radarreflexionen an der Oberfläche des Planeten die als gefrorenes Wasser, also Eis, gedeutet werden können. An den Polgebieten des Merkur gibt es – ähnlich wie bei unserem Mond – Gebiete, wo niemals ein Sonnenstrahl in das Innere der Krater dringt.

Merkur hat neben seiner Sonnennähe noch einen weiteren Rekord im Sonnensystem aufzuweisen: Er ist der Planet mit den größten Temperaturgegensätzen zwischen Tag (700 K) und Nacht (100 K). Es kühlt also während der Merkurnacht um 600 Grad ab!

Aufnahmen des Merkur findet man in den Abb. 3.12, 3.13.

Leben scheint ausgeschlossen zu sein auf diesem Planeten. Weshalb ist es überhaupt interessant, sich mit Merkur so intensiv zu beschäftigen? Merkur ist ein Beispiel für einen Planeten, der äußerst starken Einflüssen von der Sonne ausgesetzt ist. Da unsere Sonne in der Frühzeit der Erde aktiver war als heute, können wir am Beispiel des Merkur nachvollziehen, wie der Sonnenwind und die kurzwellige Strahlung die Erdoberfläche bombardiert haben bzw. veränderten. Außerdem hat man in den letzten beiden Jahrzehnten viele extrasolare Planeten gefunden, also Planeten außerhalb unseres Sonnensystems. Viele dieser Planeten sind sehr nahe bei ihrem Mutterstern, ein Großteil sogar noch näher als Merkur bei der Sonne. Aus diesem Grunde eignet sich Merkur hervorragend zum Studium dieser Einflüsse, die für die Bildung des Lebens wesentlich sind.

Abb. 3.12 Merkur. Aufnahme: Messenger-Sonde. NASA

Abb. 3.13 Farbverstärkte Aufnahme der Merkuroberfläche (Raumsonde Messenger, 2011). Aus den Farben kann man auf die Zusammensetzung und Entwicklung der Oberflächendetails schließen. NASA

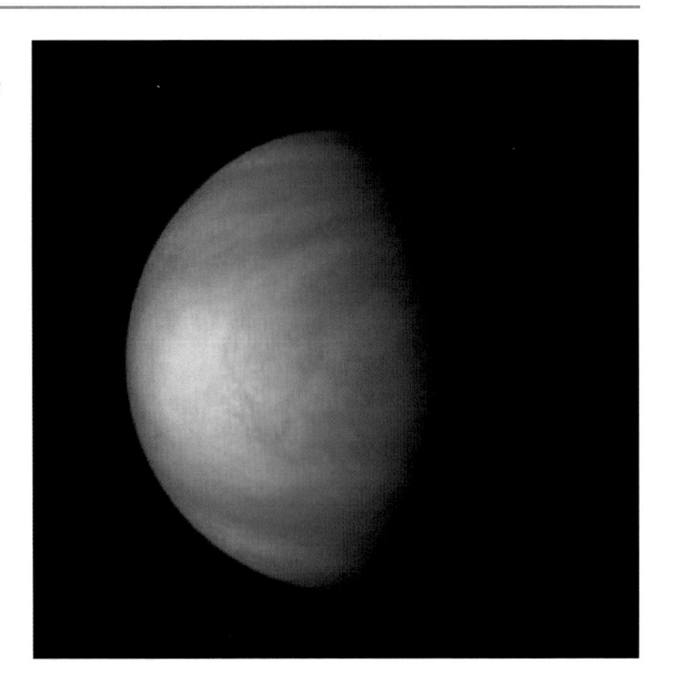

Abb. 3.14 Die durch dichte Wolken verborgene Oberfläche der Venus kann man selbst mit Raumsonden nur durch Radarmessungen ertasten. NASA

- Merkur ist der sonnennächste Planet mit den größten Temperaturgegensätzen und er besitzt einen relativ großen metallischen Kern.

3.2.3 Venus

Was den Durchmesser anbelangt, könnte man Venus als Schwester der Erde bezeichnen. Kein Planet kann der Erde so nahe kommen wie Venus (bis auf 42 Millionen km). Doch alle anderen Daten der Venus ergeben zunächst ein völlig gegenteiliges Bild der Erde. Beobachtungen von der Erde lassen zwar ein eindrucksvoll großes Venusscheibchen erkennen, das noch dazu sehr schöne Phasen zeigt, ansonsten sieht man keine Oberflächendetails. Wegen der größeren Sonnennähe, die mittlere Entfernung Venus–Sonne beträgt nur 2/3 der Entfernung Erde–Sonne, vermutete man dort eine dichte wolkenverhangene Atmosphäre (Abb. 3.14). Kann es unterhalb der dichten Wolken Leben geben? Die Ergebnisse der Satellitensonden waren mehr als ernüchternd. Mit Hilfe von Radar wurde die Oberfläche der Venus abgetastet, und man konnte eine mit Kratern übersäte Oberfläche mit einigen Gebirgen (Maxwell Montes) erkennen. Eine Venusrotation dauert 243 Tage, und der Planet rotiert retrograd, also in umgekehrtem Sinn zu seiner Bewegung um die Sonne.

Während sich die Amerikaner in den sechziger und siebziger Jahren des 20. Jahrhunderts auf die Erforschung des Mars konzentrierten, versuchte die sowjetische Raumfahrt Venus zu untersuchen. Es ist der damals sowjetischen Raumfahrt gelungen, mehrere Sonden weich auf der Venusoberfläche zu landen (Venera Mission). Ein Oberflächenbild sieht

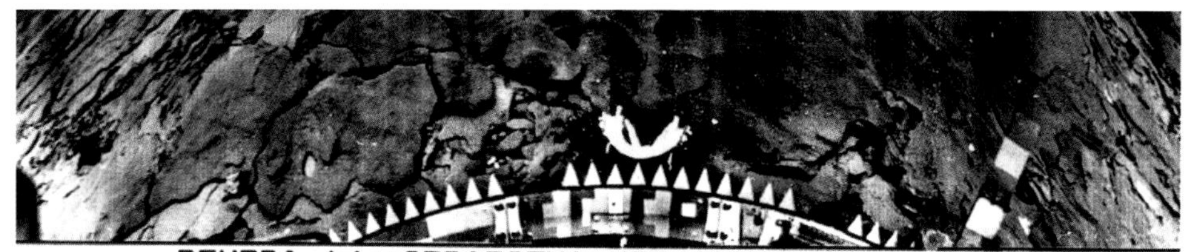

Abb. 3.15 Die Venusoberfläche, aufgenommen mit der sowjetischen Sonde Venera 14, die weich auf Venus landete. nssdcftp.gsfc.nasa.gov

man in Abb. 3.15. Man erkennt kleine Steine. Die Umgebungseigenschaften am Landeplatz der Sonde sind alles andere als einladend. Die gemessene Temperatur beträgt 740 K und der Druck an der Venusoberfläche ist das 90-fache des Druckes an der Erdoberfläche. Ein solcher Druck entspräche dem Druck in etwa 1000 m Meerestiefe. Grund dafür ist in jedem Fall die dichte Venusatmosphäre. Die hohe Temperatur lässt sich natürlich nicht mit der größeren Sonnennähe des Planeten erklären, sondern ist eine Folge des extremen Treibhauseffekts. Die Venusatmosphäre besteht großteils aus Kohlendioxid CO_2.

In Abb. 3.16 sieht man eine Karte der Venus, die durch Radarabtastungen des NASA-Magellan-Satelliten entstanden ist, sowie einen Größenvergleich Venus–Erde.

Die Troposphäre der Venusatmosphäre reicht bis in 50 km Höhe. Zwischen 30 und 60 km Höhe findet man Wolken aus Schwefelsäuretröpfchen. Abgesehen von diesen Wolken herrschen in etwa 53 km Höhe angenehme Bedingungen: Zimmertemperatur und ein Druck von nur 0,5 bar. Könnte sich primitives Leben entwickelt haben? Interessant ist, dass die Venusatmosphäre in nur vier Tagen um den Venuskörper rotiert. Das Wetter auf Venus ist nahezu identisch an allen Orten und zeigt kaum Variationen.

► Venus gleicht an Größe der Erde, besitzt aber infolge der dichten kohlendioxidreichen Atmosphäre eine sehr hohe Oberflächentemperatur, die über dem Schmelzpunkt von Blei liegt. Ihre Rotation und Oberflächenbeschaffenheit konnte durch Radarabtastungen von Satelliten und von der Erde aus bestimmt werden.

Abb. 3.16 Karte von Venus, erhalten durch Radarabtastungen mit Hilfe des US-Magellan-Satelliten. Zum Größenvergleich daneben die Erde. NASA

3.2.4 Mars

Der Rote Planet Mars hat schon in den alten Kulturen für spezielle Aufmerksamkeit gesorgt. Kein Planet ist so starken Helligkeitsänderungen unterworfen wie Mars. Bei einer erdnahen Opposition kann er an Helligkeit sogar den Jupiter für kurze Zeit übertreffen. Nahe seiner Konjunktion mit der Sonne wird er von einem unerfahrenen Beobachter kaum von anderen Sternen am Himmel zu unterscheiden sein. Besonders wenn er sehr hell ist, zeigt Mars eine rötliche Färbung, deshalb wohl die Verbindung mit dem Kriegsgott (Ares bei den Griechen, Mars bei den Römern). Von Erdbeobachtungen erkannte man erdähnliche Oberflächenstrukturen, besonders auffallend die weißen Polkappen, die sich je nach Jahreszeit ändern.

Marskanäle?

Zu Beginn des 20. Jahrhunderts meinten Beobachter (bereits 1877 von Schiaparelli als canali erwähnt), ein Netz von feinen Kanälen auf seiner Oberfläche zu erkennen. Dies wurde als Beweis für intelligentes Leben auf Mars gedeutet. Die Marsbewohner sollten die knappen Wasservorräte durch ein intelligentes Kanalsystem auf der Planetenoberfläche verteilen (Abb. 3.17). Anhand der Wanderung von Oberflächenstrukturen konnte man auch die Rotationsperiode des Mars bestimmen die nur etwa eine halbe Stunde länger als die der Erde ist, und auch die Neigung der Rotationsachse des Mars ähnelt dem Wert der Erde, was zu den oben erwähnten Jahreszeiten führt. Dies alles trug zur berühmten Vorstellung von den kleinen grünen Männchen auf dem Mars bei.

Im Jahre 1965 war es der US-Sonde-Mariner 4 möglich, erste Bilder aus der Nähe der Marsoberfläche zur Erde zu senden. Gespannt wartete man, was es mit den Marskanälen

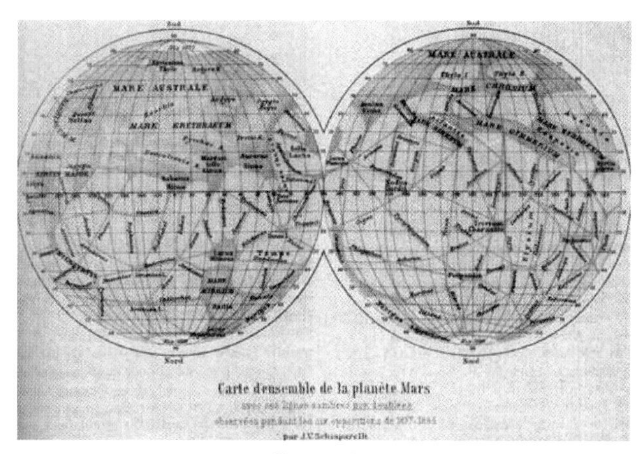

Abb. 3.17 Karte des Mars nach Beobachtungen von Schiaparelli, der ein Kanalsystem zu sehen glaubte.Wikimedia

PLATE VII

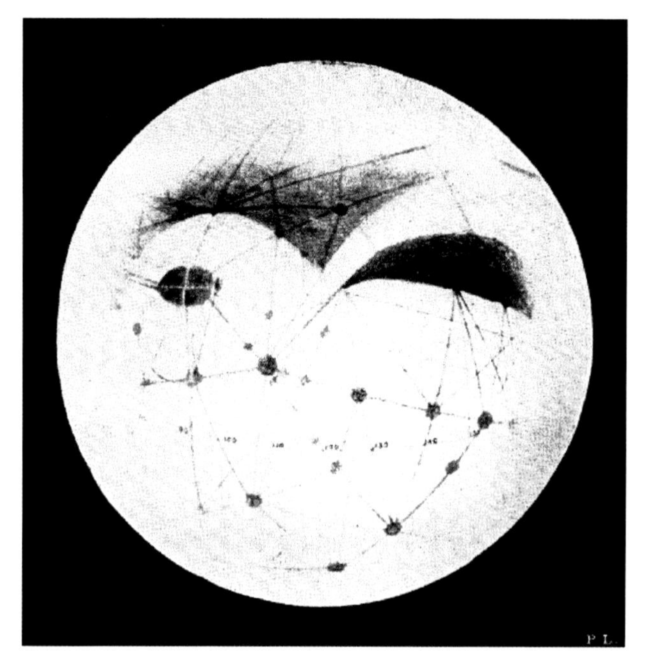

MARS
LONGITUDE 120° ON THE MERIDIAN

wirklich auf sich hat. Umso enttäuschender die Aufnahmen: Die Marsoberfläche glich einer trostlosen, mit Kratern übersäten Wüste, und von Marskanälen gab es keine Spur. Sie waren offenbar eine optische Täuschung, hervorgerufen durch die Luftturbulenzen in der Erdatmosphäre.

Abb. 3.18 Aufnahme des Mars mit dem Hubble-Weltraumteleskop HST. Man erkennt die Polkappe sowie Wolkenstrukturen. Hubble-Space-Teleskop

Sonden landen auf Mars – die Suche nach Leben

Inzwischen hat sich unser Bild von Mars wieder gewandelt (Abb. 3.18). Es ist mehrmals gelungen, Sonden weich auf seiner Oberfläche zu landen, und kleine bzw. größere Roboterautos haben kleine Teile der Marsoberfläche erkundet bzw. Experimente durchgeführt, um nach möglichen Mikrolebewesen zu suchen. Die Atmosphäre des Mars ist sehr dünn und deshalb ist ihre wärmespeichernde Wirkung geringer als bei der Erde: Tagsüber sind Temperaturen um null Grad möglich, nachts können die Temperaturen jedoch auf bis zu −100 Grad fallen. Auf Grund des geringen Drucks der Marsatmosphäre von nur etwa 1 % des Druckes auf der Erdoberfläche kann derzeit Wasser in flüssiger Form nicht auf der Marsoberfläche existieren, es würde sofort verdampfen. Man hat jedoch Strukturen auf Mars gefunden, die sehr stark an ausgetrocknete Flussläufe auf der Erde erinnern. In gefrorener Form findet man Wasser (neben gefrorenem Kohlendioxid) auch an den Polen sowie höchstwahrscheinlich unter der Oberfläche. Deshalb könnten die ausgetrockneten Flussläufe Zeugen eines Klimawandels auf Mars sein. Bei einer wesentlich dichteren Marsatmosphäre könnte durchaus Wasser auf der Oberfläche geflossen sein. Im Jahre 1976 landeten die ersten beiden Sonden Viking 1 und Viking 2 auf der Marsoberfläche und funkten Daten zur Erde. Die Suche nach Leben blieb erfolglos. Im Jahre 2006 wurde verkündet, man habe einen Beweis für kurzzeitiges Fließen von Wasser an einem Marskrater gefunden. Man verglich Aufnahmen einer Kraterwand von 2001 mit denselben Aufnahmen 2005 (vergleiche auch Abb. 3.19).

Eine sehr schöne Aufnahme eines Marskraters, in dessen Innerem Eis ist bzw. auch an dessen Wänden, zeigt Abb. 3.20.

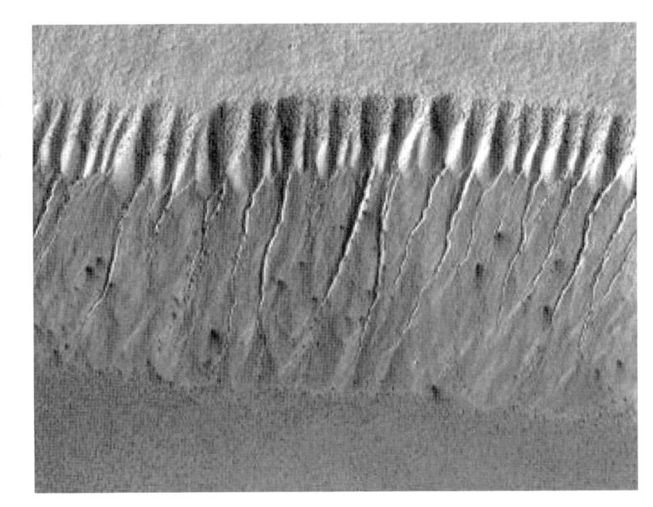

Abb. 3.19 Sogenannte Gullies am Rande eines Marskraters werden als Beweis für das auch heute noch zeitweilige Vorkommen von flüssigem Wasser auf dem Mars gesehen. Mars-Global-Surveyor-Mission. Commons Wikimedia

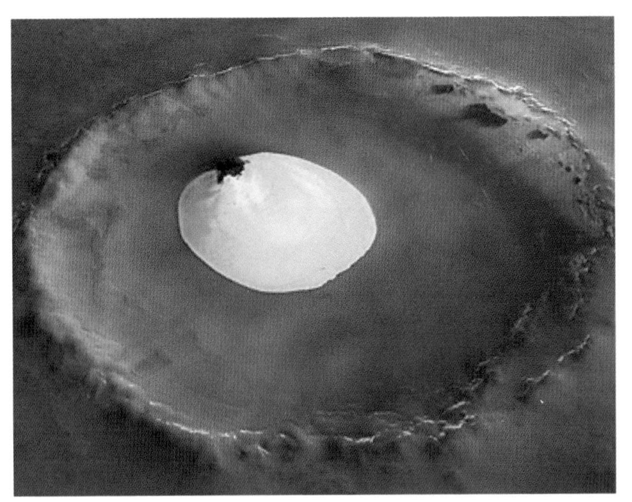

Abb. 3.20 Marskrater mit Eis im Zentrum und an den Wänden. Commons Wikimedia

Für große Aufregung sorgte das „Marsgesicht" (Abb. 3.21). Manche skurrile Interpretationen vermuteten hier eine Art Denkmal von längst nicht mehr existierenden Marszivilisationen. Eine genauere Analyse der Aufnahme bei anderen Beleuchtungsverhältnissen und mit verbesserten Kameras entpuppte das Marsgesicht als rein zufällige Anordnung von Felsblöcken. Rechts unten in der Abbildung erkennt man eine frühere Aufnahme mit einer deutlich schlechteren Auflösung. Hier ist der Eindruck eines Marsgesichtes besser.

Marsmeteoriten

Auf der Erde fand man in der Antarktis einen Meteoriten, der eindeutig Oberflächenmaterial des Mars ist. Dies ist an und für sich nichts Ungewöhnliches. Beim Einschlag eines Meteoriten auf der Marsoberfläche kann Material des Marsbodens so stark beschleunigt

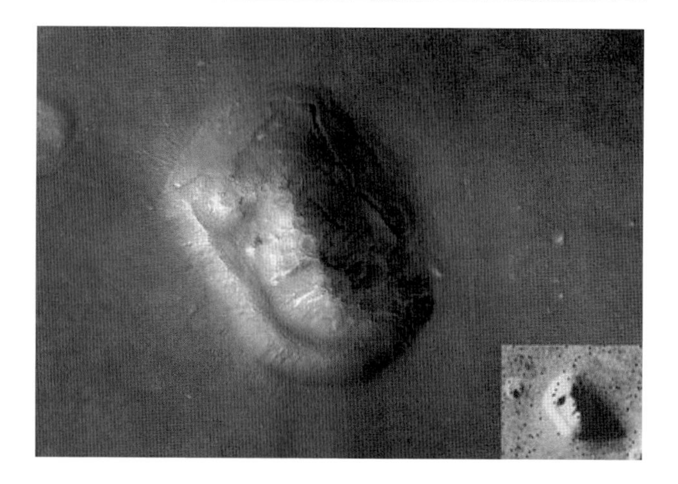

Abb. 3.21 Das Marsgesicht, ein Denkmal einer längst versunkenen Marszivilisation? NASA

werden, dass es die Fluchtgeschwindigkeit erreicht und Jahrtausende oder Jahrmillionen später dann durch Zufall auf die Erde stürzt. Man glaubte jedoch, in diesem Marsmeteoriten Spuren von Marsfossilien gefunden zu haben. Damit wäre der Beweis erbracht, dass es auf Mars zumindest einmal Leben gegeben hatte. Allerdings wird diese Interpretation der

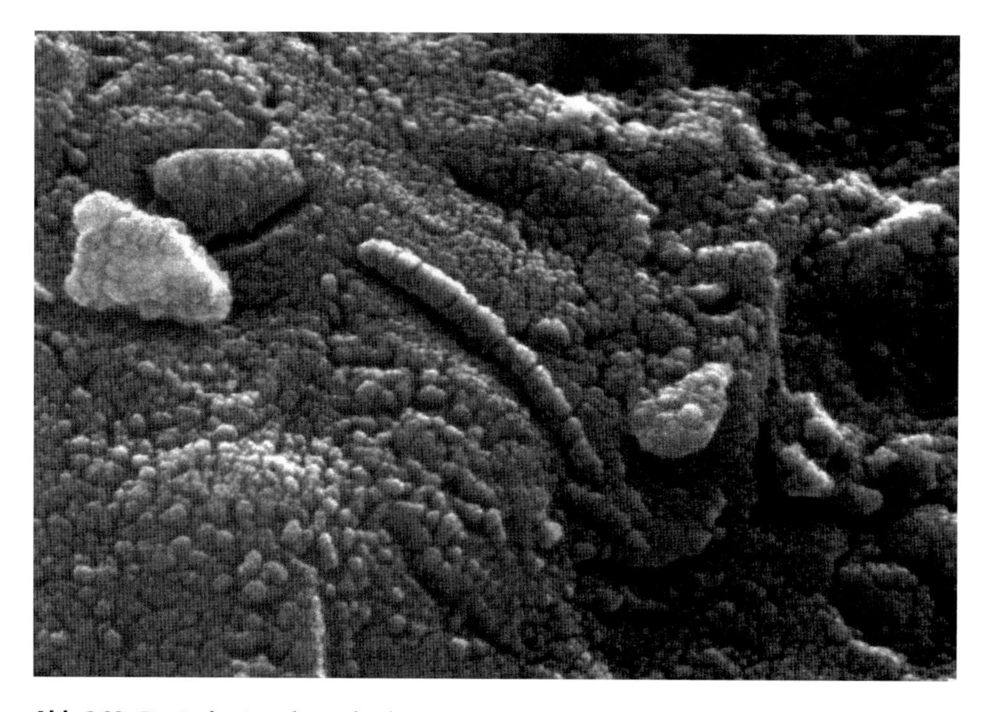

Abb. 3.22 Der in der Antarktis gefundene Marsmeteorit, der angeblich Spuren von Leben enthalten soll. NASA

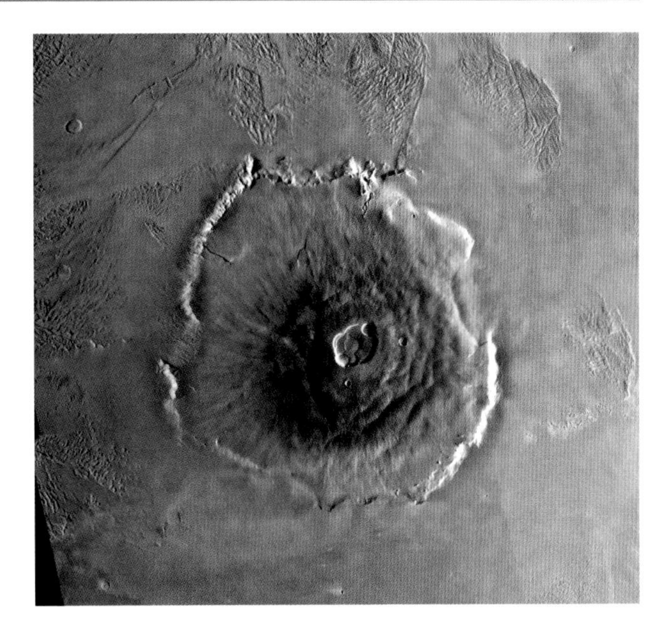

Abb. 3.23 Der größte Vulkan im Sonnensystem, Olympus Mons genannt, befindet sich auf Mars. NASA

Strukturen heute angezweifelt, man vermutet eher, dass es sich um normale Ablagerungen handelt (Abb. 3.22).

Eine Sehenswürdigkeit für zukünftige Marsbesucher von der Erde muss noch erwähnt werden. Auf Mars finden wir den über 20 km hohen Olympus Mons, den größten Vulkan im Sonnensystem, der bis vor etwa 1 Million Jahre aktiv gewesen sein dürfte (Abb. 3.23).

▸ Mars ist ungefähr halb so groß wie die Erde und von allen Planeten der Erde am ähnlichsten. Es gibt Eis an den Polkappen sowie eine dünne Atmosphäre. Das Klima auf Mars könnte in früheren Zeiten wärmer gewesen sein, was durch an ausgetrocknete Flusstäler erinnernde Formationen bewiesen scheint. Die Suche nach Lebensformen auf dem Mars blieb bisher erfolglos.

3.2.5 Zusammenfassung: Warum so unterschiedlich?

Nachdem alle terrestrischen Planeten besprochen wurden, geben wir eine Zusammenfassung bzw. eine Diskussion, weshalb diese Planeten einerseits untereinander ähnlich sind, aber auch wieder völlig unterschiedliche Eigenschaften zeigen:

Die Erde ist gegenwärtig der einzige Planet mit Wasser in flüssiger Form auf seiner Oberfläche. Nur bei Mars könnte es ab und zu geysirähnliche Wasserausbrüche kleinen Umfanges geben. Bei der Bildung des erdähnlichen Planeten war Merkur der Sonne zu nahe, Wasser konnte sich dort nicht halten und eventuell sehr geringe Wasservorkommen aus der Frühphase des Merkurs wären sicher sehr schnell verdampft. Man muss allerdings bedenken, dass die frühe junge Sonne nur etwa 70 % ihrer heutigen Leuchtkraft hatte. Venus könnte in ihren frühen Entwicklungsphasen durchaus von einem globalen Wasserozean bedeckt gewesen sein. Was ist mit diesem Wasser passiert? Wie schon angedeutet, wurde die Sonne im Laufe ihrer Entwicklung leuchtkräftiger. Wasser begann zu verdampfen und durch die kurzwellige UV-Strahlung der Sonne wurden die Wassermoleküle aufgespalten in den leichten Wasserstoff und den schwereren Sauerstoff. Die Schwerkraft der Venus reichte nicht, aus um den Wasserstoff zu halten, der Sauerstoff verband sich mit Gesteinen der Oberfläche. Diesen Prozess bezeichnet man als Photolyse von Wasser. Zu diesem Prozess trug auch noch die dichte, stark CO_2-haltige Atmosphäre der Venus bei. Bei der Erde wurde ein Teil des Kohlendioxids durch tektonische Vorgänge aus der Atmosphäre entfernt.

Mars könnte in der Frühzeit ebenfalls einen Ozean gehabt haben. Computersimulationen ergeben, dass die Rotationsachse des Mars starken Schwankungen unterworfen ist, was zu großen Klimaänderungen geführt hat. Jedenfalls ist gegenwärtig auf Mars Wasser in nennenswerten Vorkommen in flüssiger Phase nicht möglich.

Wenn es sowohl auf Venus wie auch auf Mars Wasser gegeben hat, drängt sich natürlich auch die Frage nach der Entstehung des Lebens dort auf. Leben, zumindest wie wir es von der Erde her kennen, kann sich nur bei Anwesenheit von Wasser entwickeln. Wasser dient als wichtiges Lösungsmittel, ohne das organische komplexe Strukturen undenkbar wären. War die Zeit bis zum Verschwinden der Ozeane auf Venus und Mars ausreichend für die Entwicklung von zumindest primitiven Lebensformen? Wenn ja, könnte sich einfaches Leben in irgendwelche Nischen gerettet haben und die Veränderungen des Planeten überstanden haben? Ganz so abwegig sind die Vermutungen nicht, denn wir wissen, dass Bakterien den Flug zum Mond und wieder retour ohne Schutz überstehen können.

Eine andere Möglichkeit wäre natürlich, dass unsere Erde diese Planeten längst mit Leben, wenn auch nur in sehr niedrigen Formen, infiziert hat.

3.3 Die Riesenplaneten

In diesem Abschnitt geht es um die Riesenplaneten, die wesentlich größer als die erdähnlichen Planeten sind und keine festen Oberflächen besitzen.

3.3.1 Jupiter

Jupiter ist der größte Planet des Sonnensystems. Seine Masse beträgt ungefähr 300 Erdmassen oder 1/1000 der Masse der Sonne. Sein Durchmesser beträgt das 10 fache der Erde. Die chemische Zusammensetzung ist ähnlich wie die der Sonne, er besteht zu 98 % aus Wasserstoff und Helium. Mit einem Teleskop sieht man von der Erde aus eine deutliche Abplattung des Planeten sowie parallel zum Äquator liegende dunkle Bänder und hellere Zonen. Weiter erkennt man auf der Südhalbkugel ein riesiges Hochdruckgebiet, den großen Roten Fleck, dessen Ausdehnung 25.000 × 12.000 Kilometer beträgt.

Abb. 3.24 Details der Jupiteratmosphäre mit großem roten Fleck, Aufnahme von Voyager-Sonden. NASA

Im Jahre 1989 startete die Raumsonde Galileo, die Jupiter am 7. Dezember 1995 erreichte. Der Flug zu Jupiter war kein direkter, sondern erfolgte durch mehrere Umlenkungen bei nahen Vorbeiflügen an Venus und Erde. Dadurch wurde die Sonde zusätzlich in Richtung Jupiter beschleunigt. Man nennt solche Flugmanöver „gravity assist". Die Raumsonde ist in die Atmosphäre des Jupiter eingedrungen und hat dort den Verlauf von Temperatur und Dichte gemessen.

Jupiters Atmosphäre (Abb. 3.24) besteht aus einer Stratosphäre über dem Niveau $h = 0\,\text{km}$, die bis in das Unendliche reicht, darunter befindet sich die Troposphäre. In der Troposphäre gibt es Wolken unterschiedlicher Zusammensetzung. Ammoniakeiswolken in Höhen zwischen 40 und 20 km, Wassereiswolken in Höhen zwischen −70 und −60 km, Tröpfchen aus Wasser und Ammoniak zwischen −90 und −80 km. Unterhalb −100 km findet man gasförmigen Wasserstoff, Helium, Methan, Ammoniak. Die Wolken

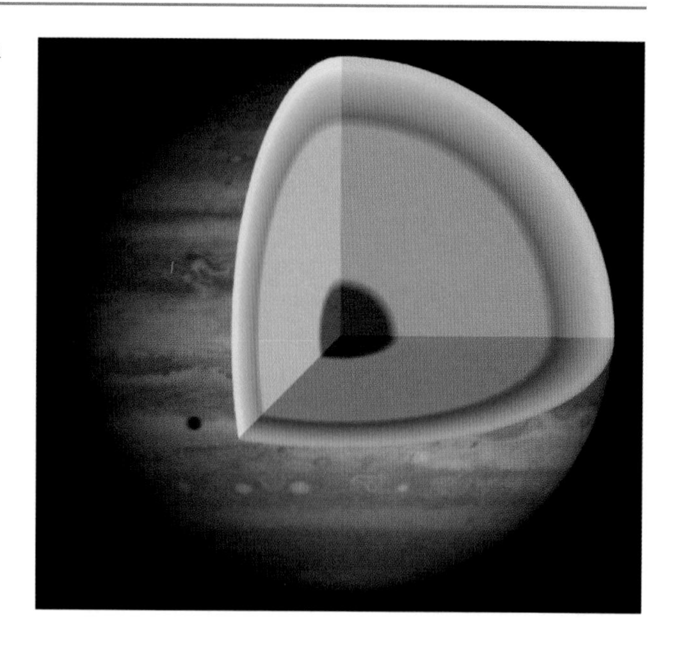

Abb. 3.25 Der innere Aufbau Jupiters. Im Zentrum befindet sich der etwa erdgroße Kern, dann die Bereich mit flüssigem metallischen Wasserstoff und Helium, dann die Zone mit flüssigem Wasserstoff und Helium. Wikipedia

sind sehr stark gefärbt, Wasserwolken und Ammoniakwolken sind weiß, Verunreinigungen (aus Schwefel, Phosphor und anderen Verbindungen) bestimmen die Färbung. Man findet auch verschiedene organische Verbindungen. Die Chemie der Atmosphären von Jupiter und Saturn ist sehr komplex.

Exkurs
Unterschiedliche Teile der Atmosphäre eines Planeten kann man mit der Radiookkultationsmethode untersuchen. Ein Satellit misst z. B. die Radiosignale, die während des Umlaufs eines anderen Satelliten um den Planeten durch verschiedene Teile der Atmosphäre gehen. Beim Durchgang durch die verschiedenen Schichten der Atmosphäre gibt es unterschiedliche Absorption, abhängig von der Zusammensetzung in den einzelnen Schichten. Mit dieser Methode wird übrigens auch der Zustand der hohen Erdatmosphäre genau untersucht bzw. überwacht.

Auf der Erde beträgt der Atmosphärendruck in Meereshöhe etwa 1 bar. Auf Jupiter gibt es eine Zone in der nach innen immer dichter werdenden Atmosphäre, wo dieser Druck herrscht. Weiter nach innen wird der Wasserstoff metallisch. Die Atome verlieren ihr Elektron und diese sind frei beweglich, also können Ströme fließen wie bei einem Metall. Der Kern des Jupiter (Abb. 3.25) besteht aus felsenartigem Gestein und dürfte in etwa Erdgröße oder etwas mehr betragen. Die Temperaturen dieser Kernbereiche dürften bei 20.000 K liegen. Der Übergang von neutralem zu metallischem Wasserstoff erfolgt bei etwa 10.000 K und in einer Tiefe von etwa 20.000 km. Durch das Fließen von Strömen in diesen Zonen erklärt man sich die Entstehung des Magnetfeldes von Jupiter (Abb. 3.26). Die Stärke des Jupitermagnetfeldes beträgt das 20.000-fache der Stärke des Erdmagnetfeldes. Es reicht bis zu 100 Jupiterradien, und es wird wie das Erdmagnetfeld auf der der Sonne zugewandten Seite zusammengestaucht.

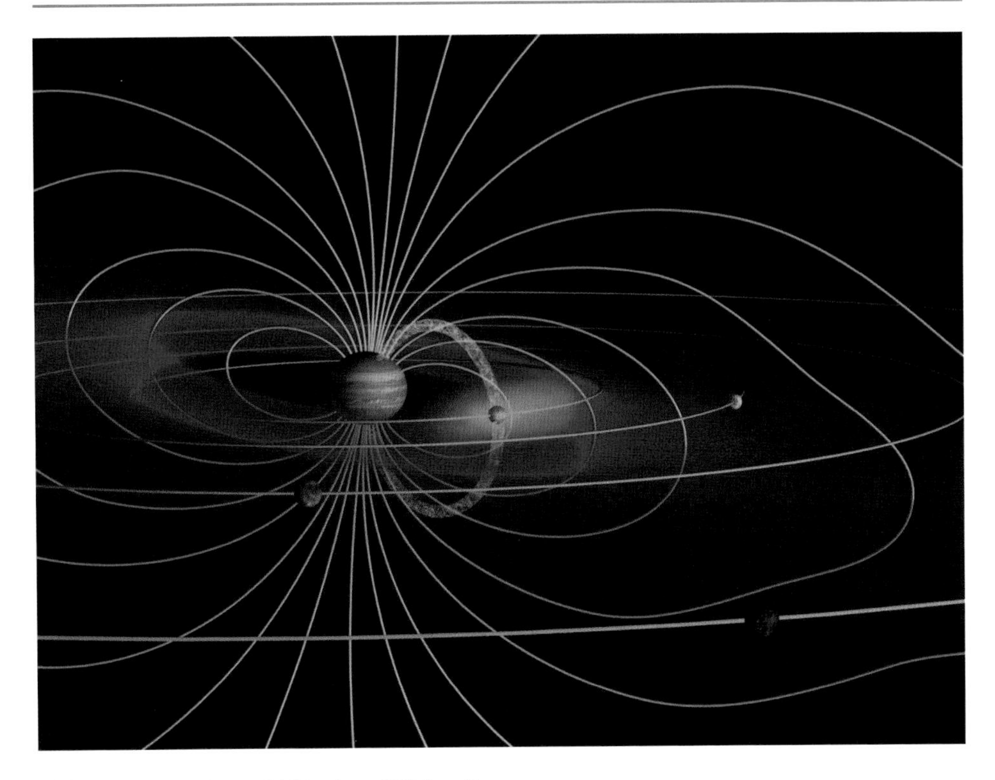

Abb. 3.26 Das Magnetfeld Jupiters. Wikimedia

Jupiter besitzt, ähnlich wie Saturn, auch ein Ringsystem, das aber nicht so deutlich ausgeprägt ist wie bei Saturn und erst durch Raumsonden entdeckte wurde.

Jupiter erzeugt mehr Wärme als er von der Sonne erhält. Den Grund dafür vermutet man in der Abkühlung seines Kerns.

Zu einem Sonnenumlauf benötigt Jupiter etwa zwölf Jahre. Da er sich entlang der Ekliptik bewegt, wo es die zwölf Tierkreiszeichen gibt, befindet er sich jedes Jahr in einem anderen Sternbild. Im Jahre 2012 beispielsweise steht Jupiter im Sternbild Stier, 2013 findet man ihn dann in den Zwillingen, 2014 im Krebs usw. Jupiter ist der Planet ohne Jahreszeiten, seine Rotationsachse besitzt nur eine sehr geringe Neigung.

▸ Jupiter besitzt etwa den zehnfachen Erddurchmesser und ist der größte Planet des Sonnensystems.

3.3.2 Saturn

Saturn ist von allen mit dem freien Auge sichtbaren Planeten der am schwächsten leuchtende. Er erreicht die Helligkeit der hellsten Sterne. Schon mit einem kleinen Teleskop kann

Abb. 3.27 Saturn mit Ringen, die Cassini-Teilung ist gut erkennbar. Auf der Südhalbkugel sind Polarlichter erkennbar. Quelle: Hubble Teleskop, NASA

man die Ringe des Saturn sehen (Abb. 3.27). Sie bestehen aus vielen meter- bis zentimentergroßen Eispartikeln, die in der Äquatorebene um Saturn kreisen. Durch Resonanzeffekte mit Saturns Monden kommt es zu Lücken in den Ringen, die nach Astronomen benannt wurden. Die Cassini-Teilung kann man mit kleineren Teleskopen erkennen, weiter gibt es noch die Encke-Teilung und andere. Aufnahmen mit Raumsonden zeigen, dass es in Wirklichkeit eine Vielzahl von Ringen gibt. Die Ausdehnung der Saturnringe beträgt etwa 62.000 km, die Dicke jedoch nur wenige 100 m. Da die Bahnen des Saturn und der Erde zueinander geneigt sind, sieht man von der Erde aus einmal von „oben" und einmal von „unten" auf die Ringe. Für kurze Zeiten kann es auch vorkommen, dass wir genau auf die sehr dünne Ringkante blicken, dann erscheint Saturn im Teleskop ohne Ringe, man sieht nur einen dunklen Streifen. Dies passiert etwa alle 15 Jahre.

Die Entstehung von Ringen erklärt man sich folgendermaßen: In einer gewissen Entfernung zu einem Planeten werden größere Körper durch die Gezeitenkräfte auseinander gerissen. Man kann sich diese als Roche-Grenze bezeichnete Zone leicht ausrechnen indem man die Gezeitenkraft, die auf einen Körper wirkt, mit der Anziehungskraft, mit der sich zwei gedachte Massehälften des Körpers anziehen, gleichsetzt. Man sieht, dass sich die Ringe des Saturn innerhalb der Roche-Grenze befinden, ebenso wie die Ringe des Jupiter und der beiden anderen Gasplaneten Uranus und Neptun. Deshalb werden größere Monde, die sich der Roche-Grenze nähern, von den Gezeitenkräften auseinander gerissen und zu kleinen Eisteilchen. Weshalb sieht man die Saturnringe so spektakulär im Teleskop, während man die Ringe der anderen Gasplaneten erst viel später entdeckte? Die Ringteilchen des Saturns bestehen hauptsächlich aus Eis, das Sonnenlicht stark reflektiert, während die anderen Planetenringe aus dunklem Material bestehen (im Falle des Jupiters aus Staubteilchen). Auf Saturn, dessen Rotationsachse zu etwa 27 Grad geneigt ist, beobachtet man jahreszeitliche Effekte, allerdings dauern die Jahreszeiten mehr als sieben Jahre.

Von der Größe her ist Saturn etwas kleiner als Jupiter, er ist von allen Planeten im Sonnensystem am stärksten abgeplattet. Die Rotationsdauer liegt unterhalb zehn Stunden. Man sieht in der Atmosphäre des Saturns weniger Strukturen als bei Jupiter. Der Äquatordurchmesser beträgt etwas mehr als 120.000 km, der Poldurchmesser beträgt etwa 107.000 km. Zu einem Sonnenumlauf benötigt Saturn etwa 30 Jahre. Im Inneren des Saturns, das ähnlich wie das Innere des Jupiter aufgebaut ist, sinken schwerere Helium-Tröpfchen nach unten ab, dadurch wird Gravitationsenergie frei. Saturn erzeugt also mehr Wärme als er von der Sonne erhält. Eine weitere Besonderheit des Saturn sei noch erwähnt: Er besitzt von allen Planeten des Sonnensystems die geringste Dichte von nur $0{,}7\,\mathrm{g/cm^3}$. Saturn würde also in einer riesigen mit Wasser gefüllten Badewanne schwimmen.

- Saturn ist besonders durch sein spektakuläres, bereits mit kleinen Teleskopen gut sichtbares Ringsystem bekannt. Die Ringe bestehen aus bis zu etwa metergroßen Eisteilchen.

3.3.3 Uranus und Neptun

Neue Planeten werden entdeckt

Manchmal werden diese beiden Planeten auch als Eisplaneten bezeichnet. Uranus wurde im Jahre 1781 von W. Herschel gefunden. Unter extrem guten Bedingungen könnte man diesen Planeten noch mit freiem Auge erkennen, ein Feldstecher reicht auf jeden Fall, aber der Planet war im Altertum unbekannt. Die Entdeckungsgeschichte Neptuns ist noch viel spannender. Aus der genauen Analyse der Bewegung des Uranus fand man heraus, dass seine Bahn durch einen unbekannten Planeten gestört werden müsse. Es war sogar möglich, in etwa den Ort des noch unbekannten Planeten zu berechnen. Dies geschah durch den Himmelsmechaniker Le Verrier. Nun setzte ein Wettlauf den Planeten durch Beobachtungen zu finden ein, und es war der Astronom Galle, der 1846 an der Berliner Sternwarte Neptun entdeckte. Galle war sehr bescheiden und er meinte, dass man die Entdeckung Neptuns eigentlich den Berechnungen Le Verriers zu verdanken habe und dieser als der Entdecker Neptuns geführt werden solle. Neptun kann bereits mit einem kleinen Teleskop gefunden werden. Beide Planeten, Uranus und Neptun, zeigen mit kleinen Teleskopen ein kleines Planetenscheibchen, auf dem man allerdings keine Strukturen erkennen kann.

Die Massen von Uranus und Neptun betragen jeweils etwa 15 Erdmassen. Neptuns Rotationsachse ist um 29 Grad geneigt, die des Uranus jedoch um 98 Grad. Bei einer Umlaufzeit von mehr als 80 Jahren ist also jeder Pol des Uranus mehr als 40 Jahre zur Sonne gerichtet, der Planet scheint quasi um die Sonne zu rollen und noch dazu rotiert Uranus retrograd, also im entgegengesetzten Sinn wie seine Bewegung um die Sonne. Eine Besonderheit im Sonnensystem. Die Rotationsdauer beider Planeten beträgt 17 Stunden. Obwohl Neptun weiter von der Sonne entfernt ist als Uranus, besitzt er etwa dieselbe Temperatur, er hat also eine innere Wärmequelle. Deshalb erscheint die Atmosphäre Neptuns detailreicher (siehe auch Abb. 3.29) als die des Uranus. Neptun ist der eigentlich blaue Planet

Abb. 3.28 Uranus mit Ringen, aufgenommen im Infrarotlicht, wo die dunklen Ringe erkennbar sind. Aufnahme: Hubble-Teleskop

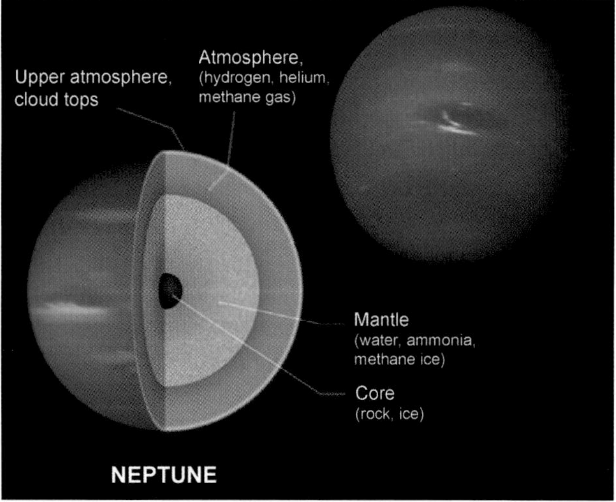

Abb. 3.29 Der Aufbau Neptuns sowie eine Aufnahme, die den blauen Planeten zeigt. NASA

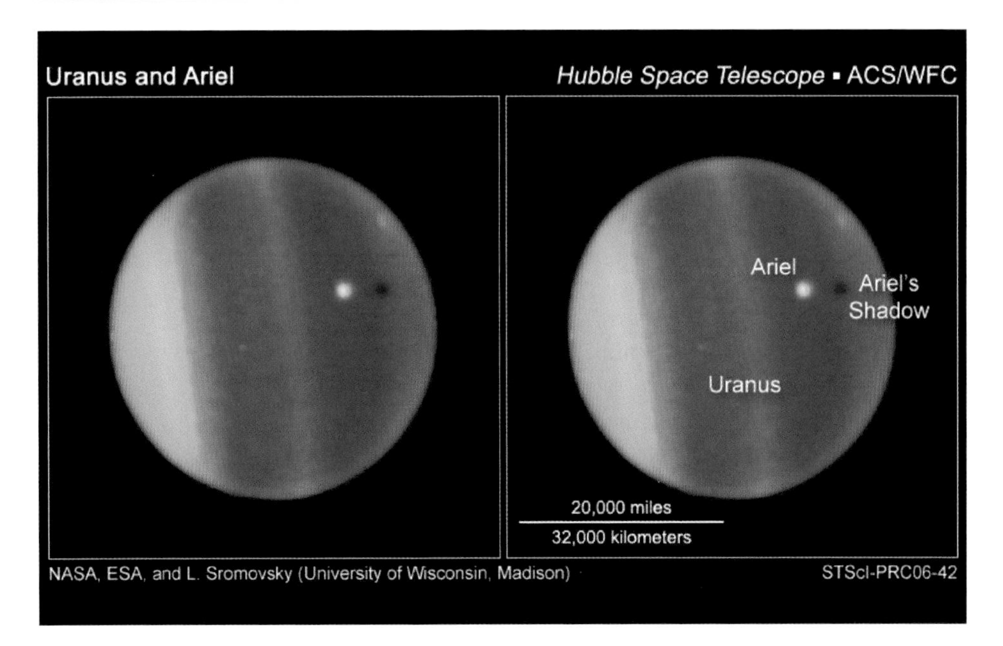

Abb. 3.30 Uranus, mit dem Weltraumteleskop Hubble aufgenommen. Man sieht den Schattenwurf eines Mondes auf die Oberfläche des Uranus. Dort würde ein Beobachter eine totale Sonnenfinsternis sehen

im Sonnensystem. In seiner Atmosphäre hat man Windgeschwindigkeiten von mehr als 2100 km/h festgestellt. Beide Planeten besitzen auch ein Magnetfeld.

Mit modernen Großteleskopen und auch vom Weltraum aus bekommt man heute sehr detaillierte Bilder der beiden Planeten. Beide Planeten besitzen auch Ringsysteme.

Die Ringe des Uranus

Das Ringsystem des Uranus (Abb. 3.28) wurde erst im Jahre 1977 durch einen Zufall gefunden. Planeten wandern am Himmel. Je weiter entfernt, desto langsamer ist diese Bewegung. Bei dieser Wanderung können Planeten auch immer wieder Sterne verdecken. Ähnlich wie bei den Radiookkultationsmethoden kann man aus der Analyse des Sternlichts während der Sternbedeckung auf die Zusammensetzung der Atmosphäre schließen, deshalb werden solche Bedeckungen sehr genau verfolgt. Kurz bevor ein Stern durch das Uranusscheibchen (siehe auch Abb. 3.30) bedeckt wurde, entdeckte man mehrere kurzzeitige Helligkeitsabfälle, die sich nach der eigentlichen Bedeckung wiederholten, also symmetrisch waren. Dies erklärt man sich einfach durch ein Ringsystem um Uranus herum. Die Ringe des Uranus bestehen aus sehr dunklem Material. Wegen der ungewöhnlichen Neigung der Rotationsachse des Uranus sehen wir die Ringe um den Planeten herum, der Planet erscheint in der Mitte.

Das Ringsystem des Neptun ist noch wenig erforscht.

▸ Uranus und Neptun werden auch als Eisplaneten bezeichnet, sie sind etwa halb so groß wie Jupiter und Saturn, aber nicht mehr mit dem freien Auge sichtbar.

3.3.4 Zusammensetzung: Riesenplaneten

Die vier Riesenplaneten des Sonnensystems unterteilt man noch in

- Gasplaneten: Jupiter und Saturn,
- Eisplaneten: Uranus und Neptun,

auf Grund ihrer Zusammensetzung.

Alle besitzen ein Ringsystem und viele Monde, über die im nächsten Kapitel gesprochen wird. Bis auf Uranus besitzen diese Planeten auch eine innere Energiequelle, die man durch Abkühl- bzw. Absinkprozesse im Planeteninneren erklären kann. Diese Energiequellen bewirken oft sehr komplexe Strukturen in den Atmosphären.

Generell kann man sagen:

▸ Das Äußere des Sonnensystems wird von Eis bestimmt.

3.4 Die Monde der Planeten

Die beiden innersten Planeten, Merkur und Venus, besitzen keinen Mond. Unsere Erde besitzt einen im Vergleich zu ihrem Durchmesser sehr großen Mond, Mars zwei winzige, die Riesenplaneten Jupiter, Saturn, Uranus und Neptun besitzen viele Monde, die aber im Vergleich zu deren Durchmesser winzig sind. Wir besprechen zunächst unseren Mond und dann die Satellitensysteme der anderen Planeten.

3.4.1 Unser Mond

Der Mond als Himmelskörper

Der Mond ist der uns am nächsten stehende Himmelskörper und der einzige, der von Menschen betreten wurde, erstmals am 21. Juli 1969 (N. Armstrong). Insgesamt sind zwölf Astronauten auf dem Mond spaziert (Abb. 3.31). Immer wieder liest man in diversen Quellen, dass die amerikanischen Mondlandungen gefälscht gewesen seien und nur Inszenierungen in Studios. Eines der Argumente für diese Behauptungen lautet, dass man von der Erde aus die zurückgelassenen Mondlandefähren in großen Teleskopen nicht sehen könne. Eine leicht nachvollziehbare Berechnung zeigt, dass dies auch mit den größten Teleskopen (derzeit zehn Meter Durchmesser) nicht geht. Die Auflösung der Teleskope reicht dafür

Abb. 3.31 Apollo 11: Am 21. Juli 1969 betraten zum ersten Mal Menschen den Mond. NASA

nicht aus, außerdem werden die Beobachtungen durch Turbulenzen in der Erdatmosphäre stark beeinträchtigt. Verschiedene Satellitenmissionen, wo man auch Satelliten in eine Mondlaufbahn (Orbit) brachte, zeigten jedoch ganz klar die zurückgelassenen Landefähren.

Bleiben wir noch kurz bei Beobachtungen des Mondes von der Erde aus. Bereits mit einem Feldstecher kann man sehr große Mondkrater (Durchmesser größer als 100 km) erkennen und Teleskope zeigen eine Vielfalt von Kratern und Bergen, bei guter Auflösung auch Rillen und Risse auf der Mondoberfläche. Allerdings ist die beste Zeit, den Mond mit einem Teleskop zu beobachten, nicht – wie viele meinen – um die Zeit Vollmond, sondern einige Tage vor oder nach dem ersten bzw. letzten Viertel. Während dieser Zeit ist der Mond etwa zur Hälfte beleuchtet und man erkennt eindrucksvoll die Krater und Gebirgszüge, welche Schatten werfen. Bei Vollmond sieht man dagegen eine weitgehend strukturlose helle Mondscheibe. Der Mond ist das mit Abstand interessanteste Beobachtungsobjekt für kleine Teleskope. Während einer erdnahen Marsopposition lassen sich auf diesem Planeten etwa so viele Details erkennen wie man sie mit freiem Auge auf der Mondoberfläche sieht (Abb. 3.32).

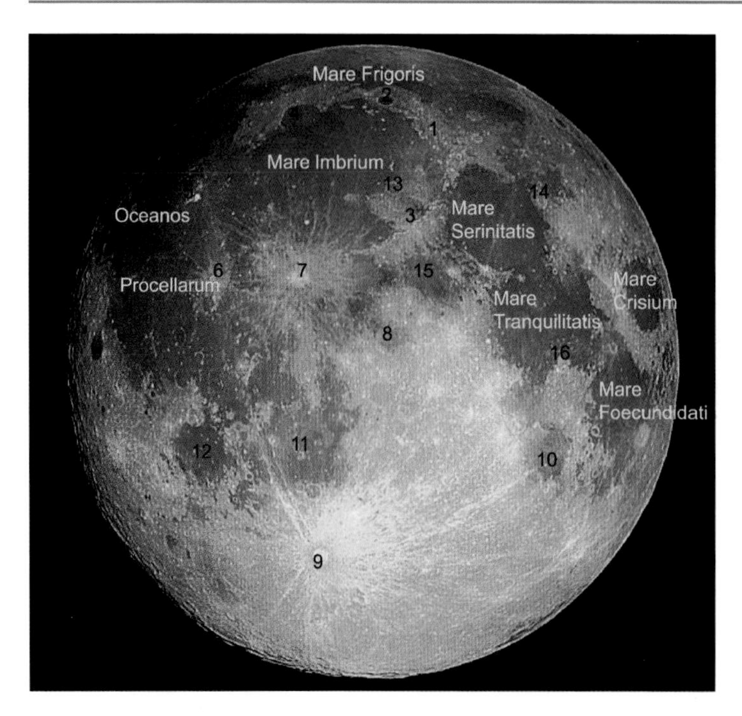

1 Montes Alpes
2 Plato
3 Montes Apennines
4 Sinus Iridium
5 Aristarchus
6 Kepler
7 Kopernikus
8 Sinus Medii
9 Tycho
10 Mare Nectaris
11 Mare Nubium
12 Mare Humorum
13 Archimedes
14 Posidonius
15 Mare Vaporum
16 Landeplatz Apollo 11

Abb. 3.32 Mondkarte, die großen Mondmeere sieht man mit freiem Auge von der Erde. Aufnahme: A. Hanslmeier, Privatsternwarte

Auf Grund seiner geringen Masse (1/81 der Erdmasse) kann der Mond keine Atmosphäre halten. Wenn Gase aus seiner Oberfläche entweichen, dann entfliehen diese sofort in den Weltraum. Von der Erde aus erkennt man mit bloßem Auge dunkle Flecken, die man als Mondmeere (lat. maria) bezeichnet. Da gibt es sehr phantasievolle Namen wie das Regenmeer (Mare Imbrium), das Honigmeer (Mare Nectaris) usw. Es gab auch die Vorstellung, der Mond sei wie die Sonne bewohnt. Noch bei Jules Verne (1828–1915) findet sich diese Vorstellung. Er beschreibt den Flug zum Mond, wobei die Raumkapsel mit einer riesigen Kanone abgeschossen werden soll. Heute wissen wir: Der Mond ist staubtrocken, es gibt kein Wasser. Allerdings scheint es an den Polgebieten Eis zu geben. In tiefe Krater dringt dort niemals Sonnenlicht und Eis konnte sich über mehrere Milliarden Jahre dort halten. Solche Eisvorkommen wären für künftige Raumstationen auf dem Mond sehr interessant als Wasserlieferant.

Die Zusammensetzung der Gesteine der Mondoberfläche ähnelt der der Erdkruste. Unser Mond ist in der Frühphase des Sonnensystems durch die Kollision der frühen Erde vor mehr als vier Milliarden Jahren mit einem etwa marsgroßen Planeten entstanden. Mondgesteine bestehen hauptsächlich aus Silikaten und enthalten fast keine Metalle und kein Wasser. Die einzige Verwitterung, die auf der Mondoberfläche stattfindet, ist durch

- extreme Temperaturgegensätze zwischen Tag und Nacht,
- Bestrahlung der Oberfläche durch Sonnenwindteilchen

gegeben. Deshalb wird man die Fußabdrücke der Astronauten noch mehrere 100.000 Jahre erkennen.

Auf der Mondoberfläche findet man mit Teleskopen verschiedene Formationen: Die schon erwähnten Mondmeere bestehen aus dunkler Basaltlava, die beim Einschlag größerer Asteroiden floss, die Hochländer (terrae) bestehen aus Feldspaten und sind mit zahlreichen Kratereinschlägen übersät. Die Mondmeere sind daher jünger als die Hochländer. Die Mondgebirge sind nicht wie bei der Erde durch Faltungen zwischen Platten entstanden (Erde: Z. B. die Alpen bildeten sich durch das Aufeinandertreffen der afrikanischen Platte mit der europäischen Platte), sondern eine Folge der Einschläge großer Asteroiden. Mondgebirge hat man nach irdischen benannt, so findet man auf dem Mond die Alpen oder den Kaukasus. Mondkrater werden meist nach Astronomen benannt.

Auf dem Mond zurückgelassene Seismometer zeigen keine Mondbeben an. Der Mond ist geologisch inaktiv, er besitzt keinen Eisenkern und kein Magnetfeld. Der Mond zeigt zur Erde immer dieselbe Seite, da seine Rotationsdauer gleich seiner Erdumdrehungsdauer ist. Die Rückseite des Mondes konnte daher erst durch Raumsonden erforscht werden. Auf der Rückseite findet man fast keine Mondmeere. Diese Asymmetrie kann man leicht erklären: In den Mondmeeren ist die Dichte größer, Basalt ist schwerer als Feldspat, und deshalb zeigt diese Hälfte des Mondes, wo man diese Gebiete findet, zur Erde.

▸ Unser Mond ist im Vergleich zur Erde relativ groß und durch eine Kollision in der Frühzeit der Erde mit einem anderen Planeten entstanden. Er ist der einzige Himmelskörper (abgesehen von der Erde), der von Menschen betreten wurde. Die mit freiem Auge erkennbaren dunklen Flecken sind riesige Basaltbecken, die durch große Einschläge entstanden sind.

3.4.2 Die Monde des Mars

Mars besitzt zwei winzige Monde, Deimos und Phobos genannt. Es handelt sich um unregelmäßig geformte Himmelskörper, die sich in geringer Entfernung zur Marsoberfläche sehr rasch um den Planeten bewegen. Phobos ist nur 2,8 Marsradien von der Oberfläche des Mars entfernt und bewegt sich in nur 7 Stunden 39 Minuten um Mars. Damit geht er im Laufe eines mehr als 24 Stunden dauernden Marstages mehrmals auf und unter. Deimos ist 7 Marsradien entfernt und benötigt für einen Umlauf etwa 30 Stunden. Phobos ist etwa $27 \times 21 \times 19$ km groß, Deimos etwas kleiner, $15 \times 12 \times 11$ km. Die Bahn des Phobos ist instabil und er wird auf die Marsoberfläche stürzen.

Bei diesen Monden könnte es sich um eingefangene Asteroiden handeln.

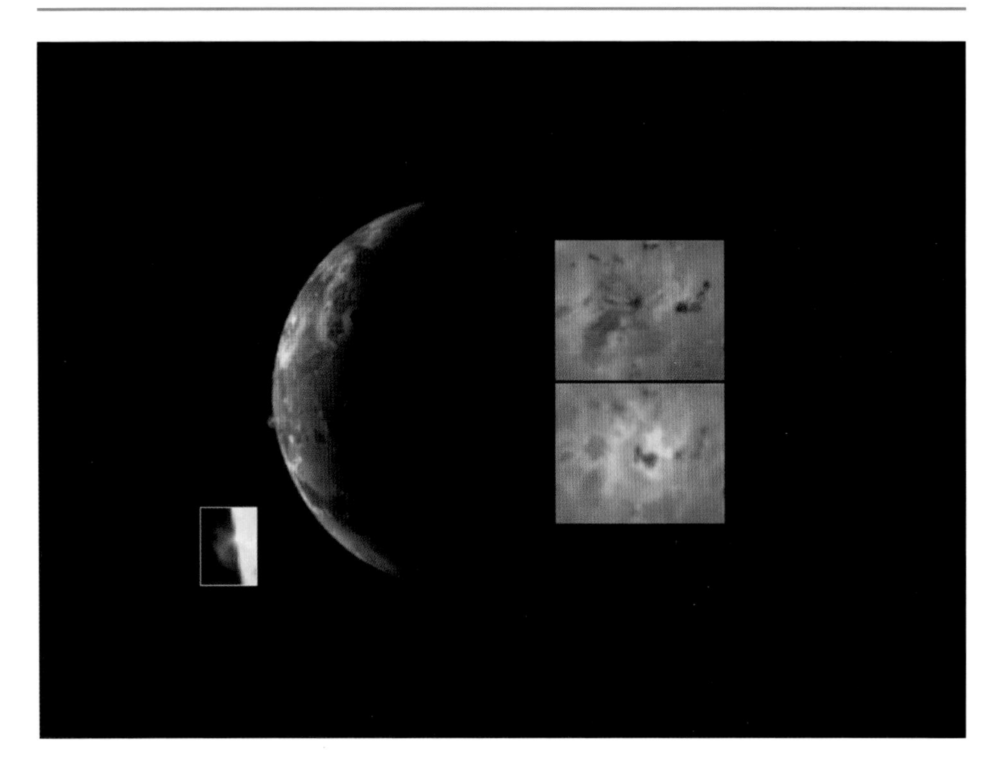

Abb. 3.33 Jupitermond Io mit aktivem Vulkan (*links*). NASA/Voyager

3.4.3 Die Jupitermonde

Bereits Galileo Galilei erkannte um 1609, als er zum ersten Mal ein Teleskop in den Himmel richtete, dass dieser Planet von vier Sternchen umgeben scheint, die sich um diesen bewegen. Galilei interpretierte diese vier Sternchen sofort als Monde des Planeten Jupiter und noch heute werden diese Monde, Io, Europa, Ganymed und Callisto, als Galileische Monde des Jupiter bezeichnet. Diese sind besonders interessant, auch für die Astrobiologie, also der Suche nach Leben im Universum.

Io

Io ist der innerste der vier Galileischen Monde (Abb. 3.33). Auf Io gibt es aktive Vulkane, wobei Schwefel bzw. Schwefeldioxid ausgestoßen werden. Es gibt auch Schneefälle aus Schwefeldioxid. Man hat auch eine heiße Stelle auf Io gefunden, die 200 km ausgedehnt ist und wo eine Temperatur von 300 K herrscht. Die Ursache für den Vulkanismus ist die Heizung infolge der Gezeitenwirkung. Io befindet sich in derselben Distanz zu Jupiter wie der Erdmond zur Erde, allerdings ist die Masse des Jupiter 300-mal so groß wie die Erdmasse, und deshalb wird Io zusammengepresst und auseinander gezogen. Der Gezeitenhub beträgt etwa das 10-fache wie bei der Erde. Deshalb wird dieser Mond ständig zusammen-

Abb. 3.34 Größenvergleich Europa-Erde-Mond. NASA

gestaucht und auseinander gezogen, was infolge der Reibung zu Erwärmung führt und den Vulkanismus erklärt. Die mittlere Halbachse beträgt 421.800 km und Io bewegt sich in nur 1,77 Tagen um Jupiter. Weshalb diese schnelle Bewegung? Nochmals kurz als Erinnerung: Auf Grund seiner mehr als 300-fachen Erdmasse übt Jupiter eine starke Anziehungskraft auf Io aus, deshalb muss die Bahngeschwindigkeit dieses Mondes sehr groß sein.

Io bewegt sich innerhalb des Magnetfeldes von Jupiter und Atome der höheren Ionosphäre werden ionisiert und unterliegen daher als elektrisch geladene Teilchen den von den Magnetfeldern hervorgerufenen Kräften, die bewirken, dass es einen Plasmaschlauch aus Ionen von Io um Jupiter herum gibt.

Europa

Europa ist etwas kleiner als unser Erdmond (vgl. Abb. 3.34).

Bereits erdgebundene Beobachtungen und die Analyse des reflektierten Lichts dieses Jupitermondes ergaben, dass seine Oberfläche im Wesentlichen aus Wassereis bestehen muss. Dies wurde dann von nahe vorbeifliegenden Raumsonden bestätigt (Abb. 3.35, 3.36). Die Oberflächentemperatur an Europa beträgt −150 Grad Celsius. Es gibt jedoch sehr starke Argumente, dass sich unterhalb dieses Eispanzers ein Ozean aus flüssigem Wasser mit verschiedenen Salzen gelöst befindet. Der Eispanzer könnte bis zu 100 km dick sein. Durch das salzhaltige Wasser können elektrische Ströme induziert werden und somit die gemessenen Magnetfelder bzw. deren Variationen erklären. Weshalb kann Europa unterhalb seiner ex-

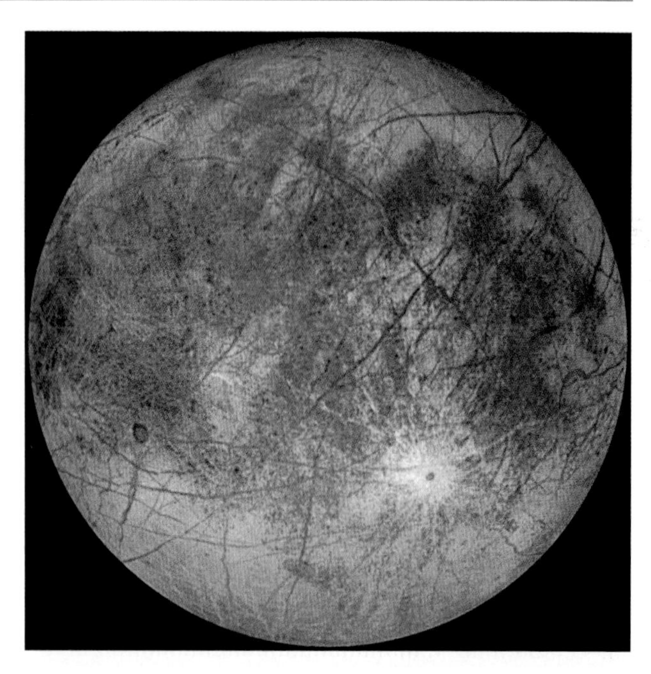

Abb. 3.35 Jupitermond Europa. NASA

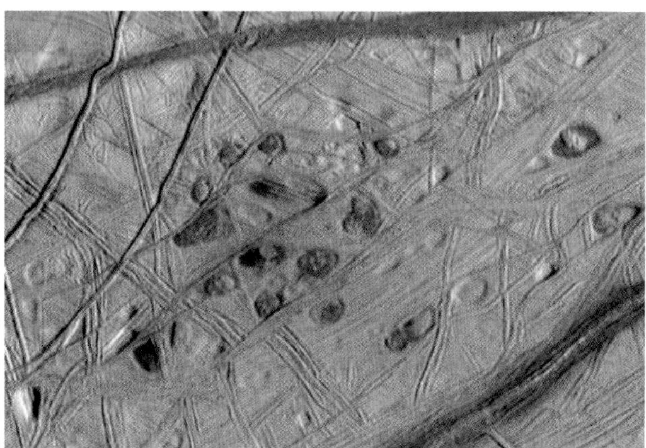

Abb. 3.36 Details der Oberfläche Europas. NASA

trem kalten Oberfläche flüssiges Wasser halten? Wieder sind es die starken Gezeitenkräfte des Jupiter. Man spricht hier auch von einer Gezeitenerwärmung (engl. tidal heating). Der innere Aufbau Europas ist in Abb. 3.37 skizziert.

Europas Ozean unterhalb der Eiskruste weist viele Parallelen zu den Verhältnissen an den Ozeanböden der Erde auf. Dort gibt es die „black smokers", wo in geysirartigen Fontänen mineralstoffreiches heißes Wasser nach oben dringt, eine Folge vulkanischer Aktivität. Dort vermutet man auch die Entstehung des Lebens. Mögliches Leben in dem Europa-Ozean wäre weiter durch die dicke Eiskruste vor kurzwelliger Strahlung geschützt. Deshalb ist Europa einer der wichtigsten Kandidaten bei der Suche nach Leben im Sonnensystem.

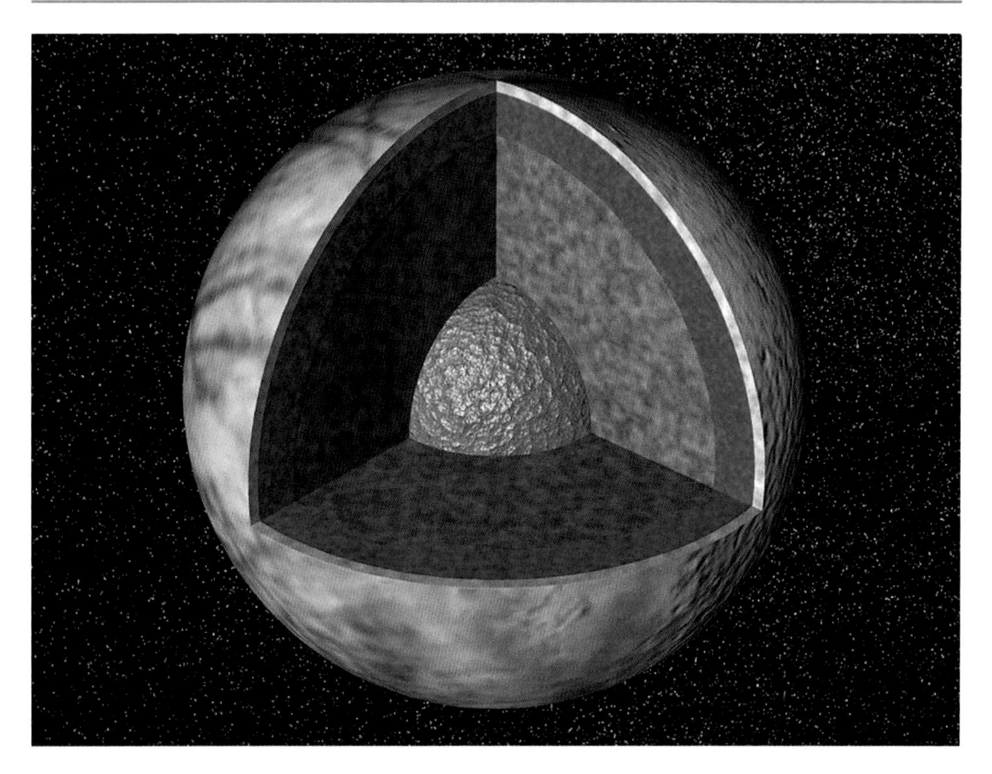

Abb. 3.37 Der innere Aufbau Europas. Unter einer Eiskruste verbirgt sich ein Ozean aus Wasser und gelösten Salzen. NASA

An der Oberfläche findet man auch organische Verbindungen. Es wurde sogar geplant, eine Landesonde dorthin zu schicken, die sich dann durch die Eiskruste hindurchbohren sollte, um in situ nach Lebensformen zu suchen. Dieses Vorhaben wurde inzwischen aus Kostengründen sowie wegen der Angst, dort Leben zu zerstören, aufgegeben. Man hofft also, indirekt mögliche Lebensformen zu finden (Abb.3.38).

Ganymed und Callisto

Ganymed ist der größte Mond im Sonnensystem, er übertrifft wie einige andere Monde Merkur an Durchmesser. Er besitzt ein Magnetfeld, welches man sich ebenfalls durch einen flüssigen Ozean mit Salzen unterhalb der Oberfläche erklärt. Callisto ist vollkommen differenziert, d. h. während er noch flüssig war in seiner Bildungsphase, sanken die schwereren Bestandteile nach unten ab. So besteht sein Kern aus Schwefel und Eisen, dann folgt ein Silikatmantel und schließlich der Ozean und das Eis. Weiter hat man eine sehr dünne, hauptsächlich aus Sauerstoff bestehende Atmosphäre gefunden. Callisto ist ebenfalls größer als unser Mond.

Eine Zusammenstellung der wichtigsten Eigenschaften der Galileischen Monde ist in Tab. 3.3 gegeben.

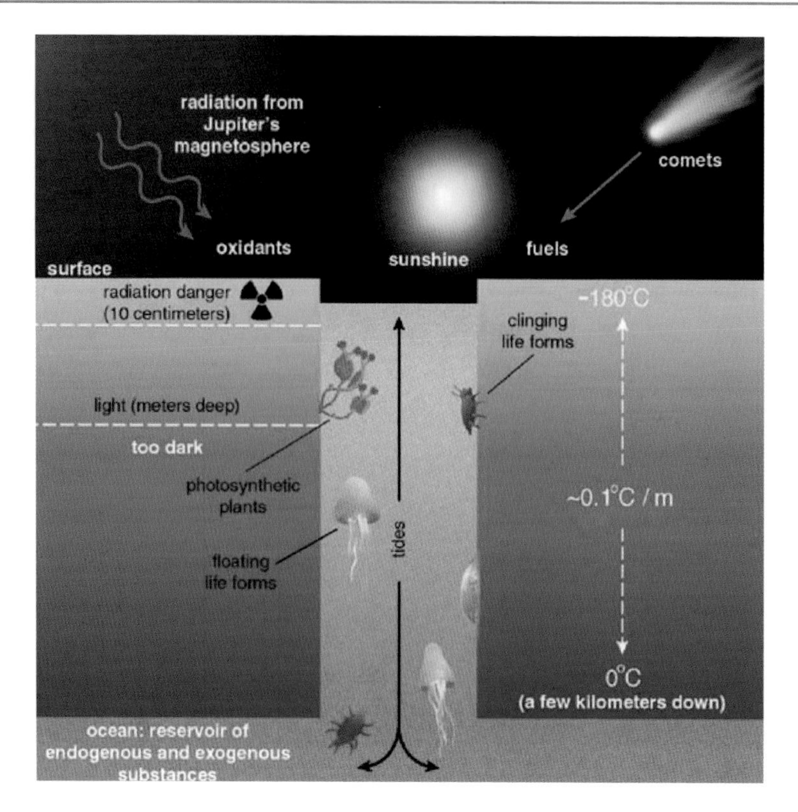

Abb. 3.38 Leben unterhalb Europas Eiskruste wäre theoretisch möglich. NASA

Tab. 3.3 Die vier Galileischen Jupitermonde und Daten für unseren Mond zum Vergleich

Name	Durchm.	Masse	Dichte	Reflexion
	[km]	Erdmond = 1	g/cm^3	[%]
Callisto	4820	1,5	1,8	20
Ganymed	5270	2,0	1,9	40
Europa	3130	0,7	3,0	70
Io	3640	1,2	3,5	60
Erdmond	3476	1,0	3,3	12

3.4.4 Weitere Monde des Jupiters

Insgesamt kennt man heute 66 Monde des Jupiter. Die vier Galileischen Monde sind entweder größer als Merkur (Ganymed und Callisto) oder in etwa so groß wie unser Mond (Europa und Io), jedoch im Vergleich zum Jupiter klein. Die übrigen 62 Monde sind noch kleiner. Das System der Satelliten des Jupiter unterteilt man in:

- Galileische Monde.
- Vier Monde der mittleren Gruppe: Die größten sind Himalia (170 km) und Elare (80 km), Abstand 155 bis 164 Jupiterradien, Bahnneigungen bis 29°, Exzentrizität 0,13 bis 0,21.
- Äußerste Gruppe: 10 bis 30 km Durchmesser. 290 bis 332 Jupiterradien entfernt, sehr große Bahnneigungen (147 bis 163°) sowie hohe Exzentrizität. Diese hohe Bahnneigung und die teils retrograde Umlaufbewegung deuten darauf hin, dass es sich wahrscheinlich um eingefangene Kleinplaneten handelt.

▸ Die vier Galileischen Jupitermonde sind in etwa vergleichbar unserem Mond, was ihre Größe anbelangt, ansonsten aber völlig verschieden: Io besitzt aktiven Vulkanismus, unter der Eiskruste von Europa vermutet man einen Ozean aus flüssigem salzhaltigem Wasser; theoretisch könnte es dort Leben geben.

3.4.5 Saturnmonde

Bis 2006 waren 56 Saturnmonde bekannt. Auch in diesem System gibt es einige bemerkenswerte Besonderheiten.

Titan

Titan wurde bereits im Jahre 1655 von Chr. Huygens entdeckt. Es war der damals sechste bekannte Mond eines Planeten (neben Titan die vier von Galilei gefundenen Jupitermonde sowie unser Mond). Er bewegt sich in etwas mehr als 15 Tagen einmal um Saturn und kann auch mit kleineren Teleskopen leicht gefunden werden als Sternchen in der Äquatorebene des Saturn (man verlängere einfach die Ringebene). Die mittlere Dichte beträgt nur 1,88 g/cm^3, was auch auf Wasser als wichtigen Bestandteil (in Form von Eis und einem möglichen Ozean unterhalb der Oberfläche) schließen lässt. Titan ist der einzige Mond im Sonnensystem mit einer dichten Atmosphäre. Selbst von den ersten Raumsonden (Voyager), die Saturn besuchten, bekam man keine Bilder der Titanoberfläche, da diese unter dichten Wolken verborgen bleibt.

Die US-Raumsonde Voyager 1 wurde 1977 gestartet und erreichte 1980 das Saturnsystem. Im Juni 2012 befand sie sich bereits in einer Entfernung von 120 AE zur Sonne (ein Funksignal zur Erde dauerte etwa 16 Stunden!). Die Funkverbindung mit Voyager 1 soll noch bis 2025 aufrechterhalten bleiben. Doch zurück zu Titan.

Die Temperatur an Titans Oberfläche liegt bei −180 Grad, der Druck beträgt das etwa 1,5fache des auf der Erdoberfläche. Infolge der geringeren Schwerkraft Titans könnten wir mit unseren ausgebreiteten Armen dort fliegen. Die Atmosphäre besteht hauptsächlich aus Stickstoff und durch organische Verbindungen ist sie so dicht. Auf Grund des Druckes und der Temperatur vermutete man, auf der Oberfläche Titans Ozeane aus Methan zu finden.

Abb. 3.39 Künstlerische Darstellung der Raumsonde Cassini mit Huygens-Probe und Saturn im Hintergrund sowie Titan. NASA/Cassini

All diese Vermutungen zu testen war Aufgabe der Mission Cassini (Abb.3.39). Der Start erfolgte 1997. Um sich den erforderlichen Schub für eine rasche Reise zu Saturn zu holen, flog die Sonde zunächst an Venus und danach an der Erde vorbei (1999).

Nach sieben Jahren Flugdauer erreichte die Sonde im Juni 2004 das Saturnsystem. Im Januar 2005 trennte sich dann die europäische Huygens-Sonde ab, um am 14. Januar erfolgreich auf der Titanoberfläche zu landen. Durch einen technischen Fehler bekamen wir nur wenige Bilder, die eine wahrscheinlich mit Eisklumpen, die durch Staub verunreinigt sind, bedeckte Oberfläche am Landeplatz zeigten. Radarabtastungen der Oberfläche Titans ergaben zwar keine Ozeane, aber immerhin große Seen aus Methan (Abb. 3.42). Damit ist Titan neben der Erde der einzige Himmelskörper im Sonnensystem, wo man an der Oberfläche eine Flüssigkeit findet (Abb. 3.40, 3.41).

Aus den erwähnten Gründen ist also Titan neben Mars und Europa ein sehr interessanter Kandidat bei der Suche nach Leben im Sonnensystem.

Abb. 3.40 Eine aus drei verschiedenen Farben zusammengesetzte Aufnahme des Titans, wo man auch Oberflächenstrukturen erkennen kann. NASA/Cassini

Abb. 3.41 Oberflächendetails am Landeplatz der Huygens-Sonde. NASA/Cassini-Huygens

Enceladus: Eisvulkane

Eine weitere Überraschung der Cassini-Mission war die Entdeckung von Eisvulkanen auf der Oberfläche des Saturnmondes Enceladus. Bei den Kryovulkanen werden im Inneren ei-

Abb. 3.42 Methanseen auf Titan, ermittelt durch Radarabtastungen. NASA/Cassini

nes Mondes Substanzen wie Methan, Kohlendioxid, Ammoniak, gefrorenes Wasser durch Erwämung aufgeschmolzen (z. B. Gezeitenkräfte) und dringen an die Oberfläche. Knapp unter der Oberfläche von Enceladus gibt es flüssiges Wasser, welches in riesigen Fontänen (wegen der geringen Anziehungskraft des kleinen Mondes Enceladus) bis in 500 km Höhe emporragt (Abb. 3.43, 3.44). Damit wäre der nur etwa 500 km große Saturnmond ein weiterer Kandidat bei der Suche nach Leben.

Japetus und Rhea

Diese beiden Saturnmonde haben Durchmesser von jeweils etwa 1500 km. Die Oberfläche des Japetus weist eine dunkle und helle Hemisphäre auf. Wahrscheinlich stammt die dunkle Hälfte von Staub, der während eines Einschlages auf dem Saturnmond Phoebe aufgewirbelt wurde.

Die weiteren Monde des Saturns sind sehr klein und teils nur wenig erforscht und einige sind sicher – wie bei Jupiter – eingefangene Asteroiden.

Abb. 3.43 Die größtenteils mit Eis bedeckte Oberfläche des Saturnmondes Enceladus. NASA/Cassini

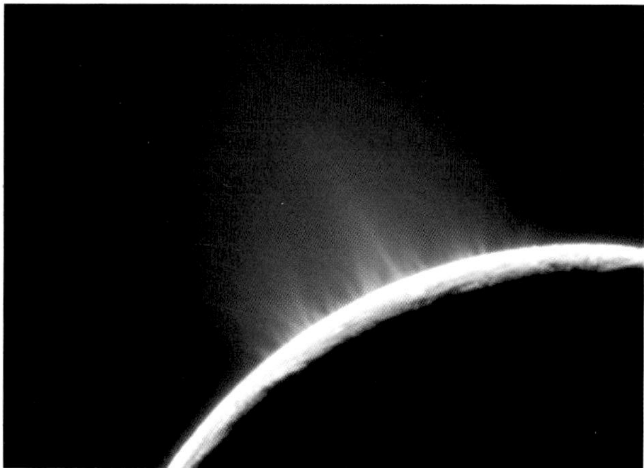

Abb. 3.44 Wasserfontänen schießen von der Oberfläche des Saturnmondes Enceladus bis zu 500 km hoch. NASA/Cassini

3.4.6 Die Monde des Uranus und Neptun

Uranus besitzt 27 Monde, Neptun 13. Der Neptunmond Triton besitzt einen Durchmesser von 2700 km und er bewegt sich retrograd um Neptun. Möglicherweise wurde er von Neptun eingefangen. Seine Oberflächentemperatur beträgt nur 38 K und man findet gefrorenen

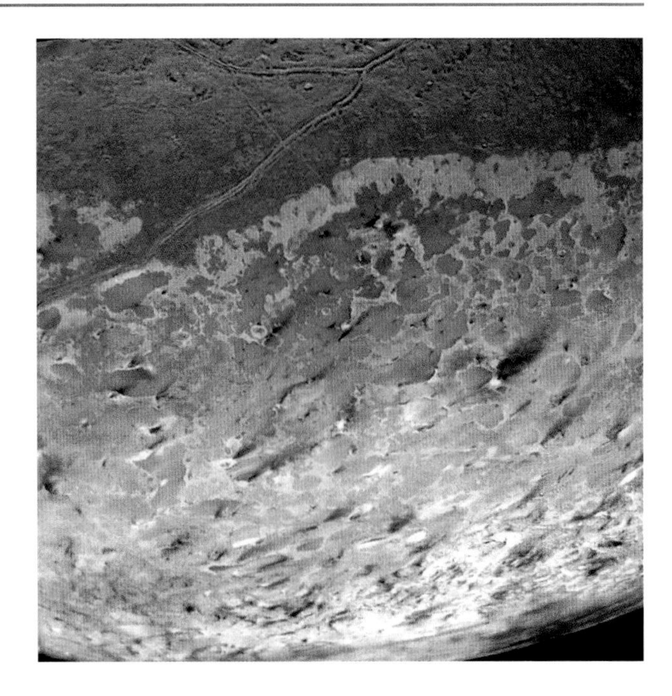

Abb. 3.45 Der größte Mond des Neptuns, Triton; man erkennt Spuren von Kryovulkanismus. NASA

Stickstoff sowie eine Eiskruste und aktiven Kryovulkanismus (Abb. 3.45). Gegenwärtig ist Triton nur etwa 350.000 km von der Oberfläche Neptuns entfernt. Er wird sich Neptun noch nähern, und sobald er innerhalb der Roche-Grenze gelangt, von dessen Gezeitenkräften auseinander gerissen, was in etwa 100 Millionen Jahren passieren wird. Dann wird sich ein prächtiger Ring um Neptun bilden.

- Der Saturnmond Titan besitzt eine dichte Atmosphäre und man findet dort organische Verbindungen. Enceladus zeigt Wasserfontänen.

3.4.7 Zusammenfassung

Die Monde der Planeten im Sonnensystem sind sehr unterschiedlich, und ihre Erforschung mit Raumsonden zeigte völlig unerwartete Ergebnisse. Seen aus Methan an der Oberfläche von Titan, Ozeane aus flüssigem Wasser unterhalb der Eiskrusten von Europa, Ganymed und möglicherweise auch tiefer bei Titan. Organische Verbindungen in der Atmosphäre des Titan und an der Oberfläche von Europa, Eisvulkanismus auf Enceladus. Auf diese Weise werden einige der Monde interessant für die Suche nach Leben.

Zwergplaneten und Kleinkörper

4

Inhaltsverzeichnis

In diesem Abschnitt behandeln wir zunächst die neu definierte Klasse von Zwergplaneten, dann die Kleinplaneten oder Asteroiden, die Kometen sowie die Materie zwischen den Planeten, die interplanetare Materie.

Sie werden nach der Lektüre des Kapitels wissen, was

- der Unterschied zwischen Kleinplaneten, Zwergplaneten ist,
- wieso es Asteroidengürtel gibt,
- ob der Erde eine Gefahr durch Asteroideneinschläge droht,
- was es mit Kometen auf sich hat,
- weshalb die Erforschung der Kleinkörper (im engl. als SSSBs bezeichnet, small solar system bodies) unseren künftigen Bedarf an Metallen und anderen Rohstoffen sichern könnte.

4.1 Asteroidengürtel im Sonnensystem

Die kleinen Planeten oder Asteroiden sind nicht gleichmäßig im Sonnensystem verteilt, sondern hauptsächlich in sogenannten Gürteln konzentriert.

A. Hanslmeier, *Faszination Astronomie*, DOI 10.1007/978-3-642-37354-1_4,
© Springer-Verlag Berlin Heidelberg 2013

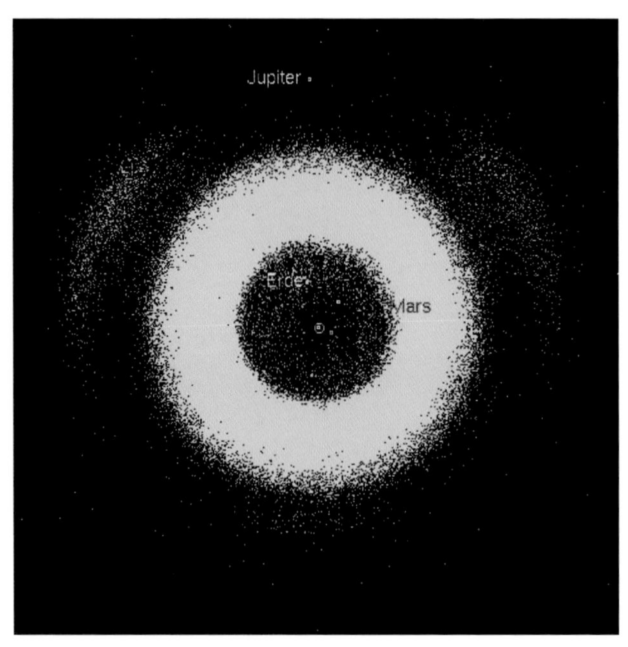

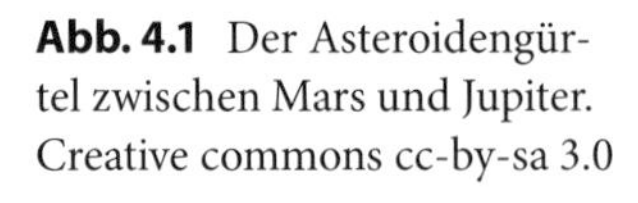
Abb. 4.1 Der Asteroidengürtel zwischen Mars und Jupiter. Creative commons cc-by-sa 3.0

4.1.1 Asteroidengürtel, Hauptgürtel

In älteren Büchern meint man unter dem Begriff Kleinplanetengürtel stets den Bereich zwischen Mars und Jupiter, wo man zunächst die meisten Kleinplaneten gefunden hatte. In der Neujahrsnacht 1800 entdeckte der Astronom Piazzi das Objekt Ceres zwischen Mars und Jupiter. Dass es dort Objekte gibt, war schon länger vermutet worden, da zwischen den Umlaufbahnen von Mars und Jupiter eine Lücke erscheint.

Exkurs

Man kann die Abstände der Planeten von der Sonne durch eine einfache Beziehung darstellen (Titius-Bode Reihe):

$$a = 0{,}4 + 0{,}3 \times 2^n \,. \tag{4.1}$$

Setzt man $n = -\infty, 0, 1, 2, 3, \ldots$ ein, findet man in etwa die Abstände der Planeten von der Sonne. Für den Index $n = 3$ gibt es keinen Planeten, aber in diesem Abstandsbereich befindet sich der Hauptgürtel der Kleinplaneten.

Wie viele Objekte es im Hauptgürtel gibt, ist unbekannt, aber sicher mehrere 100 000. Die Reise in einem Raumschiff vom Mars zum Jupiter wäre aber trotz dieser vielen Asteroiden relativ ungefährlich, da die Wahrscheinlichkeit von Zusammenstößen mit Asteroiden äußerst gering ist, auf Grund der großen räumlichen Ausdehnung des Gürtels. Eine Skizze des Asteroidengürtels zwischen Mars und Jupiter findet man in Abb. 4.1.

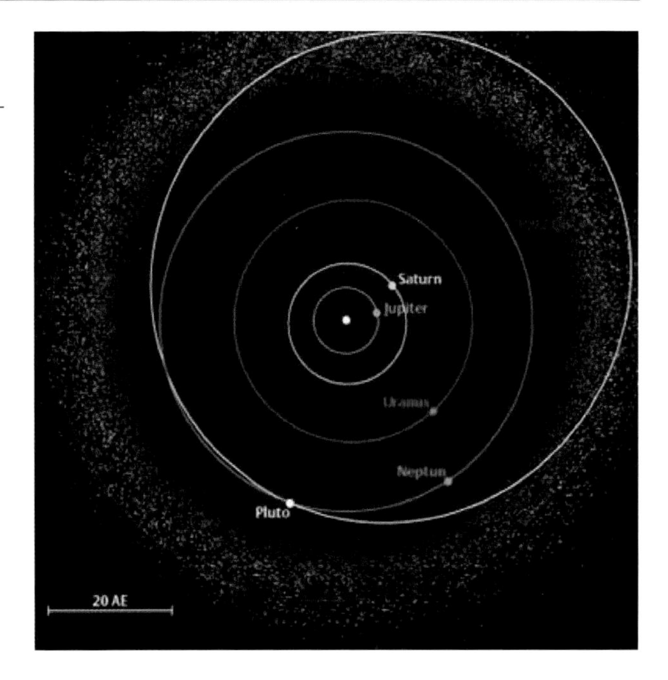

Abb. 4.2 Der Kuipergürtel und Bahnen von Neptun und des Zwergplaneten Pluto. Quelle: MPIA

4.1.2 Kuipergürtel

Außerhalb der Neptunbahn findet man die Objekte des Kuipergürtels. Dieser Gürtel von Objekten wurde 1951 von Kuiper (1905–1973) vermutet, und das erste darin entdeckte Objekt war 1992 QB1. Dieses hat einen Durchmesser von nur etwa 200 km. Wegen der größeren Entfernung der Objekte des Kuipergürtels sind noch weniger bekannt als vom Hauptgürtel. Man vermutet insgesamt etwa 100.000 Objekte mit Durchmessern von mehr als 100 km zwischen 30 und 50 AE.

Die Objekte des Kuipergürtels (Abb. 4.2) sind ebenso wie die Objekte des Hauptgürtels sehr stark zur Ekliptikebene konzentriert. Zu den Objekten des Kuipergürtels gehören zahlreiche Zwergplaneten, der bekannteste davon ist Pluto, der zusammen mit anderen Objekten als großes Objekt des Kuipergürtels geführt wird. Die Gruppe der Zentauren umfasst etwa 300 Objekte, die durch den Einfluss der Schwerkraft des Neptun in weiter innenliegende Bereiche des Sonnensystems wanderten. Einige kreuzen die Bahnen von Neptun, Saturn oder Jupiter, werden also innerhalb der nächsten Millionen Jahre mit diesen Planeten kollidieren.

4.1.3 Die Oort'sche Wolke

Analysiert man die Bahnen der Kometen, dann findet man, dass diese aus allen Richtungen zu kommen scheinen. Deshalb vermutete Oort (1900–1992), dass die Kometen aus einer

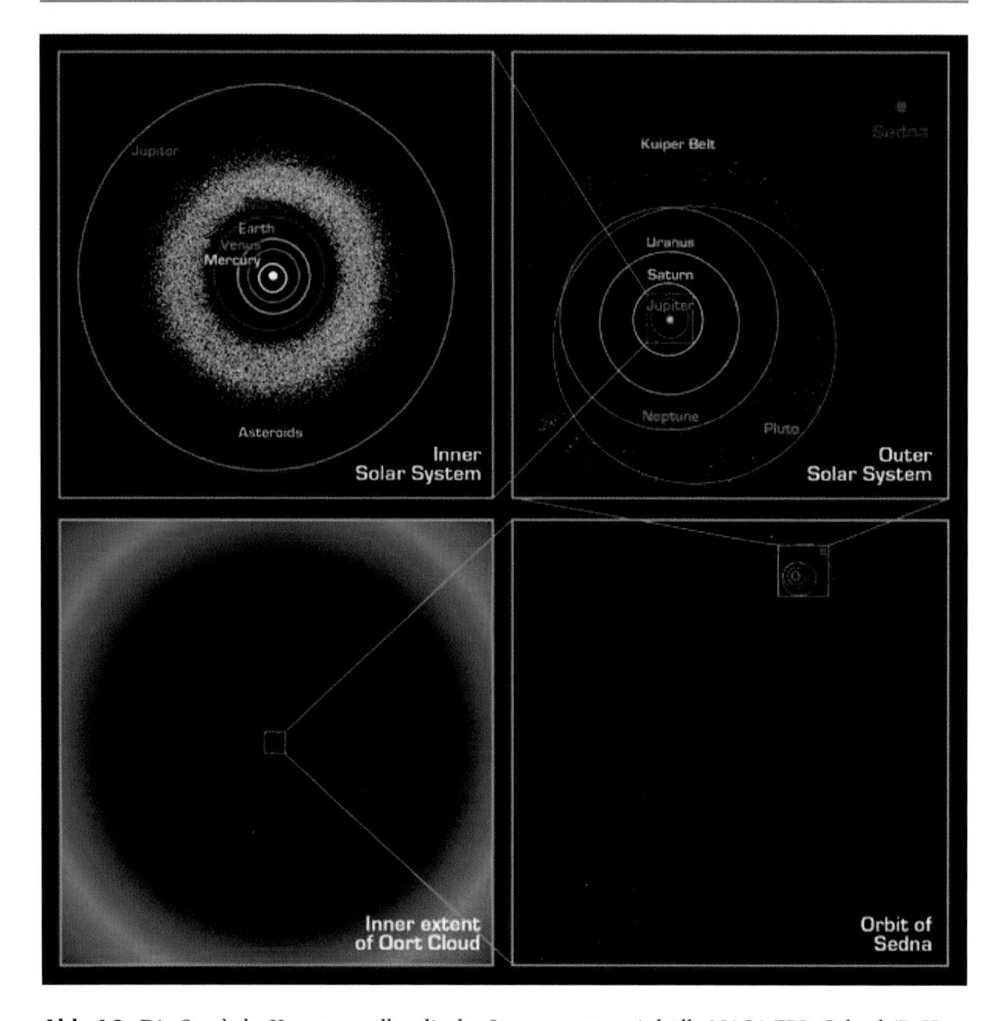

Abb. 4.3 Die Oort'sche Kometenwolke, die das Sonnensystem einhüllt. NASA/JPL-Caltech/R. Hurt

das Sonnensystem umgebenden Wolke stammen könnten, die man heute als Oort'sche Wolke bezeichnet. In dieser Wolke könnte es mehrere Milliarden Kometen geben. Einen Eindruck der Dimensionen dieser Kometenwolke gibt Abb. 4.3. Links oben ist das innere Sonnensystem bis zur Jupiterbahn gezeichnet mit dem Hauptgürtel der Asteroiden zwischen den Umlaufbahnen Mars und Jupiter, rechts oben sieht man den Kuipergürtel, links unten die Oort'sche Wolke und rechts unten die Bahn des Objektes Sedna.

- Im Sonnensystem gibt es drei Gürtel von Kleinplaneten: Hauptgürtel, Kuipergürtel und Oort'sche Wolke.

Abb. 4.4 Kleinplanet Ida mit Mond Dactyl (*rechts*). NASA

4.2 Kleinplaneten, Asteroiden

4.2.1 Beobachtung

Der erste entdeckte Kleinplanet, Ceres, wird heute als Zwergplanet geführt.

Die Erforschung der Kleinplaneten war zunächst nur durch Helligkeitsmessungen von der Erde möglich. Man stellt einen periodischen Helligkeitswechsel fest, der durch die Rotation des Objektes entsteht. Kleine Planeten sind meist unregelmäßig geformt, bzw. ihre Oberflächen sind nicht gleichförmig. Sie erscheinen daher etwas heller, wenn sie uns ihre größere Querschnittsfläche infolge der Rotation zeigen. Aus der Farbe kann man auch Aufschluss über die grobe Oberflächenbeschaffenheit bekommen.

Inzwischen hat es zahlreiche Missionen zu Kleinplaneten gegeben. Zur Überraschung stellte es sich heraus, dass es relativ viele kleine Planeten mit Begleitern, Monden, gibt. Ein sehr bekanntes Beispiel ist der Kleinplanet Ida mit seinem winzigen Mond Dactyl (Abb. 4.4). Die Aufnahme erfolgte im Jahre 1993 mit der Raumsonde Galileo aus einer Entfernung von etwa 10.500 km. Die Ausdehnung des unregelmäßig geformten Objekts sind etwa $53{,}6 \times 24{,}0 \times 15{,}2$ km. Ida wurde im Jahre 1884 von einem Astronomen der Wiener Sternwarte entdeckt (J. Palisa, 1848–1925). Seine Rotationsperiode beträgt 4,6 Stunden, die große Halbachse seiner Bahnellipse beträgt 2,86 AE. Die Trajektorie der Raumsonde Galileo ist in Abb. 4.5 gezeichnet.

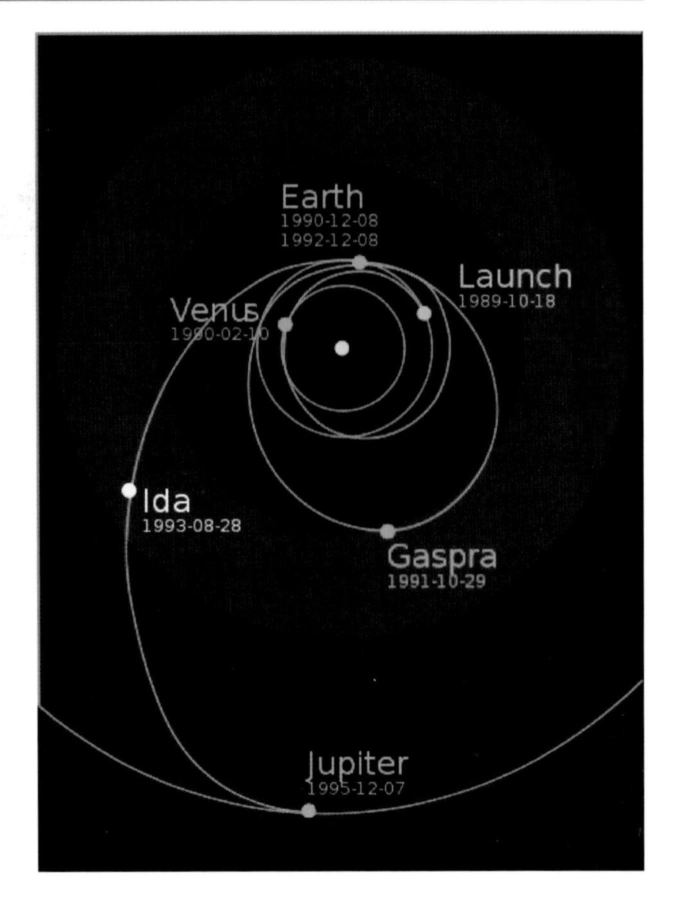

Abb. 4.5 Die Trajektorie der Raumsonde Galileo zum Jupiter wo die Sonde in die Atmosphäre eintauchte. Auf dem Weg zum Jupiter wurden die beiden Kleinplaneten Ida und Gaspra besucht. NASA

Es gibt auch Asteroiden, die der Erde relativ nahe kommen. Am 29. September 2004 ist der etwa 4,5 × 2,4 × 1,9 km große Asteroid Toutatis in nur etwa vierfachem Mondabstand (1.549.719 km) an der Erde vorbeigezogen. Der Asteroid war am südlichen Himmel bei sehr guter Sicht mit einem Fernglas zu sehen. Die vorletzte Annäherung (Entfernung 7.524.773 km) hat am 9. November 2008 stattgefunden. Die letzte Annäherung erfolgte am 12. Dezember 2012.

Die Asteroiden, von denen man etwa 600.000 kennt, sind sehr klein, nur 14 von den bekannten haben Durchmesser von mehr als 250 km. Obwohl sie zu Gürteln konzentriert sind, beträgt der mittlere Abstand selbst im dichtesten Teil des Hauptgürtels zwischen Mars und Jupiter immer noch mehr als eine Million km zwischen zwei Asteroiden. Man muss, wie bereits erwähnt, mit einem Raumschiff nicht im Zickzackkurs durch diesen Gürtel fliegen.

Abb. 4.6 Der Asteroid Eros. NASA

Hinsichtlich der chemischen Zusammensetzung unterscheidet man:

- C-Asteroiden; kohlenstoffreiche Objekte
- S-Asteroiden: bestehen hauptsächlich aus Silikatverbindungen,
- M-Asteroiden: bestehen hauptsächlich aus Metallen.

Es gibt Studien, M-Asteroiden einzufangen und als Rohstofflager zu verwenden. Mit dem Einfang eines 1-km-M-Asteroiden könnten man den Weltverbrauch an Industriemetallen für einige Jahrzehnte decken. Gegenwärtig sind solche Überlegungen aber noch nicht realisierbar, auch aus ökonomischen Gründen.

Am 12. Februar 2001 wurde der Asteroid Eros von einer Raumsonde (NEAR) besucht (Abb 4.6). Dieser Asteroid kommt der Erde relativ nahe und wurde früher zu Entfernungsbestimmungen verwendet. In Erosnähe hat man die Position des Objektes von zwei möglichst weit entfernten Observatorien aus bestimmt, was die Parallaxe ergibt. Eros besitzt eine Ausdehnung von $33 \times 13 \times 13$ km und gehört zur Klasse der S-Asteroiden. Seine mittlere Dichte beträgt 2,4 g/cm^3. Der sonnennächste Punkt seiner Bahn liegt bei 1,13 AE, der sonnenfernste Punkt bei 1,78 AE.

Im Jahre 2005 entnahm eine japanische Raumsonde Proben von dem Asteroiden Itokawa und 2009 landete eine Kapsel mit diesen Proben auf der Erde. Im Jahre 2007 wurde die Raumsonde Dawn gestartet, die sich im Jahre 2011 im Orbit um den Asteroiden Vesta befindet. Im Jahre 2015 wird sie den Zwergplaneten Ceres besuchen.

4.2.2 Trojaner

Dies ist eine Gruppe von Asteroiden an den Lagrangepunkten L4 und L5 im System Sonne–Jupiter. An diesen Punkten heben sich die Gravitationskräfte von Sonne und Jupiter auf und

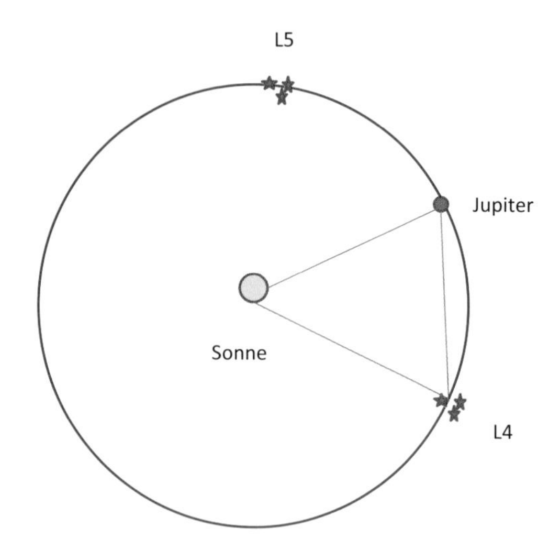

Abb. 4.7 Die Gruppe der Trojaner-Asteroiden befindet sich an den Punkten L4 bzw. L5 im System Sonne–Jupiter

Objekte können in der Nähe dieser Positionen über lange Zeit hinweg stabil sich aufhalten. L4 bzw. L5 bilden mit Sonne und Jupiter ein gleichseitiges Dreieck. In Abb. 4.7 ist dies skizziert. Das gleichseitige Dreieck ist nur unten angedeutet. Da die große Halbachse des Jupiter 5,2 AE beträgt, sind die Längen des Dreiecks je 5,2 AE.

Die Lagrangepunkte L4 und L5 sind Gleichgewichtspunkte, die immer auftreten, wenn man es mit einem eingeschränkten Dreikörperproblem zu tun hat. Man betrachtet dabei zwei Massen (in unserem Falle Sonne und Jupiter) und untersucht die Bewegung einer dritten Masse (in diesem Falle ein Trojaner-Asteroid). Die Punkte L4 und L5 sind stabile Punkte, bringt man eine nicht zu große Störung an einen dort befindlichen Körper, kehrt er wieder zum Punkt zurück.

4.2.3 Erdbahnkreuzer, sind wir in Gefahr?

Bekannt sind etwa 200 erdbahnkreuzende Asteroiden, es dürfte aber 2000 geben, die größer als 1 km sind. Derartige Objekte können natürlich mit den terrestrischen Planeten zusammenstoßen oder durch eine nahe Begegnung so beschleunigt werden, dass sie das Sonnensystem verlassen. Etwa 1/3 wird irgendwann mit der Erde kollidieren, wobei etwa alle 100 Millionen Jahre mit einer größeren Kollision zu rechnen ist. Vor 65 Millionen Jahren sind die Dinosaurier durch eine Kollision der Erde mit einem nur 10 km großen Asteroiden ausgestorben. Ein Objekt dieser Größe kann also fast das gesamte Tier- und Pflanzenleben auf der Erde auslöschen. Während der letzten 500 Millionen Jahre gab es mindestens fünf Episoden von solchen Massensterben. Im Falle des Ereignisses vor 65 Millionen Jahren (auch als K-T-Ereignis bekannt) kennt man den Einschlagkrater, er wurde zufällig im Zuge von Ölbohrungen bei der mexikanischen Halbinsel Yucatan gefunden. Dieser Chicxulub-Krater hat einen Durchmesser von etwa 180 km. In Abb. 4.8 sieht man

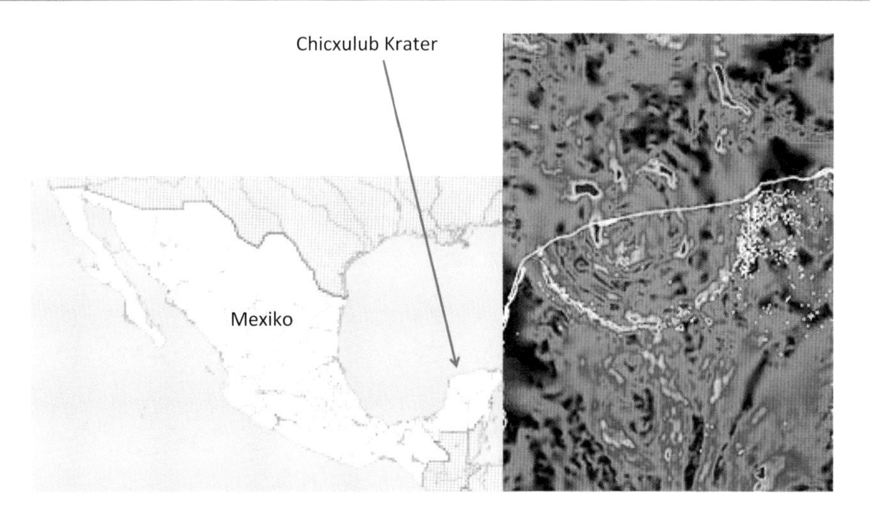

Abb. 4.8 Die Lage des Chicxulub-Kraters in Mexiko. Wikimedia Commons/cc by -sa 3.0

die Lage des Kraters nahe der heutigen Halbinsel Yucatan. Der Krater ist im Laufe der vergangenen 65 Millionen Jahre mit bis zu 1000 m hohen Sedimentschichten verschüttet worden. Der Durchmesser des Impaktobjektes betrug etwa 10 km, was sich aus der Masse der Ablagerungen von Schichten aus dieser Zeit ausrechnen lässt. Rechts in der Abbildung sieht man einen vergrößerten Ausschnitt und die gezeigten Schwerkraftanomaliemessungen lassen deutlich den Krater erkennen.

In Europa findet man in der Schwäbischen Alb den Ries-Krater. Seine Lage ist in Abb. 4.9 wiedergegeben. Das Steinheimer Becken entstand durch beim Aufschlag ausgeworfene Sedimente. Es ist vor 15 Millionen Jahren entstanden und der Durchmesser beträgt 24 km. Der Asteroid hatte einen Durchmesser von etwa 1,5 km. Die Geschwindigkeit beim Eindringen in die Erdatmosphäre betrugt 20 km/s = 72.000 km/h. Aus dem beim Aufschlag herausgeschlagenen Material, welches bis zu 450 km weit transportiert wurde, bildeten sich die Moldavite. In der Abb. 4.9 sind die Fundstellen der Moldavite gekennzeichnet.

In Abb. 4.10 sieht man, dass es selbst auf Satellitenaufnahmen schwierig ist, solche Kraterstrukturen zu finden. Im Gegensatz zum K-T-Ereignis (K-T steht für Kreide-Tertiär), wo es ein Massensterben von Tier- und Pflanzenarten gab, ist ein solches bei der Bildung des Ries-Kraters nicht nachweisbar.

Der letzte größere Impakt ereignete sich 1908 im sibirischen Tunguska (eigentlich ein kleiner Fluss). Reisende der Transsibirischen Eisenbahn berichteten, plötzlich am Tageshimmel einen hellen Feuerball gesehen zu haben. Erst Jahre nach dem Ereignis wurde eine wissenschaftliche Expedition in das betroffene Gebiet unternommen, und man fand auf einer Fläche, die der Größe des deutschen Bundeslandes Saarland entspricht, alle Baumstämme in radialer Richtung liegend, was sich nur durch die Druckwelle einer Explosion erklären lässt. Das in Abb. 4.11 gezeigte Bild stammt aus dem Jahre 1927. Heute findet man

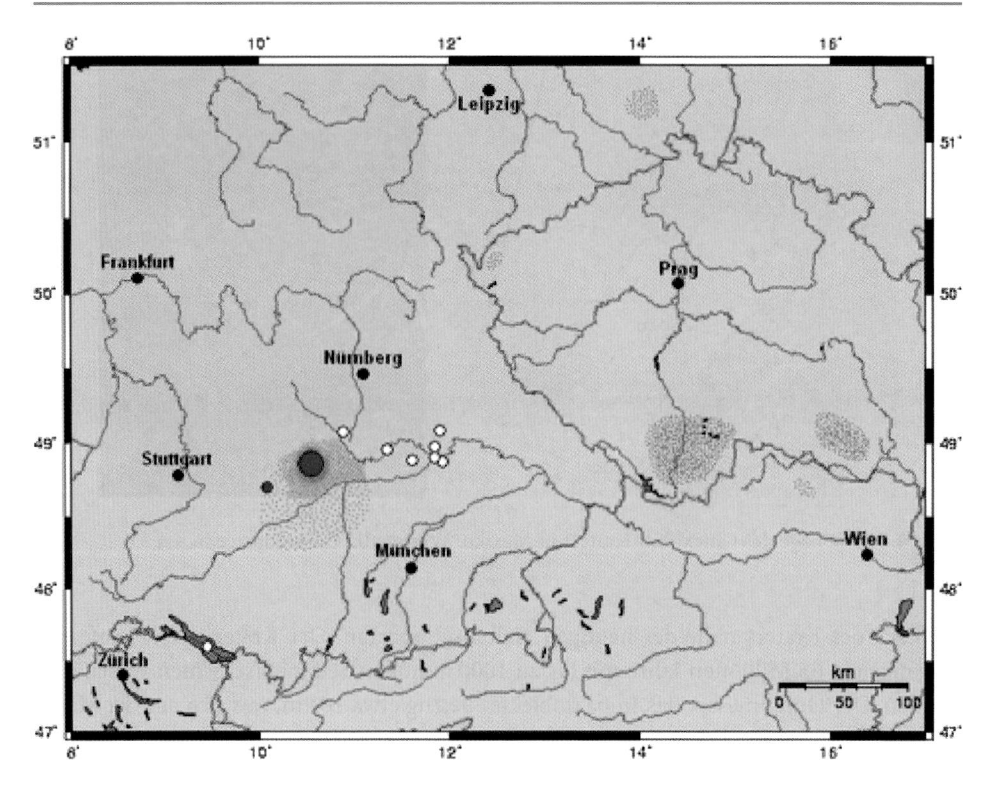

Abb. 4.9 Die Lage des Ries-Kraters, des Steinheimer Beckens sowie der Fundorte der Moldavite. Creative Commons/cc by -sa 3.0

dort einen kleinen See, jedoch kaum Überreste eines Kraters oder des eingeschlagenen Objektes. Der Durchmesser des Asteroiden dürfte zwischen 30 und 80 m betragen haben und er muss zwischen 5 und 14 km über dem Erdboden explodiert sein. Da kaum Überreste gefunden wurden, dürfte er hauptsächlich aus Eis bestanden haben.

Stellen Asteroideneinschläge eine reale Bedrohung des Lebens auf der Erde dar? Sicher ist: Es gab Massensterben in der Tier- und Pflanzenwelt und einige dieser Ereignisse können durch einen Asteroideneinschlag verursacht worden sein. Erdbahnkreuzende Asteroiden werden in vielen Beobachtungsprogrammen gesucht bzw. überwacht. Es gibt die Turiner Skala für deren Gefährlichkeit. Die Skala reicht von grün bis rot, wo dann eine Kollision mit der Erde als sehr wahrscheinlich gilt. Trotzdem ist die Bedrohung, durch einen Impakt ums Leben, zu kommen um viele Größenordnungen geringer als bei einem Flugzeugabsturz oder gar bei einem Autounfall getötet zu werden. Selbst die Wahrscheinlichkeit, im Lotto zu gewinnen, ist ein Vielfaches größer.

- Asteroiden sind Objekte meist weit unter 100 km im Durchmesser; einige kreuzen die Erdbahn und können auch einschlagen; der letzte große Impakt war vor

Abb. 4.10 Nördlinger Ries mit Steinheimer Feld (kleiner Kreis) auf einer Satellitenaufnahme. NASA

65 Millionen Jahren und löschte 80% des Lebens auf der Erde aus. In Zukunft könnten erdnahe Asteroiden auch als Rohstofflieferanten interessant werden.

4.3 Kometen

4.3.1 Hilfe, der Komet kommt

Kometen galten seit alten Zeiten als Unheilsbringer. Der Grund dafür ist recht einfach. Sie halten sich nicht an die Spielregeln des Himmels, tauchen plötzlich irgendwo auf und verschwinden wieder. Auch ihr Aussehen ist ungewöhnlich: Sie erscheinen diffus und bilden meist einen spektakulären langen, immer von der Sonne weggerichteten Schweif. Nach den Gesetzen von Kepler und Newton war es möglich, die Bahnen der Planeten exakt zu berechnen. Im 18. Jahrhundert herrschte generell die Ansicht, alles sei berechenbar, vorher bestimmbar. Der Kosmos ähnle einem exakten Uhrwerk. Umso weniger passten daher die Kometen in diese Vorstellungen. Sie bewegen sich irgendwo am Himmel, nicht längs der Ekliptik oder zumindest nahe wie die anderen Planeten und der Mond.

Abb. 4.11 Aufnahme des Gebietes um Tunguska aus dem Jahre 1927. Wikimedia

Die in vielen Darstellungen übermittelte Szene der Geburt Christi mit einem Kometen („ Stern von Bethlehem") zeigt höchstwahrscheinlich keinen Kometen, sondern es handelte sich damals um eine enge Begegnung der Planeten Jupiter und Saturn. Dies war damaligen Astronomen bekannt, und so machten sich die drei Magier aus dem Osten (die Heiligen Drei Könige, in Wirklichkeit waren das Astrologen) auf, um das Jesuskind zu suchen.

Mit Teleskopen sieht man pro Jahr etwa 20 Kometen, alle paar Jahre wird ein Komet spektakulär mit freiem Auge sichtbar.

4.3.2 Periodische Kometen

E. Halley (1656–1742) fand im Jahre 1705, dass es sich bei den Kometenerscheinungen der Jahre 1531 und 1607 (beobachtet von Kepler) und 1682 um dasselbe Objekt handeln muss, und er sagte die Wiederkehr des Kometen für 1759 voraus. Da Halley bereits 1742 starb, konnte er den Triumph seiner Vorhersage nicht mehr erleben. Der nach ihm benannte Komet hat also eine Umlaufperiode um die Sonne zwischen 75 bis 77 Jahren. Sein sonnenfernster Punkt liegt bei mehr als 35 AE, also die 35-fache Entfernung Erde–Sonne, sein

Abb. 4.12 Die Anbetung der Könige; Fresko des ital. Malers Giotto, welches den Halley'schen Kometen zeigt. The Yorck Project, Berlin

sonnennächster Punkt liegt bei 0,58 AE, also nur etwas mehr als die Hälfte der Entfernung Erde-Sonne. Viele periodische Kometen haben Perioden von weniger als 20 Jahren. Komet Halley war zuletzt 1985/86 zu sehen. Bereits auf babylonischen Keilschrifttafeln werden Berichte über Erscheinungen des Halley'schen Kometen gegeben.

Der italienische Maler Giotto di Bondone war tief von der Erscheinung des Halley'schen Kometen im Jahre 1301 beeindruckt und malte ihn auf seinem berühmten Fresko „Anbetung der Könige" (Abb. 4.12). Seit dieser Zeit wird der Stern von Bethlehem als Komet dargestellt. Die nächste Erscheinung des Kometen Halley wird für 2061 erwartet.

Abb. 4.13 Komet Hale-Bopp mit Staub- und Ionenschweif (schmal, langgestreckt), aufgenommen im März 1997, auf der Halbinsel Istrien. Wikimedia Common/philippsatzgeber

Man findet viele Kometen, deren sonnenfernster Punkt, Aphel, in der Nähe der Jupiterbahn liegt. Diese sogenannte Jupiterfamilie von Kometen kommt durch den Einfluss Jupiters auf die Kometenbahnen zustande. Jupiter lenkt Kometen ab und so werden aus Kometen mit extrem langen Umlaufzeiten um die Sonne kurzperiodische Kometen. Die Umlaufzeiten und damit die Zeiten, in denen die Kometen wiederkehren, liegen zwischen fünf und elf Jahren. Auch die anderen großen Planeten besitzen Kometenfamilien.

4.3.3 Was sind Kometen?

Der Anblick eines hellen Kometen in einem Teleskop ist für Laien enttäuschend, man sieht nur eine diffus leuchtende helle Wolke. Am schönsten sieht man helle Kometen mit freiem Auge oder mit einem Feldstecher. Kometen bestehen aus:

- Kern: unregelmäßig geformt, einige 10 km groß. Er besteht aus Fels und Eis. Bei Annäherung an die Sonne, wenn der Komet sich innerhalb der Marsbahn befindet, ver-

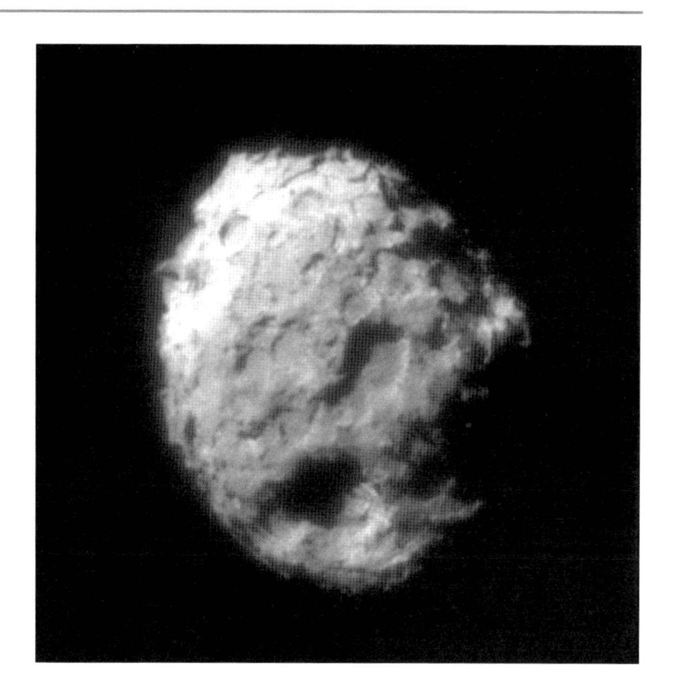

Abb. 4.14 Der Kern des Kometen Wild 2. NASA

dampfen die flüchtigen Bestandteile. Der Astronom Whipple (1906–2004) spricht von einem „schmutzigen Schneeball" (dirty snowball).

- Koma: entsteht aus dem verdampfenden Material. Kann bis zu Erdgröße erreichen. Besteht aus Wasser und z. B. CO_2. Durch die UV Strahlung der Sonne werden Wassermoleküle aufgespalten und es bildet sich eine riesige Wasserstoffwolke.
- Schweif: Kometenschweife zeigen immer von der Sonne weg; man unterscheidet Staub- und Ionenschweif.
  - Staubschweif: durch den Strahlungsdruck von der Sonne weggerichtet. Licht besteht aus Photonen, die einen Impuls ausüben (= Druck).
  - Ionenschweif: auch als Plasmaschweif bezeichnet. Er erscheint bläulich und wird direkt vom Sonnenwind weggedrückt. Der Sonnenwind ist ein Strom aus geladenen Teilchen, die von der Sonne emittiert werden.

Der Ionenschweif ist lang und schmal, der Staubschweif erscheint breit gefächert und oft auch gekrümmt. Teilchen, die weiter von der Sonne entfernt sind, bewegen sich langsamer um diese als Teilchen, die näher sind.

Im Jahre 1997 konnte man mehrere Monate hindurch mit freiem Auge den Kometen Hale-Bopp beobachten (Abb. 4.13). Sein Kerndurchmesser beträgt 50 km und ist damit etwa dreimal so groß wie der Halley'sche Komet. Ein Amateurastronom glaubte, auf Aufnahmen einen unbekannten Stern in der Nähe des Kometen gesehen zu haben. Dies hat die Mitglieder der Sekte *Heavens Gate* veranlasst, einen kollektiven Selbstmord zu begehen.

Der Komet Wild 2 wurde im Jahre 2004 von der Raumsonde Stardust untersucht und es wurden Proben von der Koma des Kometen zur Erde gebracht (Abb. 4.14). Der Kern des Kometen misst nur 5 km. Die mittlere Dichte ist sehr gering: 0,5 g/cm^3.

4.3.4 Kometenimpakte

Kometen verlieren während der Ausgasungsprozesse an Masse. Niemand kann genau sagen, wie viel, und das macht die Vorherberechnung der Kometenbahnen schwierig. Nach einigen Dutzend Umläufen können sie den Großteil ihrer flüchtigen Bestandteile verloren haben und dann bewegen sie sich als „normale" Asteroiden um die Sonne.

Kometen können, wenn sie in Nähe eines Planeten geraten, auch zerbrechen, d. h. durch die Gezeitenkräfte auseinander gerissen werden. Dies passierte dem Kometen Shoemaker Levy. 1992 passierte der Komet Jupiter innerhalb der Roche-Grenze. In diesem Bereich wird ein Körper von den Gezeitenkräften auseinander gerissen. Shoemaker Levy zerbrach in 21 Fragmente zwischen 500 m und 1000 m Durchmesser. Diese reihten sich auf einer mehrere Millionen km langen Kette auf. Zwischen dem 16. und 22. Juli 1994 stießen die Kometenbruchstücke dann mit Jupiter zusammen. Sie tauchten mit einer Geschwindigkeit von 60 km/s in die Jupiteratmosphäre ein und die dabei entwickelte Sprengkraft entsprach etwa 50 Millionen Hiroshima-Bomben (die Hiroshima-Atombombe hatte eine Sprengkraft von 13 kT TNT). Die Impakte ließen bis zu 12.000 km große dunkle Flecken auf Jupiter zurück, die mehrere Monate hindurch sichtbar waren (Abb. 4.15).

4.3.5 Woher kommen die Kometen?

Kometen stammen aus der Oort'schen Wolke, die das Sonnensystem umhüllt. Durch zufällige Störungen gelangen sie in das Innere des Sonnensystems. Dort können sie durch die großen Planeten abgelenkt werden und so werden aus langperiodischen Kometen kurzperiodische. Die Erforschung der Kometen ist besonders interessant, weil es sich hier um unverändertes Material aus der Frühzeit des Sonnensystems handelt. Durch Kometeneinschläge könnte auch ein Großteil des Wassers auf die Erde gekommen sein. Die meisten Kometen hat man übrigens mit dem Sonnensatelliten SOHO gefunden. Kometen, die der Sonne sehr nahe kommen, können damit beobachtet werden und werden als „sungrazer" bezeichnet.

- Kometen stammen aus der Oort'schen Wolke und gelangen durch Störungen in das innere Sonnensystem, wo ihre Bahn durch die großen Planeten abgelenkt wird. Aus dem wenige km großen Kometenkern entströmen bei Annäherung an die Sonne Gase und erzeugen die spektakulären Kometenschweife.

Abb. 4.15 Impakt des Kometen Shoemaker Levy auf Jupiter. Der kreisrunde Fleck im oberen Bereich ist der Schatten eines Jupitermondes. Die Aufnahme wurde im UV-Licht gemacht. Hubble-Weltraumteleskop

4.4 Zwergplaneten

Seit 2006 wird diese Klassifikation von Objekten im Sonnensystem verwendet für Objekte, die ähnlich wie Pluto sind. Ihre Masse reicht nicht aus, um vollkommen kugelförmig zu sein und zum Unterschied zu den anderen Planeten haben sie ihre Umlaufbahnen noch nicht vollständig freigeräumt.

4.4.1 Pluto

Im Februar 1930 wurde dieses Objekt von Tombaugh gefunden. Pluto (Abb. 4.16) ist dem Neptunmond Triton sehr ähnlich. Seine Bahn um die Sonne ist stark ellipsenförmig und deshalb kann seine Sonnenentfernung zwischen 4,4 und 7,3 Milliarden km betragen. Bis Februar 1999 befand er sich sogar innerhalb der Neptunbahn. Zu einem Umlauf um die Sonne benötigt Pluto 248 Jahre. Lange Zeit kannte man seine Masse nicht genau, da die Störungen, die Pluto auf Neptun ausübt, sehr klein sind. Im Jahre 1978 wurde dann der

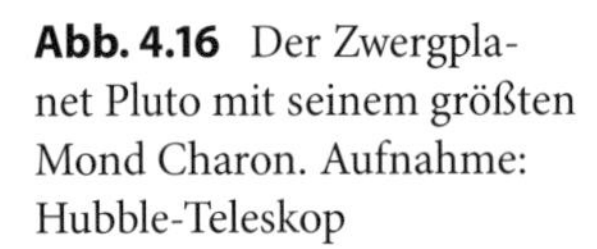

Abb. 4.16 Der Zwergplanet Pluto mit seinem größten Mond Charon. Aufnahme: Hubble-Teleskop

Plutomond Charon entdeckt. Während Pluto selbst etwas mehr als 2000 km im Durchmesser misst und damit kleiner als unser Mond ist (vgl. Abb. 4.17), ist Charon nur halb so groß. Das ist jedoch im Verhältnis zur Größe des Pluto sehr viel und deshalb spricht man besser von einem Doppelzwergplaneten. Man hat dann später noch vier weitere winzige Monde gefunden. Charon bewegt sich retrograd um Pluto und Pluto selbst rotiert auch retrograd. Im Jahre 2015 soll die Sonde New Horizons das Plutosystem genauer erforschen.

Wie der Neptunmond Triton ist Pluto auch ein Objekt des Kuipergürtels.

Die im Jahre 1801 entdeckte Ceres im Asteroidengrütel zwischen Mars und Jupiter wird nun ebenso als Zwergplanet geführt. Weitere Zwergplaneten sind die Objekte Sedna (~ 1400 km, stark exzentrische Bahn, Periheldistanz 76 AE, Apheldistanz 900 AE, Umlaufszeit um Sonne 10.787 Jahre, stark rötliche Farbe), Quaoar (~ 1250 km, große Halbachse 43,5 AE, mit dem 8-m-Subaru-Teleskop wurde 2004 kristallines Wassereis auf dessen Oberfläche nachgewiesen, ein Indiz für innere Wärmequellen durch Radioaktivität), Eris

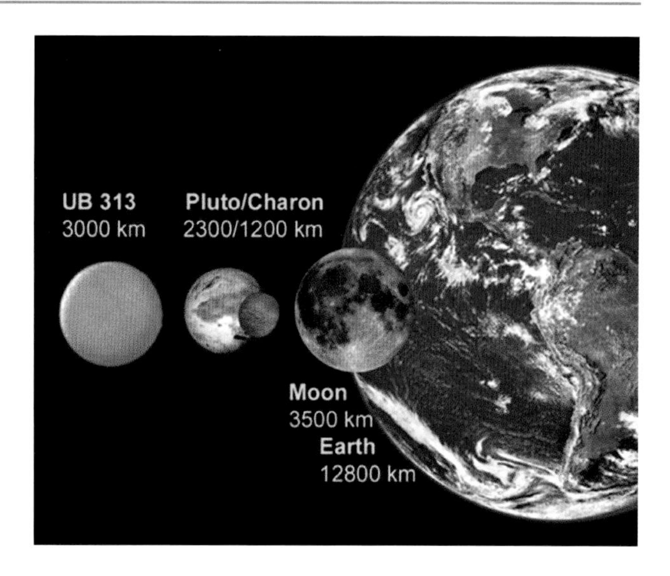

Abb. 4.17 Größenvergleich zweier Zwergplaneten mit Mond und Erde. NASA

(auch als Xena bezeichnet, größer als Pluto, Durchmesser 2400 km, Periheldistanz 37,8 AE, Apheldistanz 97,5 AE).

▸ Pluto und andere Objekte rechnet man zu den Zwergplaneten, deren Zahl durch neue Beobachtungen ständig zunimmt.

4.5 Meteoroiden

4.5.1 Sternschnuppen

Jeder hat sie schon beobachtet: die Sternschnuppen. Wenn man sich, während man sie kurzzeitig aufblitzen sieht, etwas wünscht, soll dieser Wunsch in Erfüllung gehen. Das Problem dabei ist, sie leuchten nur sehr kurz auf…

Sternschnuppen sind in die Erdatmosphäre eindringende kleine Objekte von nur 1 bis 10 mm Größe. Wissenschaftlich nennt man die Erscheinung Meteor. Es handelt sich um verglühende Meteoroiden; findet man an der Erdoberfläche Überreste, dann wird dies als Meteorit bezeichnet. Feuerkugeln, Boliden genannt, sind etwa tennisballgroß.

Man unterteilt in folgende Gruppen:

- Feuerkugeln: > 1 cm, Masse > 2 g; etwa 1 Tonne fällt pro Tag auf die Erde.
- Sternschnuppen: 1 mm bis 1 cm; Massen 2 mg bis 2 g; etwa 5 Tonnen fallen pro Tag auf die Erde.
- Mikrometeore: weniger als 1/10 mm; Massen weniger als 0,002 g; 1000 bis 10.000 Tonnen fallen täglich auf die Erde.

Das Aufleuchten erfolgt in etwa 100 km Höhe durch die Luftreibung.

Tab. 4.1 Bekannte Meteorströme

Bezeichnung	Auftreten	Maximum	Anzahl pro Stunde
Quadrantiden	28. Dez. bis 12. Jan.	3. Januar	120
Lyriden	16. Apr. bis 25. Apr.	22. April	30
Aquariden	19. Apri bis 28. Mai	5. Mai	60
Perseiden	17. Jul. bis 24. Aug.	12. August	100
Tauriden	15. Sep. bis 25. Nov.	10. November	variabel
Orioniden	2. Okt. bis 7. Nov.	21. Okt.	23
Leoniden	6. Nov. bis 30. Nov.	17. November	15
Geminiden	4. Dez. bis 17. Dez.	14. Dezember	120

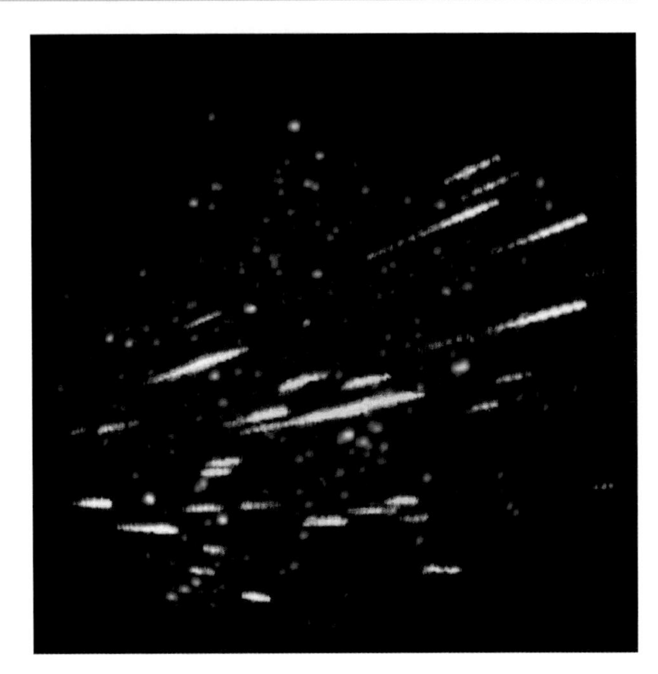

Abb. 4.18 Meteorstrom. NASA

4.5.2 Meteorströme

Meteoroiden sind Auflösungsprodukte von Kometen. Immer dann, wenn die Erde auf ihrer Bahn die Bahn eines Kometen streift, beobachtet man besonders viele Meteore. Dabei scheinen alle Sternschnuppen von einem bestimmten Punkt am Himmel zu kommen (Radiant). Das ist ein Scheineffekt. Wenn man mit dem Auto durch dichten Schneefall fährt, hat man ebenfalls den Eindruck, die Schneeflocken kämen von einer bestimmten Stelle.

In Tab. 4.1 sind einige bekannte Meteorströme verzeichnet. Ein Meteorstrom wird nach dem Sternbild benannt, in dem sich der Radiant befindet. Am bekanntesten sind die Perseiden, die auf den Kometen 109P/Swift Tuttle zurückgehen. Im Volksmund nennt man sie auch Tränen des Laurentius. Die Orioniden gehen auf den Kometen Halley zurück und ebenso die Aquariden im Mai.

In Abb. 4.18 sieht man einen Meteorstrom.

Der Meteorit, der im Februar 2013 bei Tscheljabinsk in Russland aufschlug, verletzte durch die beim Aufprall entstehende Druckwelle mehr als tausend Menschen (Glassplitter von zerborstenen Fensterscheiben). Seine Größe lag zwischen 10 und 15 Metern.

▸ Sternschnuppen sind mm bis cm große Teilchen, die in etwa 100 km Höhe aufleuchten. Größere Brocken fallen zur Erde.

5 Die Mechanik des Himmels

Inhaltsverzeichnis

Lässt sich die Bewegung von Erde, Mond und Planeten für alle Zeiten mit hoher Genauigkeit vorhersagen? Als man das Gravitationsgesetz kannte, glaubte man, die Bewegung der Planeten, des Mondes und der Sonne am Himmel seien genügend genau vorhersagbar, vorausgesetzt, man kennt alle Anfangsdaten genau genug. Das Universum sei also determiniert, vorausberechenbar. Laplace meinte, wenn man von allen Objekten im Universum die genaue Position, Geschwindigkeit sowie die Kräfte kennt, die zwischen diesen Körpern wirken, dann wäre die Zukunft völlig vorhersagbar. Ein Wesen, das diese Größen kennt, wurde als Laplace-Dämon bezeichnet – wir würden heute dazu Supercomputer sagen. Ist das Universum vollständig berechenbar, sind die Planetenbahnen für alle Zeiten stabil? Es wurden sogar Preise dafür ausgesetzt, diese Frage zu beantworten.

In diesem Abschnitt erfahren Sie

- was ein Zweikörperproblem ist,
- was die Lagrangepunkte bedeuten,
- wie sich Sonnen- und Mondfinsternisse vorhersagen lassen,
- wie stabil das Sonnensystem wirklich ist.

A. Hanslmeier, *Faszination Astronomie*, DOI 10.1007/978-3-642-37354-1_5,
© Springer-Verlag Berlin Heidelberg 2013

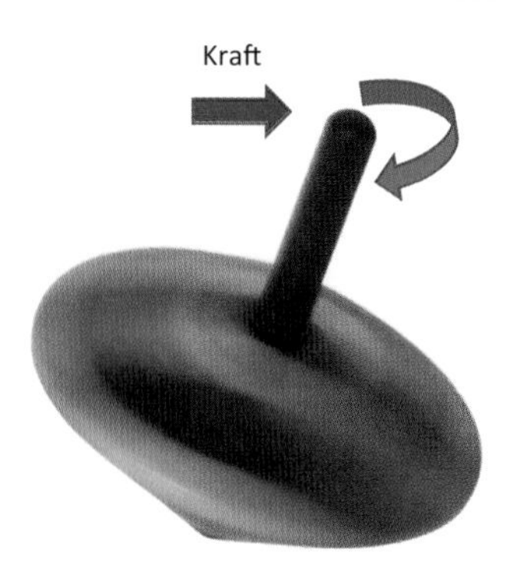

Abb. 5.1 Man stelle sich einen rotierenden Kreisel vor, auf den eine Kraft ausgeübt wird, dann beobachtet man die Präzession

5.1 Die Mondbahn

Wie schon angedeutet, bewegt sich der Mond auf einer elliptischen Bahn um die Erde. Zu einem Erdumlauf benötigt er 27,33 Tage. Nach einem siderischen Monat findet man den Mond wieder an derselben Stelle am Sternenhimmel. Allerdings hat er dabei nicht dieselbe Phase, da sich die Erde während dieser Zeit ein Stück entlang ihrer Bahn um die Sonne bewegt hat. Der synodische Monat beschreibt die Rückkehr zur selben Mondphase und die Länge beträgt 29,53 Tage. Wenn heute um 12 Uhr Vollmond ist, dann ist in 29,53 Tagen wieder Vollmond.

Der Lauf des Mondes

Der Mond bewegt sich auf einer Bahn um die Erde, die um etwa 5,2 Grad gegen die Erdbahnebene (Ekliptik) geneigt ist. Die Mondbahnebene schneidet die Ekliptikebene in zwei Punkten, die man als Knotenpunkte bezeichnet. Da die Mondbahnebene geneigt ist, wirkt auf diese von Sonne und den Planeten ein Drehmoment. Stellen wir uns einen Kreisel vor, den wir in Rotation versetzen. Stößt man diesen Kreisel an, dann reagiert er, wie in Abb. 5.1 gezeigt, mit einer Schlingerbewegung, die als Präzession bezeichnet wird.

Denselben Effekt kann man mit der Mondbahn beobachten, die man sich als eine Art Kreisel vorstellen kann, die Masse des Mondes kann man sich verteilt entlang der Mondbahn denken. Deshalb beträgt die Länge des drakonitischen Monats, also der Zeitraum, der vergeht, bis der Mond von einer Stellung zu einem bestimmten Knoten wieder an diesen zurückkehrt, nur 27,212 Tage. Befindet sich also der Mond heute in einem der Knotenpunkte, so vergehen 27,212 Tage, ehe er wieder dort steht.

Die Entstehung der Mondphasen ist in Abb. 5.2 illustriert. Da die Bahn des Mondes um die Erde elliptisch ist, ändert sich seine Entfernung zur Erde:

- Den erdnächsten Punkt bezeichnet man als Perigäum (im Kalender steht meistens: „Mond in Erdnähe"), Abstand zur Erde 362.000 km,

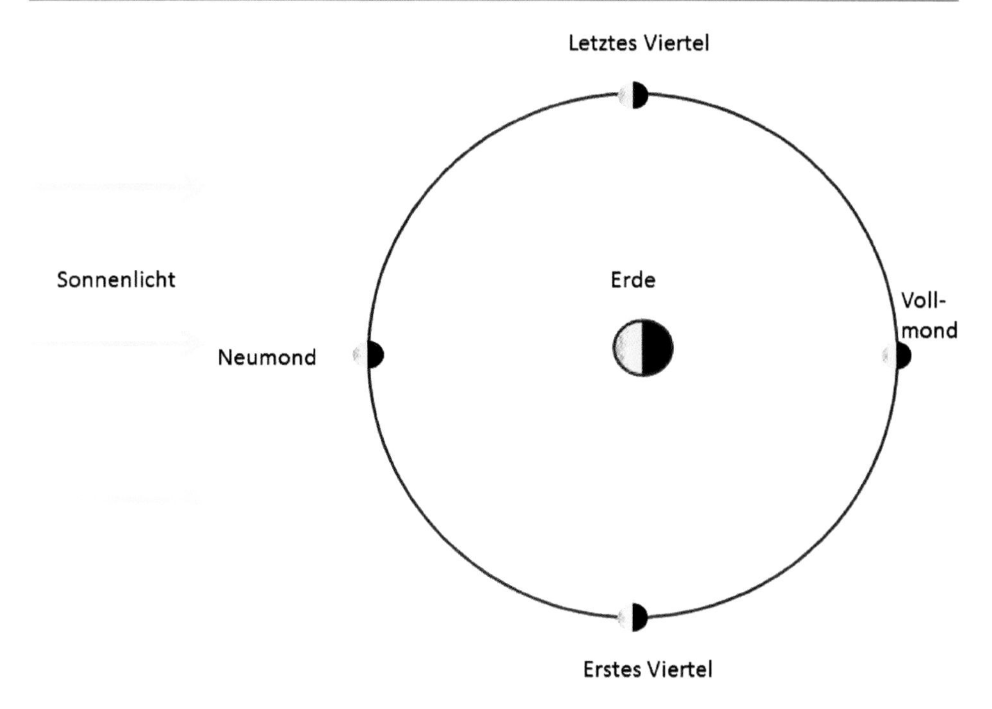

Abb. 5.2 Zur Entstehung der Mondphasen

- und den erdfernsten Punkt als Apogäum (im Kalender steht „Mond in Erdferne"), Abstand zur Erde etwa 405.000 km.

Wie wir aus der Physik wissen, bewegen sich zwei Körper um ihren gemeinsamen Schwerpunkt. Genauso beim System Erde–Mond. Der Mond wandert nicht um den Erdmittelpunkt, sondern um den Schwerpunkt (Baryzentrum) des Systems Erde–Mond. Die Masse des Mondes beträgt 1/81 der Erdmasse. Der mittlere Abstand Erde–Mond beträgt 384.400 km, also liegt der Schwerpunkt 384.400 km/81 ~ 4670 km vom Erdmittelpunkt, d. h. etwa 1700 km tief im Erdmantel. Also kann man auch sagen: Die Erde umläuft den Mond in einem mittleren Abstand von 4670 km.

Einflüsse des Mondes auf die Erde sind, abgesehen von der Entstehung der Gezeiten, nicht nachweisbar.

5.1.1 Sonnen- und Mondfinsternisse

Am Himmel erscheint uns der Mond etwa 0,5 Grad im Durchmesser, was in etwa dem Durchmesser der Sonne entspricht. Sonnenfinsternisse entstehen, wenn sich der Mond zwischen Erde und Sonne befindet, was nur bei der Phase Neumond möglich ist. Für das

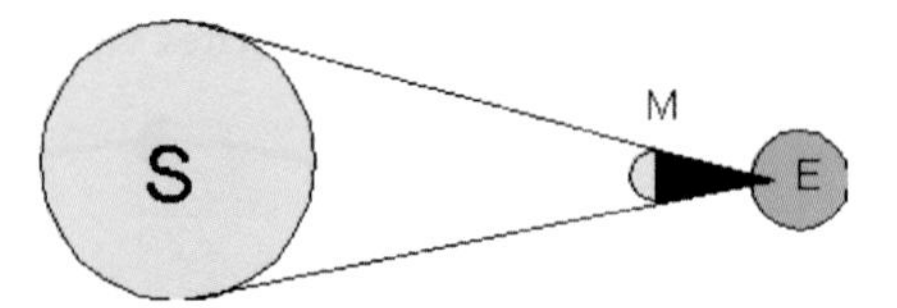

Abb. 5.3 Sonnenfinsternisse entstehen, wenn sich die Erde im Schatten des Mondes befindet

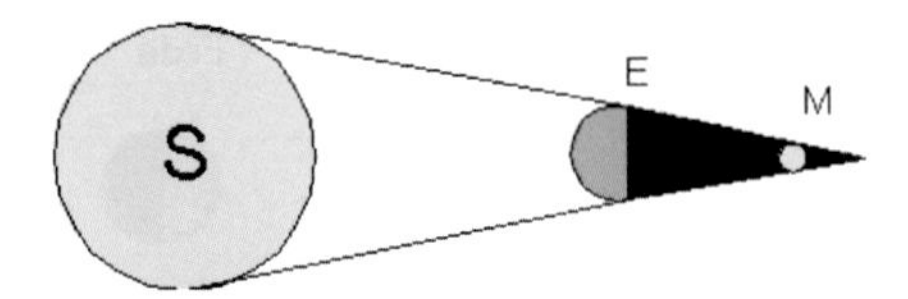

Abb. 5.4 Mondfinsternisse entstehen, wenn sich der Mond im Schatten der Erde befindet

Zustandekommen einer Sonnenfinsternis (Abb. 5.3) müssen also folgende Punkte erfüllt sein:

- Neumond,
- Mond befindet sich auf seiner Bahn in der Ekliptikebene, d. h. nahe einem der beiden Schnittpunkte der Mondbahn mit der Ekliptik.
- Wenn der Mond bei einer Sonnenfinsternis in Erdnähe ist, erscheint er größer, die Finsternis dauert etwas länger.
- Wenn die Erde nahe dem sonnenfernsten Punkt ihrer Bahn ist (Anfang Juli), dauert die Sonnenfinsternis ebenfalls länger, da dann die Sonne etwas kleiner erscheint.

▸ Finsternisse ereignen sich nur, wenn der Mond in der Nähe der Ekliptik steht, bei Vollmond (Mondfinsternis) bzw. Neumond (Sonnenfinsternis).

Die Schnittpunkte der Mondbahn mit der Ekliptik bezeichnet man als Knotenpunkte. Diese wandern mit einer Periode von etwa 18 Jahren um die Ekliptik, daher wiederholen sich Sonnenfinsternisse alle 18 Jahre. Da der Schatten des Mondes auf die Erde klein ist, beträgt die Totalitätszone einer Finsternis auf der Erde nur etwa 200 km, und befindet sich der Mond während der Finsternis in Erdferne, deckt er die Sonne nicht mehr vollständig ab, und man beobachtet eine ringförmige Finsternis. Außerhalb der Totalitätszone sieht man eine partielle Sonnenfinsternis. Zwar wiederholen sich die Finsternisse mit einer etwa 18-jährigen Periode, aber die Orte auf der Erde, wo man die Finsternis beobachten kann, verschieben sich westwärts. Dies war bereits den Babyloniern bekannt (Saroszyklus). Die 18-jährige Periode hängt mit der Bewegung der Mondknoten (Schnittpunkte Mondbahn–Ekliptik) zusammen. Mondfinsternisse entstehen, wenn sich die Erde zwischen Sonne und Mond schiebt, können also nur bei der Phase Vollmond eintreten (Abb. 5.4). Der Erdschatten ist wesentlich größer als der Mondschatten, deshalb sehen wir Mondfinsternisse

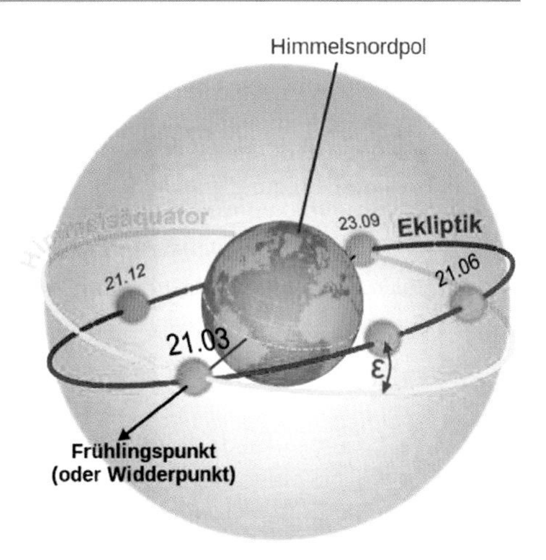

Abb. 5.5 Himmelsäquator und Frühlingspunkt. Wikimedia Commons /S.fonsi cc-by -sa 3.0

von allen Orten der Erde aus, wo sich der Mond während der Verfinsterung über dem Horizont befindet. Für einen bestimmten Ort auf der Erde gibt es also wesentlich mehr Mondfinsternisse als Sonnenfinsternisse.

Es gibt auch partielle Mondfinsternisse, wo der Mond nicht in den Kernschatten der Erde eindringt, sondern nur in deren Halbschatten. Diese Halbschattenfinsternisse sind aber nur für den geübten Beobachter zu erkennen. Während einer totalen Mondfinsternis verschwindet der Mond nicht vollständig, sondern erscheint meist dunkelrot schwach leuchtend am Himmel. Diese Beleuchtung entsteht durch das in der höheren Erdatmosphäre gestreute Sonnenlicht. Früher hat man aus der Dunkelheit des Mondes während einer totalen Mondfinsternis auf den Zustand der höheren Erdatmosphäre geschlossen.

5.2 Erdachse und Kreisel

5.2.1 Die Präzession

Wir haben schon bei der Besprechung der zur Erdbahnebene (= Ekliptik) geneigten Mondbahn auf die Analogie zu einem angestoßenen Kreisel hingewiesen, der mit einer Schlingerbewegung reagiert. Eine ähnliche Bewegung zeigt auch die Erdachse, genauer gesagt deren Richtung. Die Erdachse ist um etwa 23,5 Grad gegenüber der Normalen auf die Erdbahn geneigt (siehe auch Abb. 5.5). Sonne, Mond und Planeten versuchen die Erdachse mit der Normalen zur Erdbahnebene gleichzustellen, die Erde reagiert wie ein Kreisel und die Erdachse macht eine Schlingerbewegung, die man als Präzession bezeichnet (Abb. 5.6). Die Periode dieser Bewegung beträgt etwa 26.000 Jahre, was auch manchmal als platonisches Jahr bezeichnet wird. Hat dies irgendwelche praktischen Auswirkungen? Die Antwort ist ja und nein. Gegenwärtig leben wir auf der Nordhalbkugel

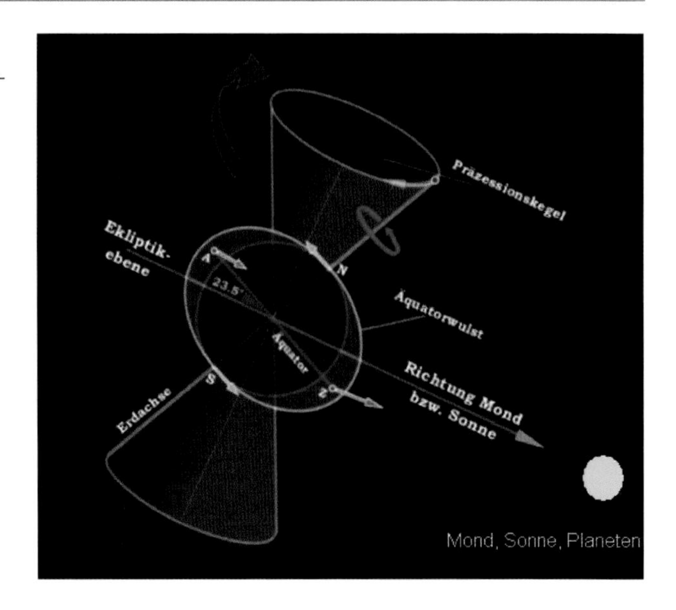

Abb. 5.6 Sonne und Mond üben den Äquatorwulst der Erde ein Drehmoment aus, und die Erde reagiert darauf mit einer Präzessionsbewegung. H.C. Geier

der Erde in einer glücklichen Situation: Die Erdachse zeigt ziemlich genau in Richtung eines Sternes zweiter Größe, der zwar nicht zu den hellsten Sternen am Himmel zählt, jedoch in seiner Umgebung keine helleren Sterne hat, der Polarstern (Polaris). Infolge der Präzessionsbewegung der Erdachse ändert sich dies jedoch im Laufe der Zeit. In etwa 12.000 Jahren wird der hellste Stern des nördlichen Sternenhimmels, Wega, Polarstern sein.

Auch die Lage des Frühlingspunktes verschiebt sich infolge der Präzession. Der Frühlingspunkt ist der Ort, wo sich die Sonne zu Frühlingsbeginn befindet. Dann steht die Sonne genau am Himmelsäquator. Tag und Nacht sind gleich lang, beide Erdhälften, also die nördliche und die südliche, werden gleich lang von der Sonne beleuchtet, man bezeichnet diese beiden Punkte als Äquinoktien. Die Lage des Frühlingspunktes verschiebt sich jedoch, da sich die Richtung der Erdachse ändert. Vor mehr als 2000 Jahren befand sich der Frühlingspunkt im Sternbild des Widders und wanderte dann durch das Sternbild der Fische und wird in das Sternbild des Wassermanns weiterwandern. Dies wird in Esoterikkreisen als der Beginn eines neuen Zeitalters gefeiert. Aber wie gesagt, es passiert nichts Aufregendes und in 2000 Jahren befindet sich der Frühlingspunkt im Sternbild Steinbock. In der Astrologie rechnet man immer noch so, als ob es keine Präzession gäbe, also haben die Tierkreiszeichen der Astrologie nichts mehr mit den tatsächlichen Tierkreissternbildern am Himmel zu tun.

▸ Durch die Präzession ändert sich die Lage des Frühlingspunktes am Himmel.

5.2.2 Nutation

Da die Mondbahn um 5 Grad geneigt ist und sich die Lage der Mondknotenpunkte mit einer Periode von etwa 18 Jahren verschiebt, wird dadurch ebenso eine Kraft auf die Erdachse ausgeübt. Die Erde reagiert wieder als Kreisel und das ergibt die Nutationsbewegung. Die Amplitude dieser Bewegung ist wesentlich kleiner, dafür aber die Periode viel kürzer.

Übrigens verwendet man in der Astronomie ein Koordinatensystem mit dem Frühlingspunkt als Ursprung. Da sich dessen Lage verschiebt, muss man bei der Angabe der Koordinaten stets das sog. Äquinoktium angeben, also das Datum auf welches sich die Koordinaten beziehen. Heute verwendet man meist Äquinoktium 2000.

5.3 Der Jahreslauf der Sonne

Von der Erde aus gesehen scheint die Sonne im Laufe eines Jahres durch alle Sternbilder der Ekliptik zu laufen. Da die meisten dieser Sternbilder Tiere sind, spricht man vom Tierkreis oder Zodiak. Die Sternbilder des Tierkreises sind: Widder, Stier, Zwillinge, Krebs, Löwe, Jungfrau, Waage, Skorpion, Schütze, Steinbock, Wassermann und Fische. Die Lage des Frühlingspunktes verschiebt sich durch die Präzessionsbewegung der Erdachse und befindet sich gegenwärtig im Grenzgebiet der Sternbilder Fische-Wassermann.

- Im Sommer steht die Sonne hoch am Himmel für uns auf der Nordhalbkugel in den Sternbildern Stier, Zwillinge, Krebs,
- im Winter steht sie für uns auf der Nordhalbkugel tief am Himmel in den Sternbildern Skorpion und Schütze.

Die scheinbare Sonnenbahn nennt man Ekliptik, das Wort bedeutet Finsternislinie. Man erkannte, dass sich immer dann Finsternisse ereignen, wenn der Mond bei Vollmond bzw. Neumond nahe der Ekliptik steht (Knotenpunkt).

Die Ekliptik ist zur Äquatorebene der Erde um 23,5 Grad geneigt. Das bedeutet, zu Sommerbeginn steht die Sonne um 23,5 Grad nördlich des Himmelsäquators (das ist die Projektion des Erdäquators an die Himmelskugel), zu Winterbeginn jedoch 23,5 Grad südlich davon.

Die Höhe des Himmelsäquators über dem Horizont des Beobachters hängt davon ab, wo sich dieser Beobachter auf der Erde befindet, also von seiner geographischen Breite. Am Äquator geht der Himmelsäquator durch den Zenit, also direkt senkrecht über dem Beobachter, am Pol der Erde ist der Himmelsäquator genau am Horizont. Deshalb ist die Höhe des Himmelsäquators:

$$h = 90 - \phi\,. \tag{5.1}$$

ϕ ist die geographische Breite. Diese gibt auch die Höhe des Himmelspols an. Nehmen wir an, wir befinden uns am Nordpol der Erde, dann ist der Polarstern genau senkrecht über

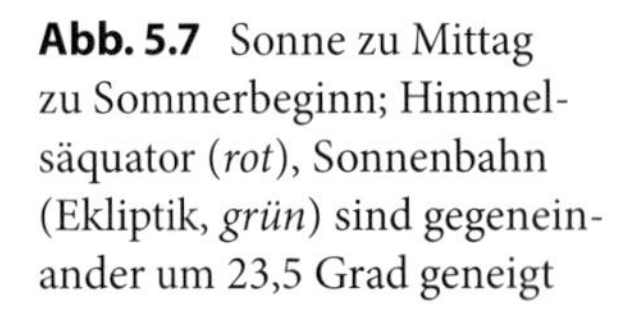
Abb. 5.7 Sonne zu Mittag zu Sommerbeginn; Himmelsäquator (*rot*), Sonnenbahn (Ekliptik, *grün*) sind gegeneinander um 23,5 Grad geneigt

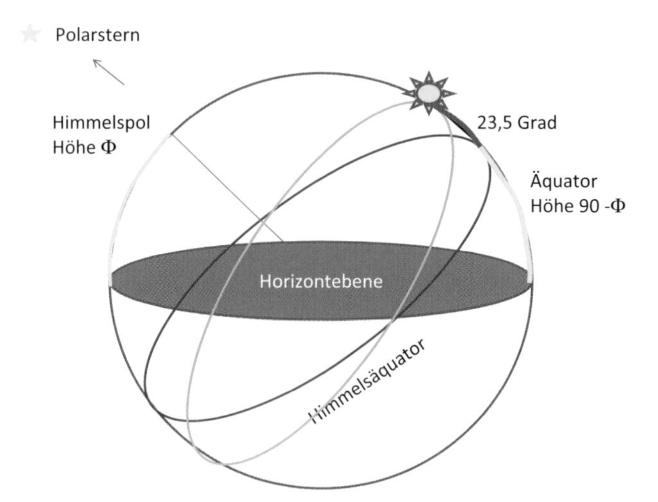

uns und die geographische Breite beträgt natürlich $\phi = 90°$. Am Äquator der Erde ist die Höhe des Polarsterns Null und $\phi = 0°$.

- Die Höhe des Polarsterns über dem Horizont ist also gleich der geographischen Breite ϕ.

Damit können wir uns leicht ausrechnen, wie hoch die Sonne zu Sommerbeginn an einem Ort der geographischen Breite $\phi = 50°$ zu Mittag steht: Die Sonne befindet sich an diesem Datum um 23,5 Grad nördlich des Himmelsäquators. Die Höhe des Himmelsäquators beträgt $90 - 50 = 40°$. Somit ist die Höhe der Sonne über dem Horizont $40 + 23{,}5 = 63{,}5°$.

In Abb. 5.7 ist die Position der Sonne zu Sommerbeginn zu Mittag dargestellt. Rot bedeutet Himmelsäquator, grün die Ekliptik.

Auch die maximale Höhe des Mondes kann man leicht ausrechnen, seine Bahn ist um etwa 5 Grad gegen die Ekliptik geneigt. Also beträgt die maximal mögliche Höhe des Mondes $90 - \phi + 23{,}5 + 5$ Grad. Der Vollmond steht im Winter hoch am Himmel, im Sommer sehr tief. Er steht aber der Sonne gegenüber, also in Opposition, d. h. bei Vollmond geht er auf, wenn die Sonne untergeht, und unter, wenn die Sonne aufgeht.

Die Jahreszeiten entstehen durch die unterschiedliche Sonneneinstrahlung infolge der Neigung der Erdachse von 23,5 Grad. Für die Nordhalbkugel sind die Tage von Frühlingsbeginn bis Herbstbeginn länger als zwölf Stunden und die Sonnenstrahlen fallen steiler ein, was zu einer größeren Erwärmung führt. Für die Südhalbkugel ist die Situation genau umgekehrt. Jahreszeiten haben also nichts damit zu tun, dass die Erdbahn eine leichte Ellipse ist. Klimaänderungen der Vergangenheit (Eiszeiten) hängen damit zusammen, dass folgende Größen infolge Störeinflüssen durch die anderen Planeten veränderlich sind:

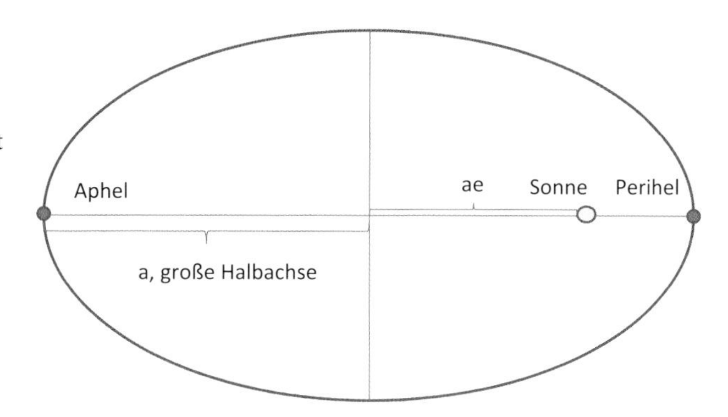

Abb. 5.8 Planetenbahn als Ellipse. Im Perihel steht der Planet der Sonne am nächsten, im Aphel am weitesten entfernt

- Neigung der Erdachse: beträgt gegenwärtig 23,5 Grad, kann um wenige Grade um diesen Wert herum schwanken; je größer die Neigung, desto stärker sind die Jahreszeiten ausgeprägt. Planeten mit einer Achsenneigung von nahe Null zeigen keine jahreszeitlichen Effekte (z. B. Jupiter).
- Exzentrizität der Erdbahn: Die Unterschiede zwischen Sonnennähe (Perihel) und Sonnenferne (Aphel) können sich verstärken, die Erdbahn wird also „elliptischer".

Diese beiden Störungen haben Perioden von mehreren 10.000 Jahren, doch wenn sich die Perioden entsprechend überlagern, kann dies Eiszeiten auslösen (Theorie von Milankovic).

Unsere Erdachse wird durch den Mond stabilisiert, dies ist bei Mars nicht der Fall. Die Neigung der Marsrotationsachse kann zwischen Null und 60 Grad unregelmäßig schwanken. Dies erklärt die dort vermuteten starken Klimaänderungen.

5.4 Planetenbahnen

5.4.1 Die Keplergesetze

Bereits Kepler hat in seinen drei berühmten Gesetzen die Planetenbahnen beschrieben: Im ersten Gesetz wird besagt, dass sich Planeten auf einer Ellipse bewegen, in deren einem Brennpunkt sich die Sonne befindet. Auf dieses Gesetz ist er durch seine genaue Berechnung der Marsbahn gekommen, die eine gewisse Exzentrizität aufweist (z. B. die Bahn des Jupiters ist nahezu kreisförmig). Kepler bekam die Aufgabe, die Marsbahn genau zu berechnen, von seinem Vorgesetzten Tycho Brahe, der auch sehr genaue Beobachtungen machte. Zur damaligen Zeit postulierte man, dass Planetenbahnen kreisförmig sein mussten, da nur der Kreis eine Art vollkommener Bewegung darstellt. Deshalb war die Beschreibung der Planetenbahnen als Ellipsen wirklich revolutionär und stieß auf Widerspruch.

Aus Abb. 5.8 sieht man:

- Abstand des Planeten von der Sonne im Perihel: $r_P = a - ae = a(1 - e)$.
- Abstand des Planeten von der Sonne im Aphel: $r_A = a + ae = a(1 + e)$.

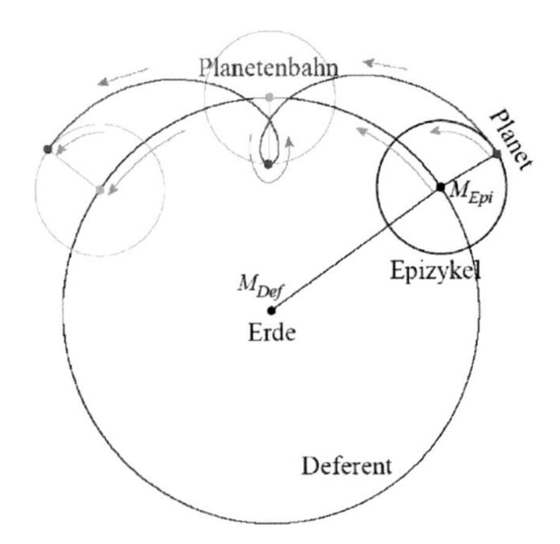

Abb. 5.9 Die Epizykeltheorie zur Erklärung der Planetenscheifen am Himmel

Planetenbahnen wurden früher durch das komplizierte Epizykelsystem (Abb. 5.9) beschrieben, das man schon bei Ptolemäus (um 100 bis ca 160 n. Chr.) findet. Somit konnte man die Schleifen der Planeten am Himmel – wenn auch kompliziert – erklären. Nach der Epizykeltheorie bewegt sich der Planet auf Epizyklen, also Kreisen, die sich auf einem Großkreis bewegen, der sich um die Sonne bewegt. Im Prinzip kann man dadurch die Bahnen der Planeten sehr genau beschreiben, aber zur genauen Beschreibung sind viele Epizykel nötig. Die Beschreibung wird also sehr komplex. Eine der Grundregeln der Physik lautet: Je einfacher, desto richtiger. Die Natur ist einfach, alle Theorien, die sehr kompliziert sind, waren falsch, so eben auch die Epizykeltheorie. Stellt man die Sonne in den Mittelpunkt und bewegen sich alle Planeten um die Sonne, dann lassen sich die Schleifenbewegungen ganz einfach erklären. Äußere Planeten ziehen immer dann eine Schleife am Himmel, wenn die Erde auf Grund ihrer größeren Bahngeschwindigkeit den äußeren Planeten überholt (siehe Abb. 5.10).

▸ Die Schleifenbewegungen der Planeten lassen sich einfach mit dem heliozentrischen Modell erklären.

Das Zweite Keplergesetz besagt, dass sich ein Planet in Sonnennähe schneller um diese bewegt als in Sonnenferne. Dies haben wir schon früher erläutert. In Sonnennähe erfährt ein Planet eine stärkere Anziehung durch die Sonne, deshalb muss er sich schneller bewegen. Die praktische Konsequenz für uns: Auf der Nordhalbkugel der Erde dauert das Sommerhalbjahr etwas länger, da gegenwärtig der sonnenfernste Punkt der Erdbahn Anfang Juli erreicht wird.

Das Dritte Keplergesetz wird sehr häufig verwendet und hat große Bedeutung. Die genaue Form lautet:

$$\frac{a^3}{T^2} = \frac{G}{4\pi^2}(M_1 + M_2) \ . \qquad (5.2)$$

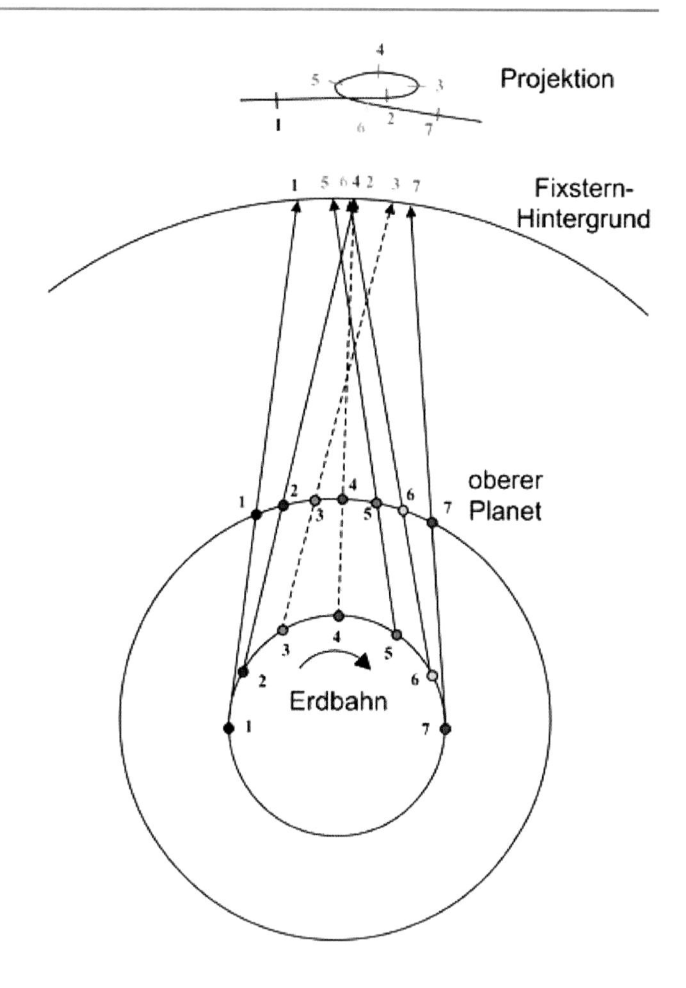

Abb. 5.10 Zur Erklärung der Schleifenbewegung der äußeren Planeten

Dabei betrachten wir die Bewegung zweier Massen M_1, M_2, wobei M_1 im Brennpunkt der Bahnellipse von M_2 steht, a die große Halbachse der Bahnellipse von M_2 ist, T die Umlaufdauer von M_2. Mit diesem Gesetz kann man z. B. aus der Bewegung eines Satelliten um die Erde die Masse der Erde bestimmen, oder aus der Bewegung der Erde um die Sonne die Masse der Sonne, oder aus der Bewegung der Sonne um das Zentrum der Milchstraße die Masse der Milchstraße abschätzen. Schätzen wir die Masse der Erde ab: Ein Satellit bewege sich in 200 km über der Erdoberfläche, seine Bahnellipise entspricht also dem Erdradius + 200 km. Die Umlaufdauer des Satelliten um die Erde betrage 90 Minuten. Die Masse des Satelliten, M_2, kann man Null setzen, da sie im Vergleich zur Erdmasse vernachlässigbar ist. Durch Einsetzen folgt für die Erdmasse: 6×10^{24} kg.

Wir werden auf das Dritte Keplergesetz noch öfters zurückkommen.

Die Keplergesetze sind keine wirklich neuen Naturgesetze sondern lassen sich aus den bekannten Erhaltungsgrößen der Physik (Energieerhaltung, Drehimpulserhaltung, ...) ableiten[1].

▸ Das Dritte Keplergesetz erlaubt die Berechnung von Massen von Körpern.

5.4.2 Stabilität der Planetenbahnen

Verschiedene Untersuchungen zeigen: Das Sonnensystem ist etwa 4,6 Milliarden Jahre alt. Wie verhalten sich die Planetenbahnen im Laufe der Zeit? Ist unser Sonnensystem stabil? Man kann die Bewegung der Planeten und anderer Himmelskörper durch das Newtonsche Gravitationsgesetz beschreiben. Eine exakte Lösung ist jedoch nur für die Bewegung zweier Körper möglich. Wir können also beispielsweise das „Zweikörperproblem" Erde–Sonne exakt lösen, sobald jedoch die Wirkung des Mondes dazukommt, gibt es nur mehr näherungsweise Lösungen, die aber durch moderne Computerverfahren sehr genau, sind aber eben nicht exakt. Das sogenannte N-Körperproblem ist analytisch nicht lösbar, sobald mehr als zwei Körper im Spiel sind.

Man hat trotzdem sogenannte Langzeitintgrationen durchgeführt, d. h. Lösungen für die Bewegung der Planeten im Sonnensystem über lange Zeiträume hinweg gesucht. Dabei ergeben sich Fehler:

- Computer rechnen mit endlicher Genauigkeit.
- Das N-Körperproblem ist nur näherungsweise lösbar.

Diese Fehler summieren sich auf. Computer liefern immer Resultate, aber man muss sehr sorgfältig prüfen, ob diese Resultate richtig sein können.

Langzeitrechnungen haben gezeigt: Das Planetensystem ist im Großen und Ganzen stabil. Am wenigsten ändern sich die Bahnen der großen Planeten. Auch Mars, Erde und Venus bleiben auf stabilen Bahnen. Merkur wird uns jedoch innerhalb der nächsten zwei Milliarden Jahre verlassen. Er ist relativ starken Einflüssen von der Sonne und Venus ausgesetzt. Bezogen auf Kleinkörper (Asteroiden, Kometen) ist unser Sonnensystem alles andere als stabil. Immer wieder geraten solche Objekte in die Nähe eines der großen Planeten und die Bahnen werden abgelenkt oder das Objekt kollidiert mit einem Planeten.

Viele Sterne sind Doppelsterne, auch dort kann man untersuchen, ob es stabile Planetenbahnen gibt. Ein Planet in einem Doppelsternsystem kann sich auf einer stabilen Bahn in drei Bereichen befinden:

- nahe beim Stern 1,
- nahe beim Stern 2,
- auf einer weiten Bahn um die beiden Sterne herum.

[1] Siehe: Einführung in Astronomie und Astrophysik, Hanslmeier, Spektrum Verlag.

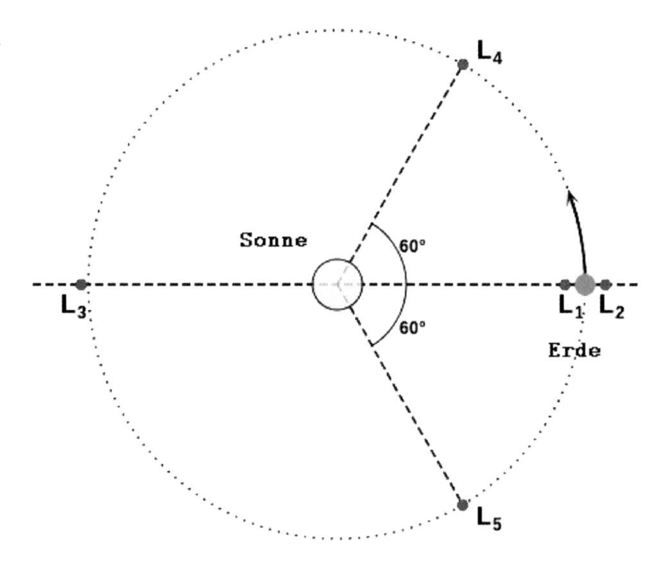

Abb. 5.11 Die Lagrangepunkte in dem System Erde–Sonne

Diese Überlegungen führen auch auf die Lagrangepunkte. Betrachten wir zwei Massen, z. B. M_2 sei die Masse der Sonne, M_1 die Masse der Erde. Dann gibt es fünf stabile Punkte, wo sich ein dritter Körper aufhalten kann, dessen Masse jedoch so klein sein soll, dass er selbst die Bewegungen der beiden anderen Körper nicht beeinflusst. Das wird auch als eingeschränktes Dreikörperproblem bezeichnet. Die Punkte L_4, L_5 beschreiben mit der Erde und der Sonne ein gleichseitiges Dreieck und befinden sich „vor“ bzw. „hinter“ der Erde. In Abb. 5.11 sind die fünf Punkte eingezeichnet. L_1 befindet sich zwischen den beiden Massen, in unserem Falle etwa 1,5 Millionen km von der Erde entfernt zwischen Erde und Sonne, L_2 liegt hinter der Erde, L_3 hinter der Sonne. Nur die Punkte L_4, L_5 sind stabil.

Für die Weltraumfahrt sind die Lagrangepunkte im System Erde–Sonne sehr interessant. Bringt man einen Satelliten zum Punkt L_1, dann kann man dort ungestört die Sonne beobachten. In Abb. 5.12 ist die Bahn des Sonnensatelliten SOHO (Solar and Heliospheric Observatory) dargestellt. Der Satellit bewegt sich um den Lagrangepunkt L_1, der sich in einer Erdentfernung von etwa 1,5 Millionen km befindet. Der Satellit wurde am 2. Dezember 1995 gestartet und ist eine ESA/NASA-Mission.

Will man den Nachthimmel beobachten, eignet sich dafür besonders der Lagrangepunkt L_2. Dort befinden sich mehrere Satelliten: WMAP und PLANCK haben wir schon im ersten Kapitel besprochen. Auch der Nachfolger des Hubble-Weltraumteleskops, das James-Web-Teleskop, soll dort positioniert werden. Eine Skizze ist in Abb. 5.13 gegeben.

Übrigens taucht in Science-Fiction-Romanen immer wieder ein Planet X auf, der sich am für uns unsichtbaren Lagrangepunkt L_3 befinden soll. Allerdings wissen wir darauf eine Antwort: Ein Objekt an diesem Punkt wird dort nicht für alle Zeiten bleiben; alle Planeten stören einander und deshalb würde es einer laufenden Positionskorrektur bedürfen, um an L_3 einen stabilen Planeten zu halten.

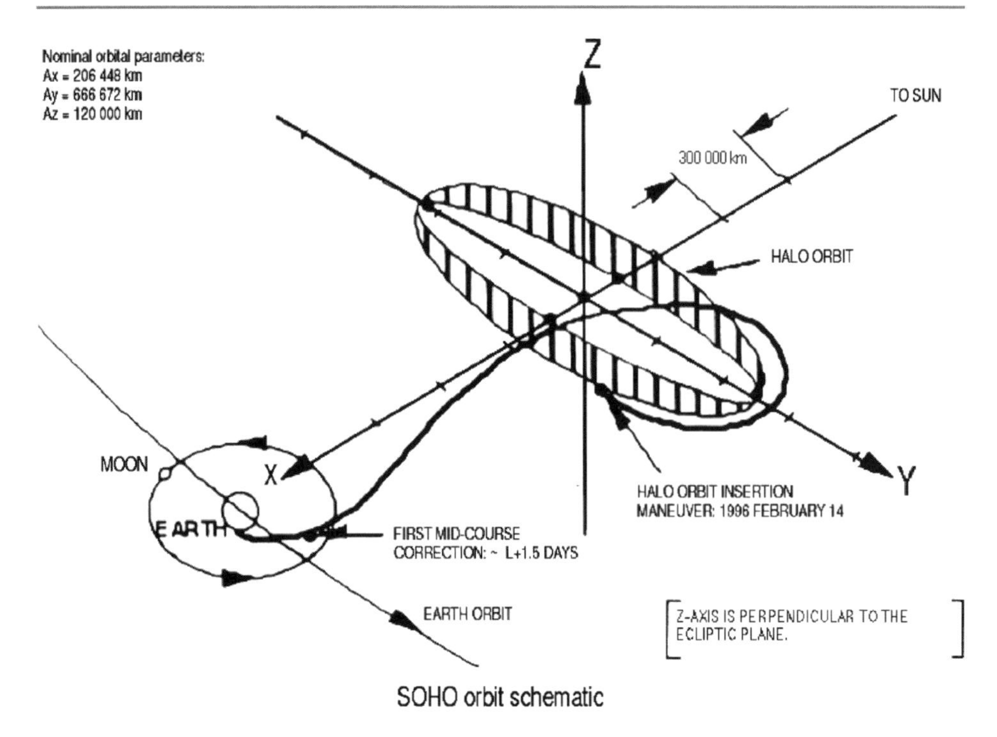

Abb. 5.12 Die Bahn des Sonnensatelliten SOHO um den Lagrangepunkt L_1. SOHO/ESA/NASA

Abb. 5.13 Satelliten am Lagrangepunkt L_3. NASA

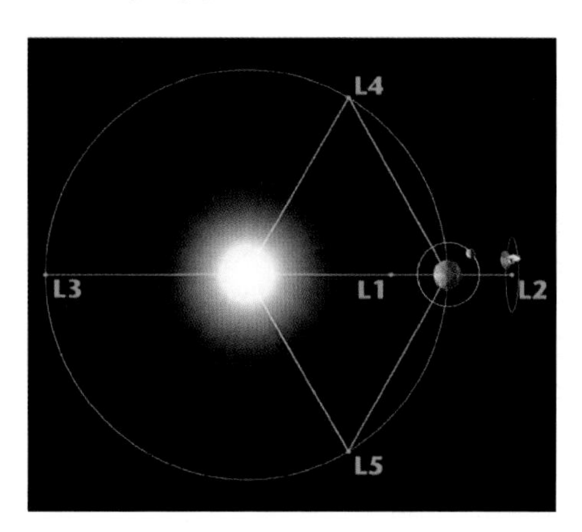

Über die Asteroiden an den Punkten L_4, L_5 im System Sonne–Jupiter haben wir bereits gesprochen (Trojaner).

- Exakt kann man nur das Zweikörperproblem lösen. Das Sonnensystem ist über lange Zeiträume hinweg stabil. Lagrangepunkte sind spezielle Lösungen des eingeschränkten Dreikörperproblems, nur L_4 und L_5 sind stabil.

6 Die Sonne – der Stern, von dem wir leben

Inhaltsverzeichnis

Ohne Sonne kein Licht, keine Wärme, kein Leben auf der Erde. Die Erde, falls es sie überhaupt gäbe, wäre ein mit Eis bedeckter toter dunkler Planet. Die Bedeutung der Sonne für das Leben auf der Erde wurde von allen Völkern erkannt, und in vielen Religionen wurde die Sonne als Gottheit verehrt. In der modernen Astrophysik gibt es zwei besondere Gründe, sich mit der Erforschung unseres nächsten Sternes genauer zu beschäftigen. Erstens ist die Sonne der einzige Stern, wo wir eine große Vielzahl von Oberflächendetails wie Flecken, Protuberanzen, Fackeln, Flares usw. beobachten können. Selbst mit dem größten Teleskop der Welt sieht man Sterne nur punktförmig. Der nächste Stern ist also die 150.000.000 km entfernte Sonne, Proxima Centauri ist mehr als 300.000-mal so weit entfernt. Zweitens wissen wir, dass die Sonne einen großen Einfluss auf die Erde und den erdnahen Weltraum hat. Bei starken Sonnenstürmen können Satelliten instabil werden, Funkverbindungen werden gestört usw. Um die Schäden gering zu halten, möchte man das hauptsächlich von der Sonne beeinflusste Weltraumwetter (engl. *space weather*) vorhersagen.

In diesem Kapitel erfahren Sie etwas über

- die Sonne als nächster Stern,
- wie die Sonne leuchtet,
- was Sonnenflecken sind,

A. Hanslmeier, *Faszination Astronomie*, DOI 10.1007/978-3-642-37354-1_6,

© Springer-Verlag Berlin Heidelberg 2013

- ob die Sonne konstant leuchtet,
- wie die Sonnenaktivität unsere hochtechnisierte Gesellschaft bedroht.

6.1 Die Sonne – Grunddaten

6.1.1 Die Sonne von der Erde aus

Die Sonne ist etwa 150.000.000 km von der Erde entfernt, diese Entfernung verwendet man besonders bei der Beschreibung von Planetenbahnen als Maßeinheit und bezeichnet sie als „Astronomische Einheit". Wir empfangen auf der Erde pro Quadratmeter eine Strahlungsleistung von etwa 1,36 kW. Allerdings gilt das nur bei senkrechtem Einfall der Sonnenstrahlen und wenn keine Störungen durch die Atmosphäre gegeben sind. Planen Sie daher Ihre thermische Solaranlage oder Ihre Photovoltaikanlage entsprechend großzügiger (z. B. man nimmt ca. 1/5 des Wertes).

Von der Erde aus gesehen beträgt der Durchmesser der Sonnenscheibe am Himmel etwa 0,5 Grad. Zufällig erscheint unser Mond etwa gleich groß, sodass er die Sonne vollständig abdecken kann bei einer totalen Sonnenfinsternis. Allerdings entfernt sich unser Mond um etwa 1 cm pro Jahr von der Erde infolge der Gezeitenreibung. Die Rotation der Erde bremst sich ab, der Drehimpuls des Gesamtsystems muss erhalten bleiben, deshalb nimmt die Mondentfernung zu, und in einigen 100.000 Jahren gibt es dann keine totalen Sonnenfinsternisse mehr, da der Mond infolge seiner größeren Entfernung zu klein am Himmel erscheint.

Wann geht eigentlich die Sonne auf? Dies lässt sich gar nicht so einfach berechnen. Das Licht der Sonne und natürlich aller Sterne wird durch die Erdatmosphäre gebrochen. Es kommt vom Vakuum (Weltraum) in ein dichteres Medium (Erdatmosphäre). Einen ähnlichen Effekt sehen wir, wenn man einen Stab betrachtet, der schräg halb ins Wasser reicht, er erscheint gebrochen. Wenn die Sonne genau am Horizont steht, handelt es sich um das durch die Erdatmosphäre gehobene Bild der Sonne. Dieser Effekt wird als *Refraktion* bezeichnet und er beträgt in Horizontnähe 0,5 Grad, je näher zum Zenit, desto geringer wird er. In Abb. 6.1 ist dieser Effekt erläutert. Der Betrag der Refraktion ist r.

Die Größe der Refraktion hängt vom Zustand der Atmosphäre ab, also von Temperatur, Druck, Dichte, Bewegung der Luftschichten.

6.1.2 Masse und Größe der Sonne

In Abb. 2.3 haben wir gezeigt, wie man das Verhältnis der Entfernung Erde–Sonne zu Erde–Mond bestimmen kann (Methode des Aristarch, ca. 310 bis 230 v. Chr.). Aristarch fand heraus, dass die Sonne weiter als der Mond entfernt sein müsse, daher also größer als der Mond, der richtige Wert ist 400 für das Verhältnis, die Sonne ist 400-mal weiter entfernt

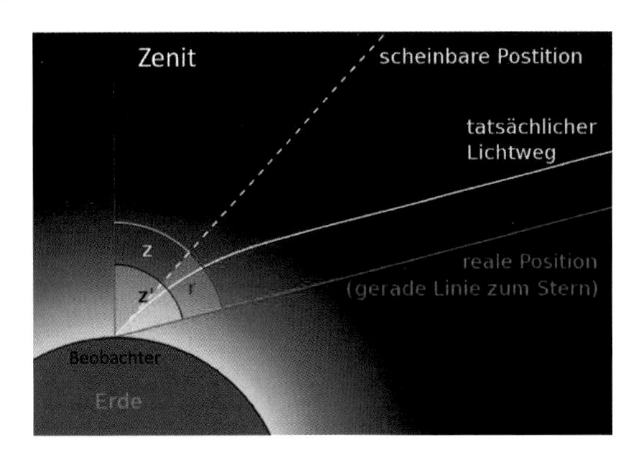

Abb. 6.1 Die Refraktion hebt das Bild eines Sternes durch Strahlenbrechung in der Erdatmosphäre. Die wahre Zenitdistanz des Sternes z' wird um den Betrag der Refraktion r vermindert und der Stern erscheint unter der Zenitdistanz z. Wikimedia Cosmos

als der Mond, erscheint aber am Himmel gleich groß wie der Mond, infolgedessen muss sie auch 400-mal größer sein. Den Radius der Sonne bekommen wir sofort, wenn die Entfernung bekannt ist (Abb. 6.2).

Exkurs
Aus der Abbildung sieht man sofort:

$$\tan\alpha = \frac{r}{D} \qquad r = D\tan\alpha \tag{6.1}$$

und Einsetzen von $D = 150.000.000\,\text{km}$ und $\alpha = 0{,}5/2 = 0{,}25°$ ergibt den Sonnendurchmesser von $R_\odot = 6{,}959 \times 10^8\,\text{m} \sim 696.000\,\text{km}$. Damit ist die Sonne 109-mal so groß wie die Erde und etwa 10-mal so groß wie Jupiter. Im Jahre 1969 landeten zum ersten Mal Menschen auf dem etwa 384.400 km entfernten Mond. Dieser Wert entspricht nur etwa 1/4 des Sonnendurchmessers!

▸ Die Sonne ist 109-mal so groß im Durchmesser wie die Erde.

Die Masse der Sonne folgt aus dem Dritten Keplergesetz und ihre Bestimmung wurde schon besprochen. In Zahlen: $M_\odot = 1{,}98 \times 10^{30}$ kg. Damit ist die Sonne der dominierende Körper im Sonnensystem, alle anderen Planetenmassen machen nur etwa 0,1 % der Sonnenmasse aus. In der Astrophysik verwendet man den Radius und die Masse der Sonne als Maßeinheit.

▸ Die Masse der Sonne beträgt 333.000 Erdmassen.

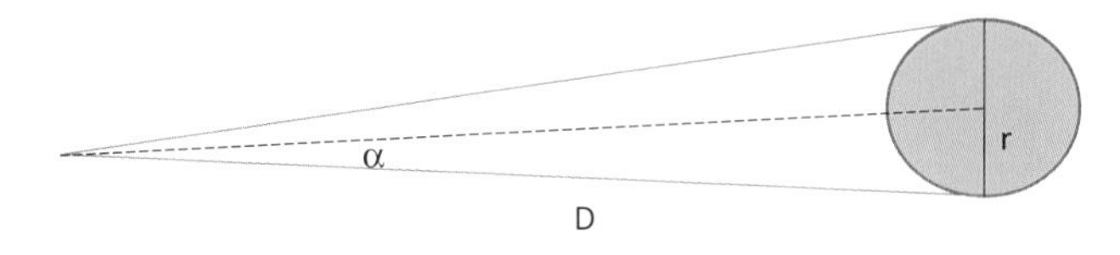

Abb. 6.2 Zur Bestimmung des Sonnenradius; ist die Entfernung D bekannt und der scheinbare Durchmesser der Sonne 2α, dann folgt daraus der wahre Radius (Durchmesser).

6.1.3 Wie heiß ist es auf der Sonne?

Die Bestimmung der Temperatur der Sonne erfordert die Kenntnis einfacher physikalischer Gesetze. Machen wir zunächst ein Gedankenexperiment. Schalten wir eine Kochplatte ein. Zunächst wird die Platte warm. Wärme kann man durch die Haut fühlen, dann wird die Platte zunächst schwach dunkelrot zu glühen beginnen, dann hellrot usw. Wärme ist physikalisch gesehen Infrarotstrahlung, also Strahlung mit einer Wellenlänge größer als rotes Licht. Das Experiment zeigt uns, je heißer die Platte, desto mehr rückt die Strahlung zu kürzeren Wellenlängen.

Kochplattenexperiment: je heißer die Platte, desto kürzer die Wellenlänge der ausgesandten Strahlung. Wärmestrahlen sind Infrarotstrahlen und besitzen eine größere Wellenlänge als rotes Licht.

Die einzelnen Farben des Lichtes unterscheiden sich nur durch ihre Wellenlänge. Blaues Licht hat eine Wellenlänge von etwa 450 nm (1 nm = Nanometer = 10^{-9} m), rotes Licht liegt bei über 600 nm. Wir sehen mit den Augen den Bereich von etwa 400 bis 700 nm. Bei größeren Wellenlängen kommt man in den Infrarotbereich, Mikrowellenbereich und schließlich in den Radiobereich. Bei Wellenlängen kürzer als Blau kommt man in den Ultraviolettbereich (UV), Röntgenbereich und Gammastrahlenbereich.

▸ Die Farben des Lichtes unterscheiden sich nur durch die Wellenlänge. Rotes Licht besitzt eine größere Wellenlänge als blaues Licht.

Röntgenlicht unterscheidet sich von grünem Licht nur durch die Wellenlänge! Die Gesamtheit der Wellenlängenbereiche von Röntgenstrahlung (im Engl. als X-ray bezeichnet) zu den UV Strahlen, sichtbares Licht, Infrarot (IR) usw. bezeichnet man als *elektromagnetisches Spektrum* (siehe Abb. 6.3). Unsere Augen sehen also nur einen kleinen Ausschnitt des elektromagnetischen Spektrums.

Die Tatsache, dass je heißer ein Körper, desto mehr das Maximum seiner Strahlung zu kürzeren Wellenlängen wandert, nennt man das Wien'sche Gesetz. In Abb. 6.4 sind die Strahlungskurven für drei unterschiedliche Temperaturen gegeben.

Exkurs

Die Formel für das Wien'sche Gesetz lautet:

$$T\lambda_{\mathrm{max}} = 2{,}897 \times 10^{-3}\ \mathrm{m}\,. \tag{6.2}$$

Betrachten wir einen glühenden Körper bei einer Temperatur von 1000 K. Das Maximum seiner Strahlung liegt dann bei

$$l_{\mathrm{max}} = 2{,}98 \times 10^{-6}/10^{3} = 2{,}98 \times 10^{-6}\ \mathrm{m} = 2989 \times 10^{-9}\ \mathrm{nm}\,. \tag{6.3}$$

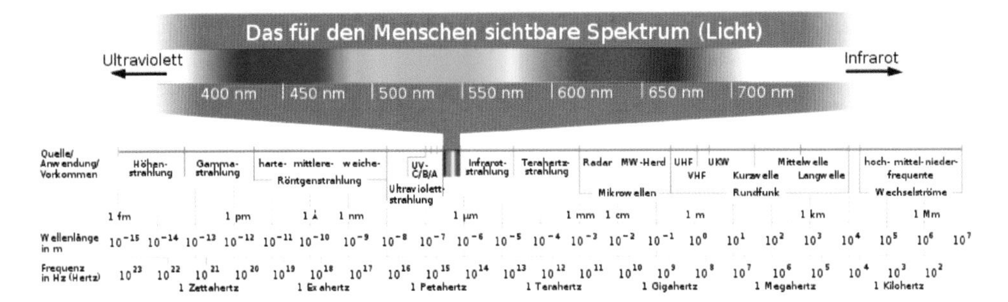

Abb. 6.3 Das elektromagnetische Spektrum. Der sichtbare Bereich mit angrenzendem UV bzw. IR ist herausgezoomt. Horst Frank/Phrood/Anony GFDL

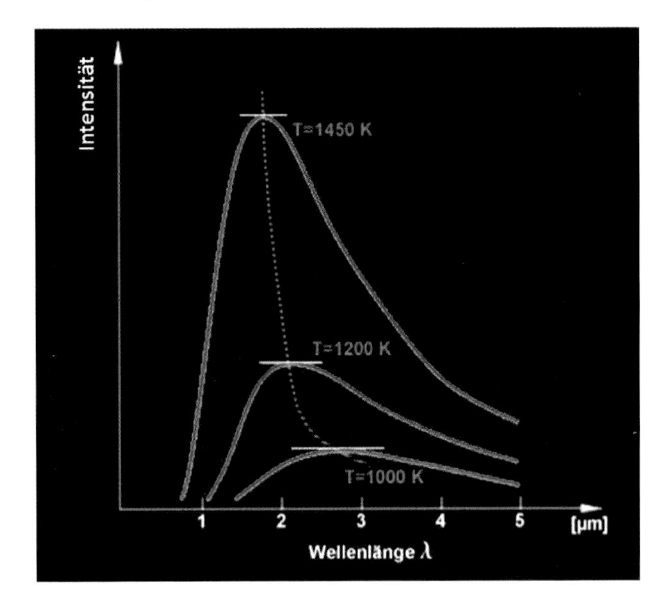

Abb. 6.4 Das Wien'sche Gesetz. Je heißer der Körper, desto mehr rückt das Maximum seiner Strahlung zu kürzeren Wellenlängen

Das Maximum der Strahlung liegt weit im Infraroten.

Unsere Sonne hat eine Temperatur von 6000 K. Aus obiger Rechnung folgt:

$$\ell_{\max} = 2{,}98 \times 10^{-6}/6 \times 10^{3} = 5 \times 10^{-7}\ \mathrm{m} = 500 \times 10^{-9}\ \mathrm{nm}\,. \tag{6.4}$$

Das Maximum der Sonnenstrahlung liegt also im Grünen. Dies ist auch der Grund, weshalb wir die Farbe Grün als angenehm empfinden und weshalb die Blätter grün sind.

- Die Farbe eine heißen Objektes (Stern) hängt von seiner Temperatur ab. Das Wien'sche Gesetz besagt: je heißer, desto mehr rückt das Maximum der Abstrahlung zu kleineren Wellenlängen.

Die Temperatur der Sonne bestimmt man also einfach, indem man eine Strahlungsverteilungskurve misst, also die Intensität des Lichtes bei verschiedenen Wellenlängen und dann die Wellenlänge bestimmt, bei der die Strahlung ein Maximum besitzt, also bei 500 nm.

- Die Temperatur der Sonne beträgt etwa 5800 K.

In dem nächsten Kapitel werden wir sehen, dass es Sterne gibt, die wesentlich heißer sind als unsere Sonne.

Alle bisher abgeleiteten Größen der Sonne, Masse, Radius und Temperatur, lassen sich von erdgebundenen Beobachtungen bestimmen. Dies ist die große Kunst in der Astrophysik, denn die einzige Information, die wir von den Sternen erhalten, ist die Strahlung der Sterne.

6.1.4 Beobachtungen der Sonne

Bereits im Altertum beobachtete man die Sonne, wenn sie tief am Horizont stand oder deren Licht durch Wolken oder Nebel stark gedämpft erschien. Gefahrlos kann man die Sonne mit einem Linsenteleskop durch Projektion beobachten. Man bringt hinter dem Okular des Teleskops einen Schirm an, auf dem das Sonnenbild projiziert wird. Wichtig ist, niemals durch ein Teleskop auf die Sonne blicken, die Netzhaut wäre sofort irreparabel verbrannt und das Auge erblindet!

Moderne Sonnenteleskope bestehen aus einer evakuierten Röhre. Dadurch erhitzt sich das Teleskop durch die einfallende Sonnenstrahlung nicht, und man bekommt eine sehr gute Abbildung. Diese Teleskope sind meist turmförmig angeordnet, durch ein Spiegelsystem wird das Sonnenlicht in das fest stehende Teleskop geleitet, in der evakuierten Teleskopröhre befindet sich die Optik. Eine wichtige Größe in der Sonnenphysik ist eine Bogensekunde auf der Sonne. Bei mittlerer Sonnenentfernung entspricht der Winkel von einer Bogensekunde etwa 725 km. Als grobe Regel kann man sich merken, dass ein Teleskop im sichtbaren Bereich ein Auflösungsvermögen von einer Bogensekunde besitzt, wenn der Teleskopdurchmesser etwa 10 cm beträgt. Man kann also damit unter sehr guten Beobachtungsbedingungen Details bis zu etwa 725 km Größe auf der Sonne sehen (in der Realität ist die Optik meist nicht perfekt, und die Erdatmosphäre beeinträchtigt die Beobachtungsbedingungen, was man am Zittern der Sterne leicht sehen kann; dies nennt man seeing).

Das Zittern des Sonnenbildes (seeing) entsteht durch Turbulenzen in der Erdatmosphäre. Durch adaptive Optik kann man die Bildqualität deutlich verbessern. Man „verbiegt" dünne Spiegel so, dass die Bildunschärfen ausgeglichen werden, dies geschieht bis zu 100-mal pro Sekunde, erfordert also aufwändige Computer. Nach demselben Prinzip funktionieren auch Bildstabilisatoren in Kameras. Derzeit sind mehrere große Sonnenteleskope in Planung bzw. schon im Bau. Das ATST (Advanced Technological Solar Telescope (USA) und das EST (European Solar Telescope) besitzen mehr als 3 m Spiegeldurchmesser.

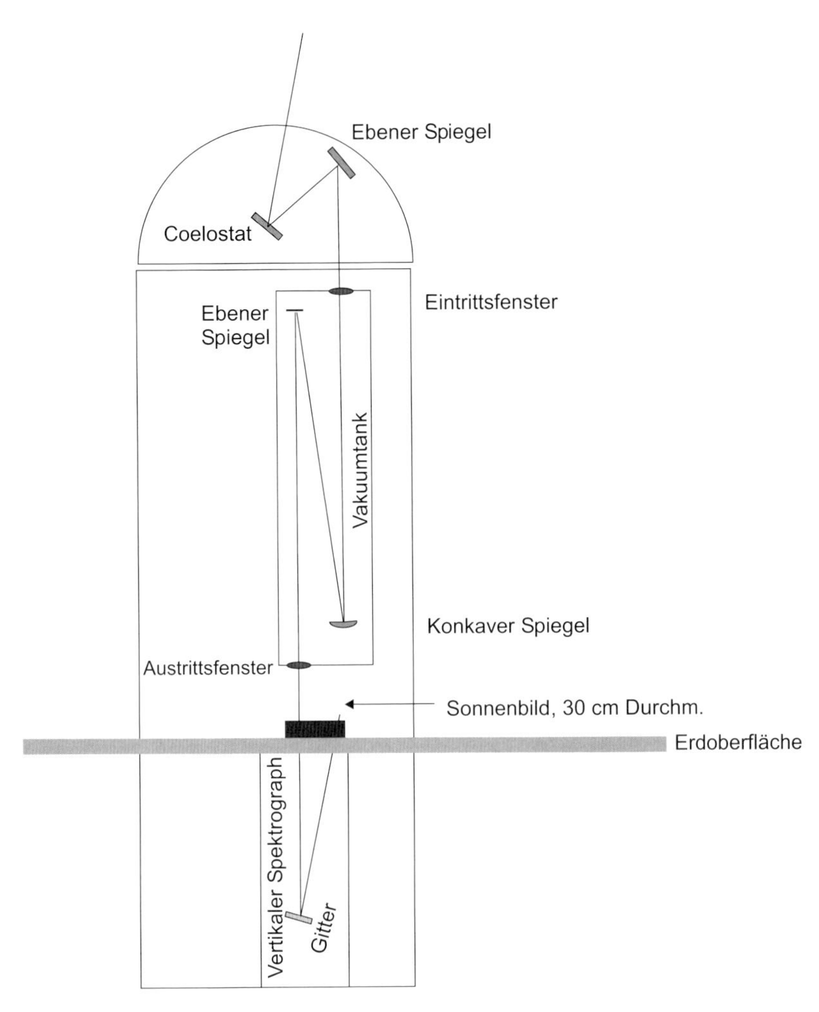

Abb. 6.5 Skizze des Vakuum-Turm-Teleskops auf Teneriffa, welches von Deutschen Instituten betrieben wird. Kiepenheuer Institut für Sonnenphysik

6.2 Die Sonne – das Innere

6.2.1 Woher nimmt die Sonne ihre Energie?

Unsere Sonne strahlt gewaltige Energiemengen ab. Mit der in einer Sekunde von der Sonne abgestrahlten Energie könnte man den Weltbedarf an Energie etwa 30.000 Jahre lang decken. Wie wird diese Energie erzeugt? Alle zu Beginn des 20. Jahrhunderts bekannten Energieerzeugungsprozesse schienen dafür bei weitem nicht auszureichen. Stellen wir uns die Sonne als einen riesigen Kohlehaufen vor. Die durch die Verbrennung freigesetzte chemische Energie könnte die derzeitige Energieabstrahlung der Sonne für knappe 10.000 Jahre decken. Schon damals war klar, dass das Sonnensystem wesentlich älter sein muss. Eine andere Möglichkeit wäre, dass die Sonne schrumpft und dabei Gravitationsenergie frei wird. Der Prozess ist ähnlich, wie wenn bei einem frei fallenden Stein potentielle Gravitationsenergie freigesetzt wird. Aber auch diese Energiequelle würde nach einigen 10.000 Jahren versiegen. Außerdem müsste der Durchmesser der Sonne langsam abnehmen und diese Abnahme messbar sein. Es war also um 1900 herum völlig unklar, wie die Sonne diese gewaltigen Energiemengen erzeugen kann.

Mit der Entwicklung unserer Vorstellungen vom Aufbau der Atome, der Entdeckung der Radioaktivität sowie der Quantenphysik war bald klar, dass Kernfusion die einzige Möglichkeit darstellt, diese Energie zu erzeugen. Die Sonne besteht zu etwa 75 % aus Wasserstoff, etwa 25 % aus Helium und weniger als 1 % aus Elementen, die schwerer als Helium sind (in der Astrophysik nennt man alle Elemente, die schwerer als Helium sind, Metalle). Bei der Wasserstofffusion im Inneren der Sonne passiert Folgendes: Vier Wasserstoffkerne vereinigen sich zu einem Helium Kern (in Wirklichkeit sind das drei unterschiedliche Reaktionen). Wasserstoff ist das leichteste und am einfachsten aufgebaute Element (Abb. 6.6 links). Es besteht aus einem Proton im Kern und einem Elektron in der Hülle. Im Inneren der Sonne herrschen jedoch sehr hohe Temperaturen. Aus diesem Grund kommt das Wasserstoffatom ionisiert vor, d. h. das Elektron ist abgetrennt und man hat ein Gemisch aus Protonen und Elektronen, man sagt der Wasserstoff ist ionisiert. Helium besteht aus zwei Protonen und zwei Neutronen im Kern (Abb. 6.6 rechts) sowie zwei Elektronen in der Hülle. Die Protonen sind positiv geladen, die Neutronen neutral und die Elektronen negativ geladen. Damit zwei Protonen miteinander verschmelzen, müssen zunächst die zwischen zwei gleichnamigen Ladungen wirkenden Abstoßungskräfte überwunden werden (siehe erstes Kapitel). Deshalb funktioniert die Fusion nur bei sehr hohen Temperaturen.

Physikalisches Konzept: Unschärferelation

Selbst die etwa 12 bis 15 Millionen K im Inneren der Sonne reichen nicht aus, um die Abstoßungskräfte zwischen zwei Protonen zu überwinden. Hier hilft nur die Quantenphysik: Es gibt den Tunneleffekt. Nach diesem Effekt können die Protonen die Abstoßungskraft überwinden mit einer gewissen Wahrscheinlichkeit, obwohl, klassisch gesehen, ihre Energien auf Grund der Temperatur nicht ausreichen würden. Der Tunneleffekt besagt, dass man nie genau zwei Größen wie Ort und Impuls oder Energie und Zeit genau messen kann. Ist

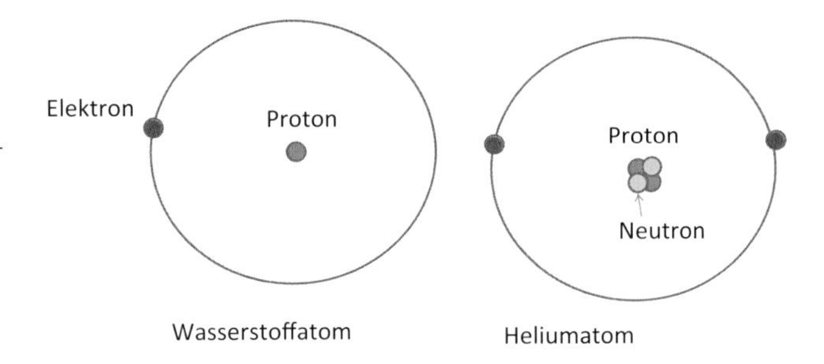

Abb. 6.6 Vereinfachter Aufbau des Wasserstoffatoms (*links*) und des Heliumatoms (*rechts*). Elektronen (*rot*), Protonen (*blau*) und Neutronen (*gelb*)

beispielsweise der Ort eines quantenmechanischen Teilchens genau bestimmt, weiß man nichts über seinen Impuls (Geschwindigkeit) usw.

Exkurs
Für die Unschärfen von Ort, Impuls, Energie und Zeit schreibt man Δx, Δp, ΔE, bzw. Δt und die Heisenberg'sche Unschärferelation besagt:

$$\Delta x \Delta p \geq \hbar \qquad \Delta E \Delta t \geq \hbar\,, \tag{6.5}$$

wobei $\hbar = h/2\pi \sim 10^{-34}$ Js. Wirkt sich dies in der Praxis aus? Nehmen wir an, wir fahren mit dem Auto. Den Ort des Autos hätten wir mit einer Genauigkeit von 2 m bestimmt, die Geschwindigkeit mit einer Genauigkeit von 1 km/h; die Masse des Autos betrage 1000 kg. Dann findet man $\Delta x \Delta v \sim 6 \times 10^{36}\hbar$, also müsste man Ort bzw. Impuls auf 18 Dezimalstellen genau kennen um den Effekt zu messen!

Die Wasserstofffusion funktioniert in mehreren Schritten:

(i) Zwei Protonen bilden einen Deuteriumkern, das ist ein Wasserstoffisotop (Isotope eines Elements besitzen die gleiche Ladungszahl, aber unterschiedliche Neutronenzahl).

$$\mathrm{p} + \mathrm{p} \rightarrow \mathrm{D}\,. \tag{6.6}$$

Deuterium besitzt ein Proton und ein Neutron. Bei dieser Reaktion wurde also ein Proton in ein Neutron umgewandelt!.

(ii) Ein Deuteriumatom reagiert mit einem Proton und bildet das Heliumisotop ^{3}He:

$$\mathrm{p} + \mathrm{D} \rightarrow^3 \mathrm{He}\,. \tag{6.7}$$

(iii) Zwei ^{3}He-Atome reagieren miteinander und bilden:

$$^3\mathrm{He} +^3 \mathrm{He} \rightarrow^4 \mathrm{He} + 2\mathrm{p}\,. \tag{6.8}$$

In Abb. 6.7 sind die Schritte nochmals skizziert.

▸ Die Wasserstofffusion ist die Energiequelle der Sonne. Vier Protonen bilden einen ^{4}He-Kern, der aus zwei Protonen und zwei Neutronen besteht. Das

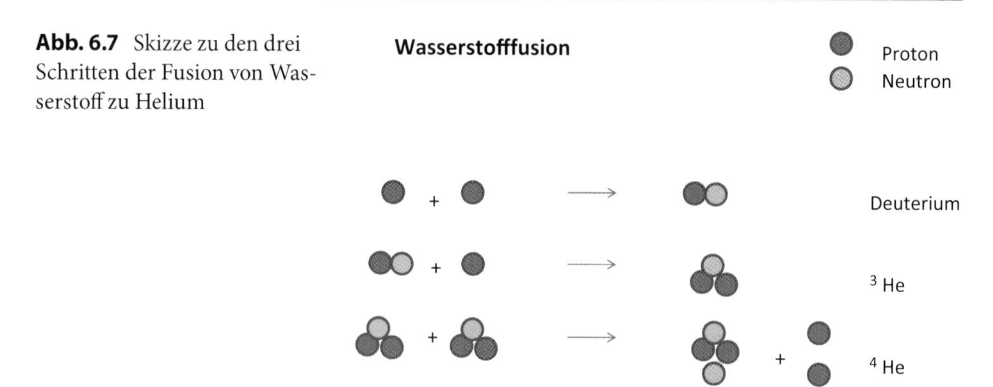

Abb. 6.7 Skizze zu den drei Schritten der Fusion von Wasserstoff zu Helium

Wichtigste dabei ist: Das Endprodukt ^{4}He ist etwas leichter als die Summe der Ausgangsprodukte, also vier Protonen. Die fehlende Masse wird in Energie umgewandelt.

Exkurs
Der He-Kern ist leichter als die vier Protonen. Was ist mit dieser fehlenden Masse passiert? Sie wurde gemäß Einsteins berühmter Gleichung:

$$E = mc^2 \tag{6.9}$$

in Energie umgewandelt.

Rechnet man dies genau durch, dann folgt, dass bei der Wasserstofffusion etwa 0,7 % der Masse in Energie umgewandelt wurde. Dies reicht aus, um die Sonne insgesamt mehr als neun Milliarden Jahre mit Energie zu versorgen! Im Inneren der Sonne bzw., wie wir im nächsten Kapitel sehen werden, im Inneren der Sterne wird Energie durch dieselben Prozesse erzeugt wie während der ersten drei Minuten bei der Entstehung des Universums. Da nur extrem wenige Teilchen im Inneren der Sonne auf Grund des Tunneleffekts in der Lage sind zu fusionieren, explodiert die Sonne nicht wie eine Wasserstoffbombe, sondern „verbrennt" langsam ihren Wasserstoff zu Helium.

Kernfusion ist der wichtigste Prozess der Energieerzeugung bei Sternen. Hier hat die Astrophysik wesentlich zur Entdeckung beigetragen. Auf der Erde wären alle Energieprobleme gelöst, wenn man die Kernfusion für friedliche Zwecke nutzbar machen könnte. Das Problem ist, das extrem heiße Plasma lange genug zusammenzuhalten.

6.2.2 Sonnenbeben

Wieso wissen wir über den Aufbau der Erde relativ gut Bescheid? Bohrungen reichen nur wenige Kilometer tief, also nur einige 1/1000 des Erdradius. Man kennt das Erdinnere relativ genau aus der Untersuchung der Ausbreitung von Erdbebenwellen. Die Ausbreitung dieser Wellen hängt von der Dichte, der Temperatur sowie der Beschaffenheit des Materials

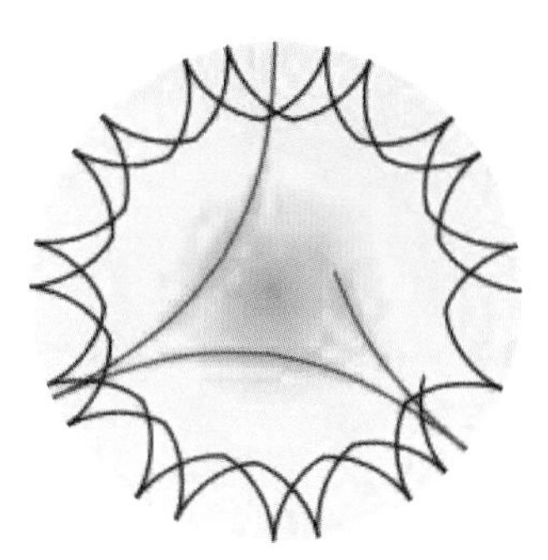

Abb. 6.8 Die Sonne als Resonanzkörper. Schwingungen breiten sich in das Sonneninnere aus; je nach Größe des schwingenden Gebiets unterschiedlich tief. Sie werden durch die Temperaturzunahme reflektiert, und die Welle erreicht wieder die Oberfläche. Da die Dichte in der höheren Atmosphäre der Sonne stark abnimmt, kommt es ebenfalls zu einer Reflexion. M. Roth

ab (ob fest oder flüssig). Die Seismologie verwendet weltweit verteilte Seismographen, um Erdbeben zu registrieren.

Man unterscheidet zwischen Longitudinalwellen und Transversalwellen. Die Longitudinalwellen breiten sich in Ausbreitungsrichtung aus. Ein uns allen sehr bekanntes Beispiel sind Schallwellen, die sich durch Verdichtungen und Verdünnungen der Luft ausbreiten. Bei den Transversalwellen erfolgt die Ausbreitung quer zur Ausbreitungsrichtung, wie beispielsweise bei einer Seilwelle.

Man hat um 1960 festgestellt, dass es auch auf der Sonne Beben gibt, man spricht hier von Oszillationen der Sonne. Es schwingen einzelne Gebiete der Sonne zueinander. Diese Schwingungen kann man am einfachsten durch genaue Messungen des Dopplereffekts von Spektrallinien bestimmen. Es gibt weltweit verteilte Beobachtungsstationen, um die Sonne rund um die Uhr nach Schwingungen zu messen. Je größer das schwingende Gebiet ist, desto tiefer dringt die Welle in das Sonneninnere ein, allerdings haben diese Schwingungen eine lange Periode. Dies ist in Abb. 6.8 skizziert. Die Sonne wirkt dabei wie ein Resonanzkörper. Die sich ausbreitenden Störungen werden in zwei Bereichen reflektiert:

- Sonneninneres: Je nach Größe des schwingenden Gebietes dringen die Schwingungen unterschiedlich tief ein. In tieferen Schichten nimmt aber die Temperatur stark zu, und deshalb kommt es zu einer Reflexion.
- Oberhalb der Sonnenoberfläche: Hier nimmt die Dichte sehr stark ab, das führt ebenfalls zu einer Reflexion oder die Störungen breiten sich weiter nach oben aus.

In der Helioseismologie befasst man sich mit diesen Schwingungen und kann daraus den Aufbau der Sonne rekonstruieren: Man bekommt die Werte für die Rotation der Sonne, Temperatur, Dichte, Zusammensetzung, Druck usw. für alle Schichten.

Ein Detail am Rande: Wir kennen den Aufbau der Sonne besser als den Aufbau der Erde. Die Sonne ist wesentlich einfacher in ihrer inneren Struktur.

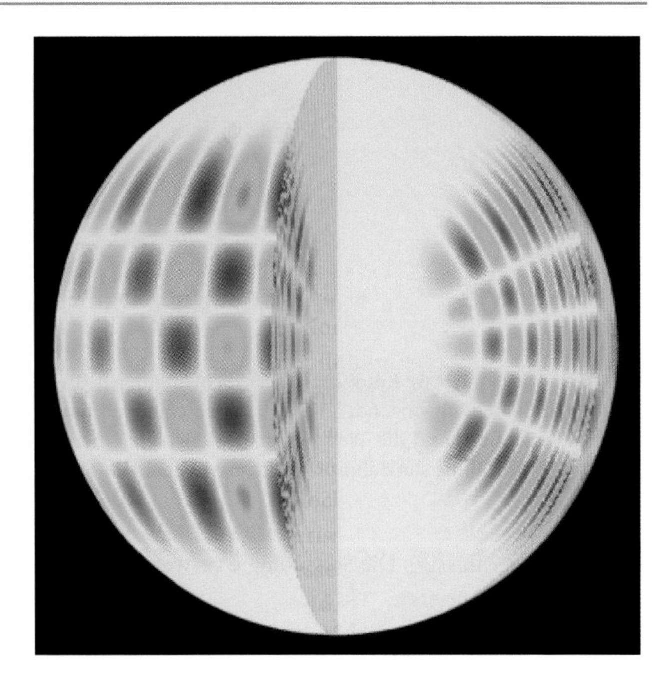

Abb. 6.9 Schwingungen der Sonne, sogenannte P-Moden, und ihre Ausbreitung in das Innere. *Rot* bedeutet, das Gebiet bewegt sich von uns weg, *Blau* bedeutet, es bewegt sich auf uns zu. Quelle: NASA

Die Grundperiode der Eigenschwingung der Sonne beträgt etwa fünf Minuten.

Ein mit einem Computer erzeugtes Bild zeigt Schwingungen auf der Sonne sowie deren Ausbreitung in das Innere (Abb. 6.9).

In Abb. 6.10 sieht man, wie die Spektrallinien durch den Dopplereffekt verschoben sind:

- Verschiebung nach Rot: wenn sich das Gas (z. B. auf der Sonne) von uns weg bewegt.
- Verschiebung nach Blau: wenn sich das Gas (z. B. auf der Sonne) auf uns zu bewegt.

Man kann heute Geschwindigkeiten von einigen cm/s auf der Sonne messen.

Ein Dopplergramm der Sonne ist in Abb. 6.11 gezeigt. Es handelt sich um Geschwindigkeitsmessungen aus Dopplerverschiebungen. Die Daten wurden mit dem Sonnensatelliten SOHO gewonnen. Die hellen und dunklen Regionen bedeuten auf- und absteigende Materiebewegungen des Sonnengases an der Oberfläche. Die Geschwindigkeit auf Grund der Sonnenrotation wurde abgezogen.

6.2.3 Neutrinos – Geisterteilchen von der Sonne

In einem Science-Fiction-Film wurde folgendes Szenario beschrieben: Neutrinos, die während einer gewaltigen Sonneneruption entstehen, gelangen in Richtung Erde und erhitzen den Erdkern. Dieser dehnt sich aus, und die Erdkruste bricht auf, mit katastrophalen Fol-

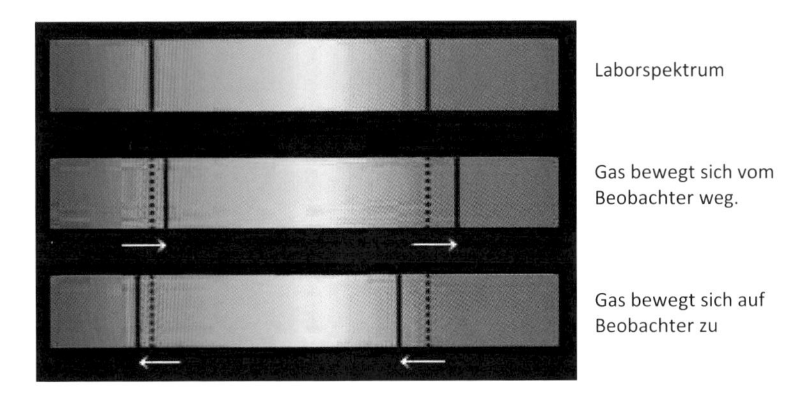

Abb. 6.10 Dopplereffekt; aus der Verschiebung der Spektrallinien kann man Geschwindigkeiten messen. So wurden auch Oszillationen auf der Sonne festgestellt, die Rückschlüsse auf den inneren Aufbau der Sonne zulassen

Abb. 6.11 Dopplergramm der Sonne. Die körnige Struktur zeigt unterschiedliche Geschwindigkeiten an der Sonnenoberfläche an, der Betrag der Geschwindigkeiten ist unten angegeben. Quelle: SOHO/MDI, NASA/ESA

Abb. 6.12 Skizze des japanischen Kamiokande-Experiments zum Nachweis von Neutrinos. Damit die Messungen nicht durch die kosmische Strahlung beeinträchtigt werden, befindet sich die Anlage tief unter der Erde. Wikimedia Commons/Jnn/ cc by 2.1 jp

gen für das Leben. Riesige Vulkane bilden sich, es gibt Überflutungen durch Tsunamis usw. Was sind Neutrinos eigentlich und kann so etwas tatsächlich die Erde bedrohen?

Neutrinos treten bei den früher besprochenen Kernfusionsreaktionen auf. Bei der Umwandlung eines Protons in ein Neutron entsteht neben einem positiv geladenen Positron (das Antiteilchen zum Elektron) auch ein Neutrino. Dieses Teilchen ist, wie der Name schon aussagt, elektrisch neutral. Es besitzt, wenn überhaupt, nur eine sehr geringe Ruhemasse und kann durch Materie hindurchgehen, ohne mit ihr zu wechselwirken. Pro Sekunde wird unser Körper von Trillionen Sonnenneutrinos durchströmt, ohne dass wir etwas davon bemerken. Neutrinos entstehen also bei der Kernfusion im Sonneninneren und durchqueren die Sonnenmaterie, als ob es sie gar nicht gäbe. Die meisten Neutrinos gehen auch durch die Erde hindurch.

Lassen sich Neutrinos von der Sonne nachweisen? Dies wäre eine Möglichkeit, die Kernfusionsreaktionen im Inneren der Sonne quasi zu beobachten. Man kann aus der Temperatur und Energieerzeugung im Sonneninneren sogar vorhersagen, wie viele Neutrinos wir auf der Erde erwarten. Deshalb wurde schon vor 40 Jahren begonnen, Neutrinos einzufangen, die von der Sonne stammen. Das erste Experiment bestand aus einem tief

Abb. 6.13 Neutrinoexperiment: Von der Sonne eingefangene Neutrinos erzeugen schwache Lichtblitze, die detektierbar sind. Kamioka Observatory, ICRR, Univ. of Tokyo

unter der Erdoberfläche gelegenen Wassertank, der mit Perchloräthylen gefüllt war. Einige wenige Neutrinos von der Sonne verursachen eine Umwandlung des Chloratoms zu Argon und dies kann man beobachten. Ein anderes Experiment misst Lichtblitze (Cherenkov-Strahlung), die von Neutrinos bei der Wechselwirkung mit sehr reinen Wassermolekülen entstehen (Abb. 6.12 und 6.13). Nochmals sei betont: Von den vielen Neutrinos, die von der Sonne stammen, machen nur sehr wenige diese Reaktionen.

Die ersten Messungen des Neutrinoflusses von der Sonne brachten eine Überraschung: Man beobachtete nur etwa 1/3 des vorhergesagten Neutrinoflusses. Sind also unsere Vorstellungen vom Aufbau der Sonne bzw. von den Kernfusionsprozessen in ihrem Inneren falsch? Die Helioseismologie zeigte, dass das Standardmodell der Sonne richtig ist. Die Lösung bestand in der Physik der Neutrinos. Sie kommen in drei unterschiedlichen Zuständen vor. Mit den Neutrinoexperimenten konnte man zuerst nur einen Zustand messen (sogenannte Elektron-Neutrinos). Die drei Zustände der Neutrinos bedeuten auch, dass sie eine endliche Ruhemasse besitzen.

Sonnenneutrinos sind also extrem schwierig nachzuweisen und können ganz sicher nicht den Erdkern erwärmen. Sie bieten aber eine großartige Möglichkeit, direkt in das Zentrum der Sonne zu blicken, wo die Kernfusion stattfindet.

▸ Die Helioseismologie und die Beobachtung von Sonnenneutrinos ermöglichen direkte Einblicke in das Sonneninnere.

6.3 Energietransport

6.3.1 Energietransport durch Strahlung

Nahe dem Sonnenzentrum wird die Energie durch Kernfusion erzeugt. Über das Sonneninnere haben wir neben Computermodellen durch Beobachtungen Aufschluss:

- Helioseismologie,
- Neutrinos.

Die bei den Reaktionen erzeugte Energie muss aber an die Oberfläche zur Abstrahlung transportiert werden. Die Energie wird in Form von extrem energiereichen und kurzwelligen Gamma-Photonen erzeugt. Diese werden an den Atomen gestreut, wieder emittiert usw. Im Mittel legt ein derartiges Photon nur etwa 1 cm zurück, ehe es wieder gestreut wird. Die Zone, wo der Energietransport durch Strahlung erfolgt, nennt man Strahlungszone. Da die Photonen ständig absorbiert, reemittiert werden, dauert es etwa 100.000 Jahre, bis sie die Oberfläche der Sonne erreichen und als teils für uns sichtbare Strahlung erscheinen. Wir sehen also jetzt Sonnenlicht, das vor etwa 100.000 Jahren im Inneren der Sonne tatsächlich produziert wurde. Theoretisch könnte also im Moment gar keine Kernfusion im Sonneninneren stattfinden. Durch die Beobachtung der Neutrinos weiß man jedoch, dass die Kernfusion im Sonneninneren normal arbeitet.

6.3.2 Konvektion

Ab einer Tiefe von etwas mehr als 200.000 km unterhalb der Sonnenoberfläche setzt der Energietransport durch Konvektion ein. Heißes Sonnenplasma strömt nach oben zur Oberfläche, kühlt sich ab, sinkt wieder nach unten und der Prozess beginnt von neuem. Die Situation ist ähnlich wie beim Wasserkochen, wo sich unten heiße Blasen bilden, die nach oben steigen. Man kann die Konvektion beobachten: Die Oberfläche der Sonne ist nicht homogen, sondern bei guten Beobachtungsbedingungen erkennt man ein zellförmiges Muster, welches als Granulation bezeichnet wird. In den hellen Granulen steigt die Materie nach oben, in den dunklen intergranularen Zwischenräumen sinkt die Materie wieder nach unten. Der typische Durchmesser der Granulationszellen liegt bei etwa 1000 km und sie leben einige Minuten lang.

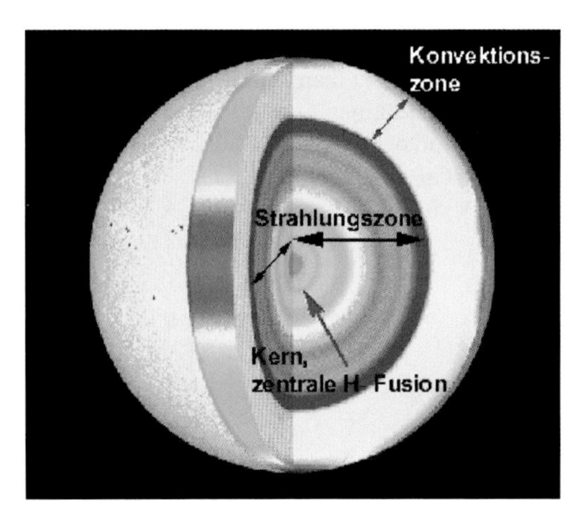

Abb. 6.14 Innerer Aufbau der Sonne mit Kern, Strahlungszone und Konvektionszone. www/szut/uni-bremen.de

Im Übergangsbereich zwischen Konvektionszone und Strahlungszone (engl. radiative zone) befindet sich die Tachoklyne. In dieser Schicht treten starke Scherungen auf. Die Materie oberhalb rotiert wie die Sonnenoberfläche differentiell, also nahe dem Äquator schneller als an den Polen, die Materie unterhalb der Tachoklyne rotiert wie ein starrer Körper.

Der Aufbau des Sonneninneren ist in Abb. 6.14 dargestellt. Man kann sich als Faustregel für den Aufbau unserer Sonne Folgendes merken:

- Kern: reicht von 0–0,3 $R_\odot$; hier findet die Energieerzeugung statt;
- Strahlungszone: 0,3–0,66 $R_\odot$; Energietransport durch Strahlung
- Konvektionszone: 0,66–1,0 $R_\odot$; Energietransport durch Konvektion.

6.4 Die Oberfläche der Sonne

6.4.1 Randverdunklung

Zunächst einmal, wie definiert man bei einem Gasball wie unserer Sonne überhaupt so etwas wie eine Oberfläche? Man bezeichnet als Photosphäre der Sonne diejenige Schicht, aus der fast die gesamte sichtbare Strahlung zu uns gelangt. Diese Schicht ist nur rund 400 km dick, was sehr klein gegenüber dem Sonnenradius von fast 700.000 km ist. Daher erscheint uns der Sonnenrand als scharf. Blickt man jedoch genau auf die Sonnenscheibe (am besten mit der Projektionsmethode), dann sieht man, dass das Sonnenbild in der Mitte heller ist als am Rand, was als Randverdunklung bezeichnet wird. Die Erklärung ist einfach. Die Temperatur nimmt nach oben hin ab. Blickt man, wie in Abb. 6.15 dargestellt, zum Rand der Sonne, dann sieht man in geometrisch höhere und damit kühlere Schichten, die weniger leuchten, als wenn man in die Mitte der Sonnenscheibe blickt.

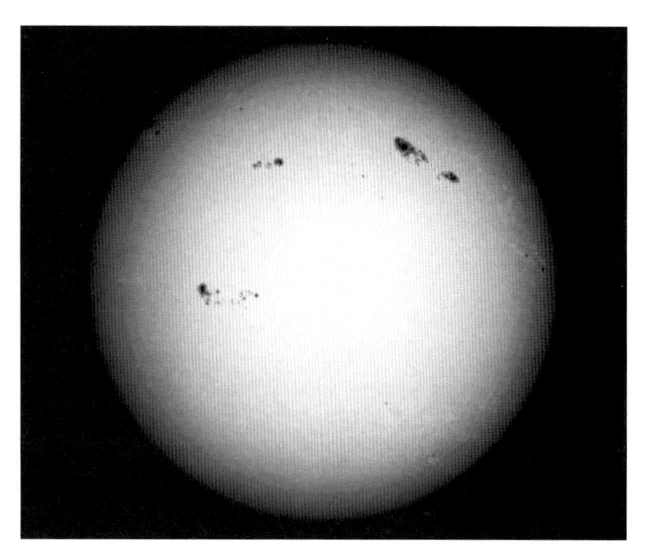

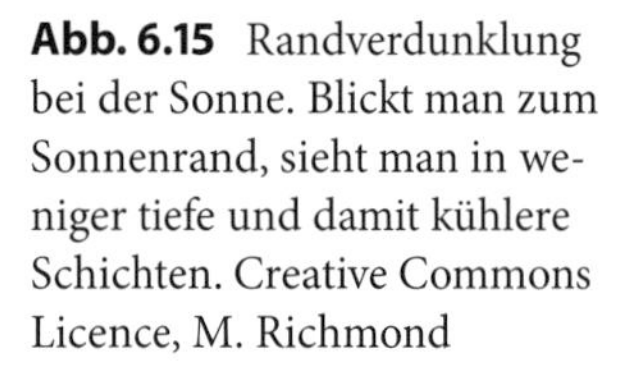

Abb. 6.15 Randverdunklung bei der Sonne. Blickt man zum Sonnenrand, sieht man in weniger tiefe und damit kühlere Schichten. Creative Commons Licence, M. Richmond

6.4.2 Sonnenflecken

Meist sieht man auf der Sonnenscheibe dunkle Sonnenflecken, die größer als die Erde werden können. Eine typische Aufnahme mit einigen Flecken ist in Abb. 6.15 gezeigt, und man sieht hier auch die Randverdunklung. Flecken, die eine Größe von etwa 40.000 km erreichen, sind mit freiem Auge zu erkennen bei tiefstehender Sonne und waren schon im alten China bekannt. Flecken bestehen aus einem dunklen Kern, der Umbra, und einer helleren filamentartigen Penumbra. Flecken erscheinen dunkel, weil dort die Temperaturen geringer sind:

- Temperatur Photosphäre: 5800 K,
- Temperatur Flecken, Umbra: etwa 3800 K,
- Temperatur Pneumbra: etwa 5000 K.

Würde unsere Sonne also aus nur einem riesigen Fleck bestehen, wäre sie trotzdem hell am Himmel leuchtend, allerdings läge das Maximum der Strahlung nicht im Grünen sondern im Orangen (wegen des Wien'schen Gesetzes!).

Die Flecken sind also um bis zu 2000 K kühler als die umgebende Sonnenphotosphäre. Eine Erklärung dafür hat man erst gefunden, als es möglich war, Magnetfelder auf der Sonne zu messen.

Physikalisches Konzept: Zeeman-Effekt

Zerlegt man das Licht der Sonne, so erkennt man Spektrallinien. Diese Linien entstehen durch Übergänge der Elektronen in den Atomen. Bei Anwesenheit von Magnetfeldern werden diese Linien in mehrere Komponenten aufgespalten. Die Größe der Linienaufspaltung

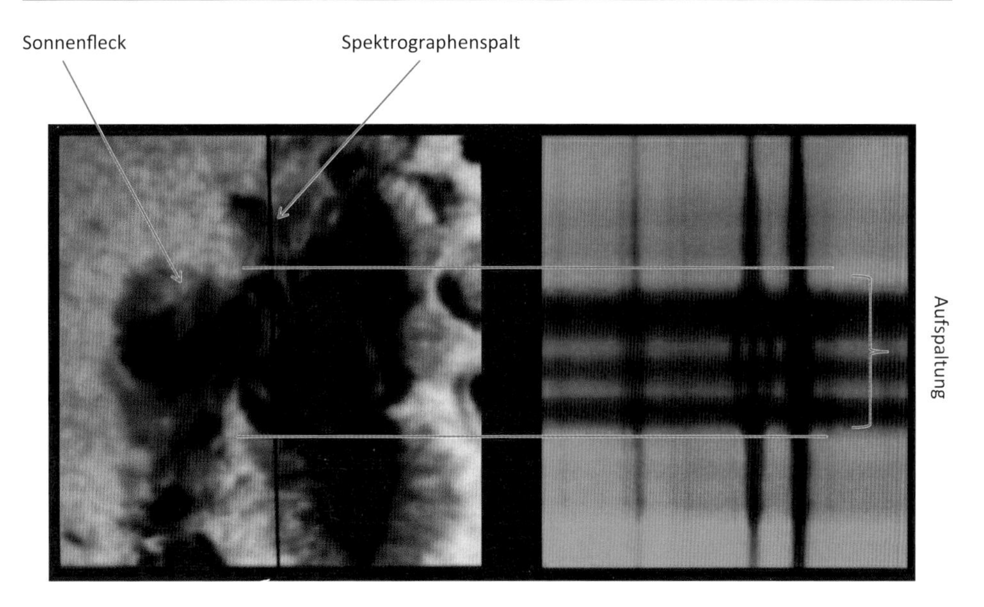

Abb. 6.16 Der Zeemaneffekt führt zu einer Aufspaltung von Spektrallinien bei Anwesenheit von Magnetfeldern. www/astro.wsu.edu

hängt von der Stärke des Magnetfeldes und vom Quadrat der Wellenlänge selbst ab. Linien im Infraroten sind also wegen ihrer größeren Wellenlänge stärker aufgespalten als Linien im sichtbaren Bereich. Dieser Effekt wird als Zeemaneffekt bezeichnet und lässt sich dadurch erklären, dass durch äußere starke Magnetfelder die Energieniveaus in den Atomen aufgespalten sein können.

In Abb. 6.16 ist die Aufspaltung von Spektrallinien im Bereich eines Sonnenflecks illustriert. Links sieht man das Bild eines Sonnenflecks, der vertikale schwarze Strich stellt den Eintrittsspalt eines Spektrographen dar. Rechts sieht man die Spektrallinien, die im Bereich des Sonnenflecks aufgespalten sind.

Durch starke Magnetfelder in den Flecken wird der konvektive Energietransport behindert, es gelangt also weniger heißes Gas an die Oberfläche und deshalb ist es in den Sonnenflecken kühler. Magnetfelder haben immer einen Nord- und Südpol, sind also bipolar. Flecken treten daher als bipolare Gruppen auf. Nur selten beobachtet man Einzelflecken. Sie entwickeln sich im Laufe von Tagen, große Fleckengruppen bleiben sogar über Monate sichtbar. Lange Zeit war nicht klar, dass Flecken Erscheinungen der Sonnenoberfläche sind. Einige Astronomen dachten, es handle sich dabei um Wolken oder vorbeiziehende Planeten.

Sonnenrotation

Beobachtet man Flecken einige Tage lang, sieht man, wie sie wandern. Aus der Wanderung der Flecken lässt sich die Rotation der Sonne ableiten. Dabei zeigt sich: Die Sonne rotiert

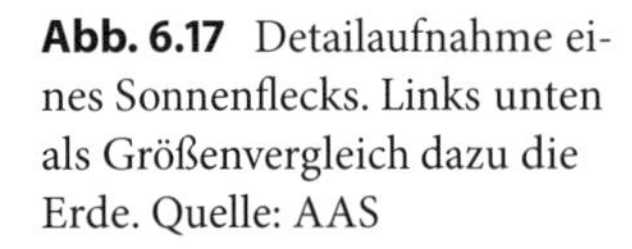

Abb. 6.17 Detailaufnahme eines Sonnenflecks. Links unten als Größenvergleich dazu die Erde. Quelle: AAS

nicht wie ein starrer Körper, sondern differentiell: am Äquator schneller als an den Polen. Die differentielle Sonnenrotation wurde von Carrington entdeckt (1863) und sie beträgt:

- in Äquatornähe: 24 Tage,
- in Polnähe: 31 Tage.

In Abb. 6.18 ist der Verlauf der Sonnenrotation mit der Tiefe gegeben (aus Messungen der Oszillationen). Auf der x-Achse ist das Verhältnis des Abstandes vom Sonnenzentrum zum Radius der Sonne aufgetragen (r/R), auf der y-Achse die Rotationsfrequenz ν in nHz. Die Rotationsdauer in Sekunden ergibt sich dann aus $T = 1/\nu$. Die Werte sind gegeben für heliographische Breite 0, 15, 30, 45 und 60 Grad. Unter heliographischer Breite versteht man den Abstand vom Sonnenäquator. Heliographische Breite 0 bedeutet also Sonnenäquator. Man sieht deutlich, dass die Rotationsdauer am Äquator kürzer ist. Im Bereich der Tachoklyne fallen die Werte jedoch zusammen und weiter innen rotiert die Sonne nicht mehr differentiell.

In Abb. 6.17 sieht man eine Detailaufnahme eines Sonnenflecks und im Größenvergleich dazu die Erde. Die dunkle Umbra weist zahlreiche helle Punkte auf und ist geteilt, die filamentartige Penumbra ist deutlich zu erkennen. Außerhalb des Flecks sieht man das zellförmige Muster der Granulation.

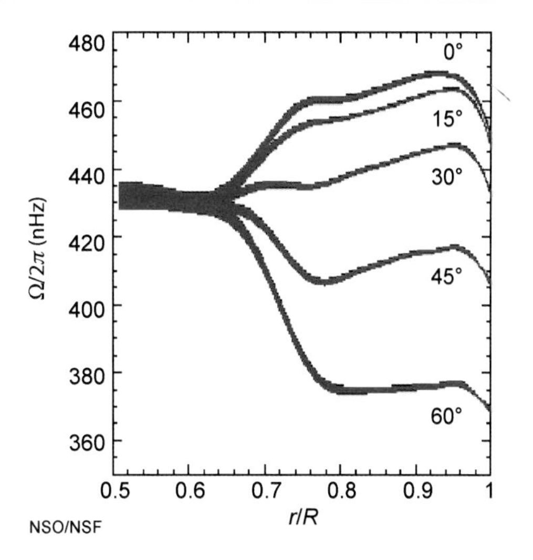

Abb. 6.18 Differentielle Sonnenrotation. Nahe der Oberfläche ($r/R = 1$, r... Abstand vom Zentrum, R... Sonnenradius) rotiert die Sonne man Äquator schneller, als in höheren Breiten. Ab $r/R = 0{,}65$ rotiert die Sonne starr. SOHO/ESA/NASA

6.4.3 Granulation

In Abb. 6.17 erkennt man deutlich außerhalb des Flecks die zellförmige Granulation. Die Bezeichnung stammt aus der Beobachtung dieses Phänomens mit kleinen Teleskopen, wo die Oberfläche der Sonne körnig erscheint. Wie schon bei der Konvektion besprochen, handelt es sich hierbei um konvektive Bewegungen. In den hellen heißeren Granulen steigt die Materie nach oben, in den dunkleren Zwischenräumen (Intergranulum) sinkt sie nach unten. Die Oberfläche der Sonne ist also turbulent. Konvektion findet sich übrigens auch in der Erdatmosphäre im Bereich der Troposphäre.

6.4.4 Fackeln

In Abb. 6.15 sieht man besonders am Sonnenrand in der Nähe von Flecken auch helle Gebiete, die Fackeln. In den Fackeln ist die Temperatur um einige 100 Grad höher als in der Umgebung. Am besten kann man Fackeln im weißen Licht nahe dem Sonnenrand beobachten. Da man hier weniger tief in die Atmosphäre der Sonne blickt, handelt es sich also um Erscheinungen der oberen Photosphäre.

6.5 Die obere Atmosphäre der Sonne

6.5.1 Das große Rätsel der Sonnenphysik

Man stelle sich eine heiße Oberfläche vor. Dann erwartet man, dass je weiter man sich von dieser entfernt, die Temperatur abnimmt. Genau das Gegenteil ist bei der Sonne der

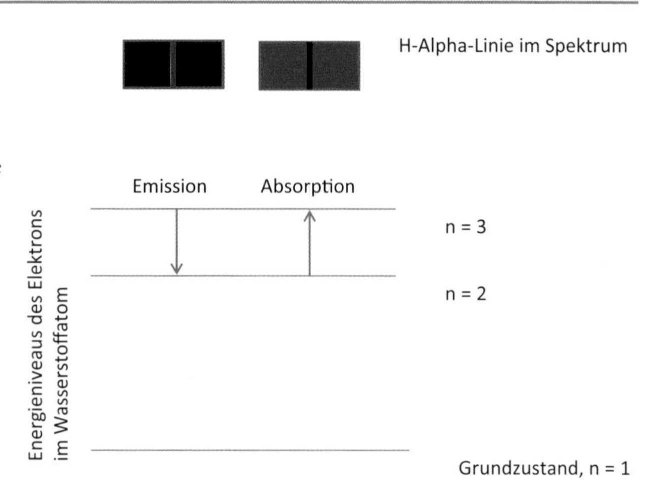

Abb. 6.19 Entstehung der Wasserstofflinie H-Alpha. Beim Übergang von $n = 3$ auf $n = 2$ wird Energie frei, es erscheint eine rote Emissionslinie im Spektrum; beim Übergang von $n = 2$ auf $n = 3$ erscheint die Linie in Absorption, weil ein Energiebetrag aufgewendet werden muss, um das Elektron auf dieses Niveau zu heben

Fall. Zunächst nimmt die Temperatur im Bereich der Photosphäre ab und erreicht in etwa 400 km Höhe das Minimum von etwa 4500 K. Dann aber nimmt die Temperatur in den zwei darüberliegenden Schichten stark zu:

- Chromosphäre: einige 10.000 K,
- Übergangszone (engl. transition region): sehr steile Temperaturzunahme innerhalb einer kurzen Distanz,
- Korona: Temperatur beträgt mehrere Millionen K.

▸ Auffälligste Erscheinung auf der Oberfläche der Sonne: die Sonnenflecken. Wegen der in den Flecken herrschenden starken Magnetfelder ist die Temperatur in den Flecken um etwa 2000 K geringer als in der umgebenden 6000 K heißen Photosphäre.

Es muss also einen Mechanismus geben, der die obere Atmosphäre der Sonne aufheizt. Wahrscheinlich handelt es sich dabei um eine Kombination aus sogenannter magnetischer und akustischer Heizung; dies wird in den nächsten Kapiteln diskutiert.

6.5.2 Chromosphäre

Die Chromosphäre konnte man früher nur während einer totalen Sonnenfinsternis beobachten. Sie erscheint als rötlich leuchtender Farbsaum um die Sonne herum. Ihre Dicke beträgt einige 10.000 km und die Temperatur liegt mit einigen 10.000 K oberhalb der der unteren Photosphäre. Eine Möglichkeit chromosphärische Erscheinungen zu untersuchen, besteht in der Beobachtung in der Wasserstoff-Hα-Linie. Diese Spektrallinie ist eine der wichtigsten Linien der Astrophysik. Ihre Bildung ist in Abb. 6.19 erläutert. Springt ein Elektron im Wasserstoffatom von Energieniveau 3 auf 2, dann wird Licht bei einer Wellenlänge

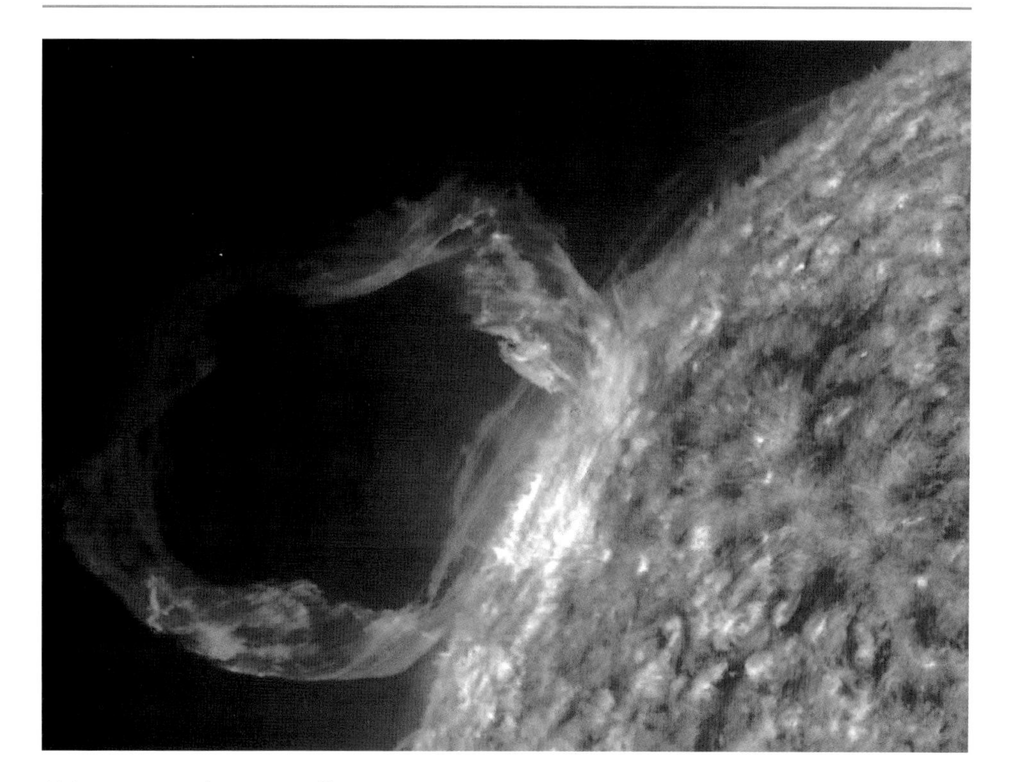

Abb. 6.20 Protuberanz. Quelle: NASA/SDO

von 656,3 nm ausgesendet, das ist im roten Bereich. Objekte, die in Hα leuchten, sind also rot. Auf Grund der höheren Temperaturen in der Chromosphäre der Sonne befinden sich viele Wasserstoffatome im dritten angeregten Niveau. Wenn die Elektronen dann auf $n = 2$ zurückgehen, wird die Hα-Linie erzeugt.

Mit speziellen Filtern kann man alle Wellenlängen blockieren bis auf das Licht dieser Linie und so auf der Sonnenscheibe Erscheinungen der Chromosphäre untersuchen. Man sieht Sonnenflecken sowie bogenförmige Strukturen um diese herum. Diese Bögen entstehen dadurch, dass sich die Materie entlang der magnetischen Feldlinien bewegt. Flecken sind meist bipolare Gruppen, und die Bögen stellen die Verbindung zwischen den beiden magnetischen Polen dar. Auf Grund der geringen Plasmadichte in der Chromosphäre bewegt sich hier die Materie entlang der Magnetfeldlinien (vergleiche: Eisenfeilspäne in einem Magnetfeld). Weiter sieht man in der Nähe großer Fleckengruppen immer wieder ein Gebiet hell aufleuchten. Dies wird als Flare bezeichnet. Flares sind gewaltige Energieausbrüche, bei denen meist kurzwellige Strahlung (UV-, Röntgenstrahlung) aber auch geladene Teilchen emittiert werden. Innerhalb weniger Minuten werden Energiemengen frei, die mehreren Millionen Hiroshima-Bomben entsprechen würden. Diese Energien entstehen

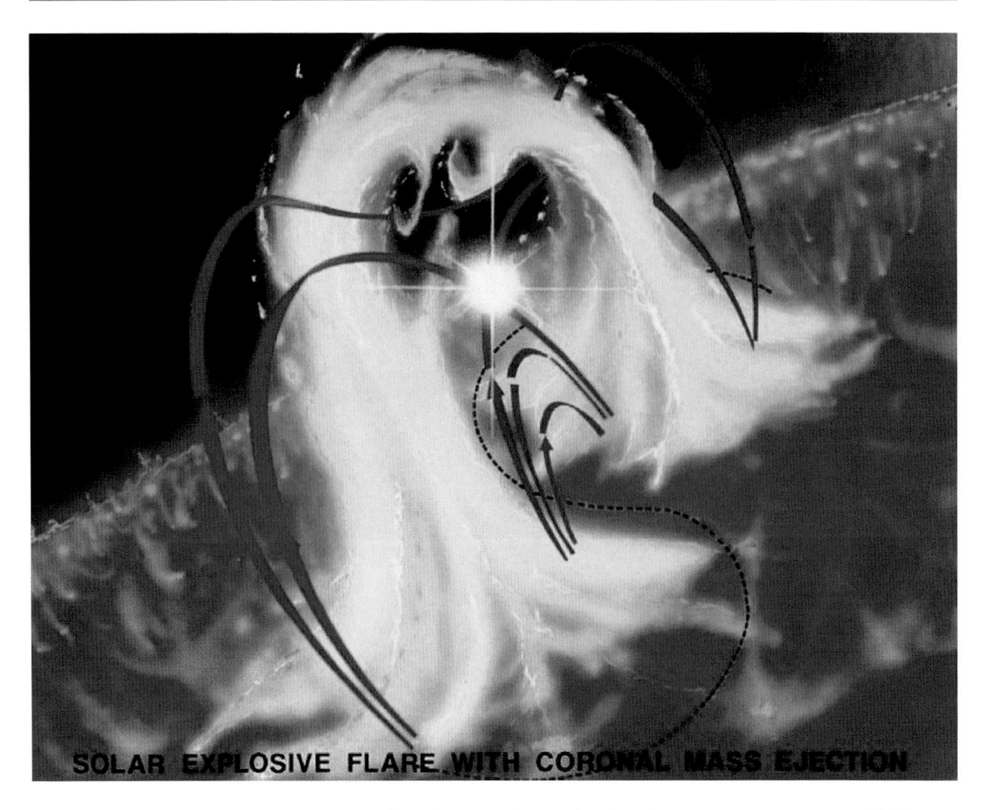

Abb. 6.21 Entstehung eines Flares in der Chromosphäre durch Rekonnexion von Magnetfeldlinien. Quelle: NASA

durch Rekonnexion von Magnetfeldern. Linien unterschiedlicher Polaritäten verschmelzen und setzen so Energie und beschleunigtes Plasma bzw. Teilchen frei.

Protuberanzen sind Gasmassen, die am Sonnenrand in H-Alpha als hell erscheinen, meistens bogenförmig sind, die Bögen können jedoch im Verlauf einiger Tage aufbrechen. Auf der Sonnenscheibe sieht man Protuberanzen im Hα-Licht als dunkle Filamente. Ihre Struktur wird von Magnetfeldern bestimmt (Abb. 6.20).

Die Entstehung eines Flares durch magnetische Rekonnexion ist in Abb. 6.21 dargestellt.

Magnetische Rekonnexion kann man auch als Übergang von einer höherenergetischen auf eine tieferenergetische Magnetfeldkonfiguration verstehen. Die dabei freiwerdende Energie erwärmt das Sonnenplasma und beschleunigt Teilchen.

6.5.3 Die Korona

Die Korona der Sonne ist während einer totalen Sonnenfinsternis als weiß leuchtender Strahlenkranz um die Sonne zu sehen. Die Temperatur nimmt innerhalb einer dünnen

Übergangszone auf mehrere Millionen Grad zu, die Ausdehnung der Korona erreicht mehrere Sonnenradien. Auch hier kommt es zu magnetischer Rekonnexion und dabei entstehen die koronalen Massenauswürfe (engl. CME, coronal mass ejection). Die Gasdichte nimmt von 10^{-6} g/cm^3 (obere Photosphäre) auf 10^{-19} g/cm^3 ab. Die Korona ist also eigentlich Hochvakuum. Was bedeuten dann Temperaturen von mehreren Millionen K?

▶ Fast die gesamte Strahlung der Sonne stammt aus der 6000 K heißen Photosphäre. Nach oben nimmt die Temperatur in der Chromosphäre und Korona stark zu bis auf mehrere Millionen K.

Temperaturkonzept in der Physik

In der statistischen Physik ist die Temperatur ein Maß für die mittlere Bewegungsenergie eines Teilchens. Je schneller sich ein Teilchen bewegt, desto höhere Temperatur hat es. Die kinetische (oder Bewegungs-) Energie eines Teilchen beträgt:

$$E_{\text{kin}} = \frac{1}{2} m v^2 , \tag{6.10}$$

wobei m die Masse des Teilchens ist und v dessen Geschwindigkeit. In der statistischen Physik hat man für die Energie eines Teilchens die Formel:

$$E_{\text{therm}} = \frac{3}{2} k T , \tag{6.11}$$

wobei $k = 1{,}38 \times 10^{-23}$ J/K ist, die Boltzmann-Konstante, und T die Temperatur. Damit haben wir den Zusammenhang zwischen der Geschwindigkeit eines Teilchens und der Temperatur des Gases:

$$v = \sqrt{\frac{3kT}{m}} . \tag{6.12}$$

Was würde passieren, wenn man in die mehrere Millionen Grad heiße Korona hineingreift? Eigentlich gar nichts, denn es gibt dort nur sehr wenige Teilchen, die aber dann sehr schnell unterwegs sind. Die Übertragung des Impulses auf die Hand wäre aber extrem gering.

In Abb. 6.22 sieht man eine Aufnahme der Sonne während einer totalen Sonnenfinsternis. Rund um den Sonnenrand ist die rot leuchtende Chromosphäre zu sehen mit einigen Protuberanzen, der weiße, weit ausgedehnte Strahlenkranz ist die Korona.

Bei einem CME werden etwa 10^{12} g an Materie mit Geschwindigkeiten bis zu 3000 km/s abgestoßen.

Bei diesen kleinen Dichtewerten dominiert das Magnetfeld die Bewegung der Materie und wir erkennen in der Sonnenkorona die schleifenförmigen Magnetfeldstrukturen. Wegen der hohen Temperaturen kann man die Korona auch im Röntgenlicht studieren. Man findet die Koronalöcher, also Gebiete, die dunkel erscheinen. Von dort kommt weniger Strahlung, die Temperaturen sind etwas geringer. In den Koronalöchern (Abb. 6.24) sind die Magnetfeldlinien offen und die schnelle Komponente des Sonnenwindes (das ist ein Strom aus geladenen Teilchen) kann entweichen.

Abb. 6.22 Verlauf einer totalen Sonnenfinsternis mit Chromosphäre (*rot*) und Korona, (*weiß, weit ausgedehnt*) um die vom Mond abgedunkelte Sonnenscheibe. A. Hanslmeier, Side, Türkei

6.6 Die veränderliche Sonne

6.6.1 Der Aktivitätszyklus der Sonne

Der Aktivitätszyklus der Sonne wurde durch einen Zufall entdeckt. S. Schwabe wollte vor etwa 150 Jahren Planeten innerhalb der Merkurbahn finden. Deshalb beobachtete er sorgfältig die Sonne, insbesondere störten dabei Sonnenflecken. Er ging davon aus, dass Planeten innerhalb der Merkurbahn vor der Sonne vorbeiziehen (Transit) und dabei als schwarze Punkte zu sehen wären. Aus seinen Aufzeichnungen über Sonnenflecken fand Schwabe schließlich den etwa elfjährigen Aktivitätszyklus der Sonne. Der Zyklus ist nicht ganz regelmäßig:

- Die Dauer der einzelnen Zyklen ist unterschiedlich lange, weniger als 10 und mehr als 13 Jahre.
- Die Amplituden (Maxima) der Zyklen sind unterschiedlich hoch.

Abb. 6.23 Koronaler Massenauswurf (CME), aufgenommen mit dem Sonnensatelliten SOHO. Durch das Aufbrechen der Magnetfeldbögen wird Materie in den interplanetaren Raum geschleudert. Quelle: SOHO, ESA/NASA

Abb. 6.24 Aufnahme der Sonne im Röntgenlicht. Man sieht die heiße Korona der Sonne, die bogenförmigen Strukturen sowie dunklere Gebiete, die Koronalöcher. Aufnahme: YOHKOH-Röntgensatellit

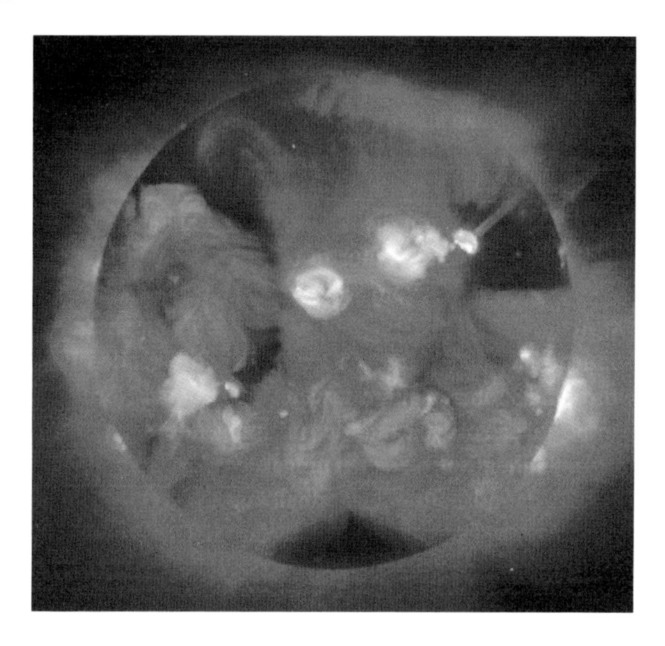

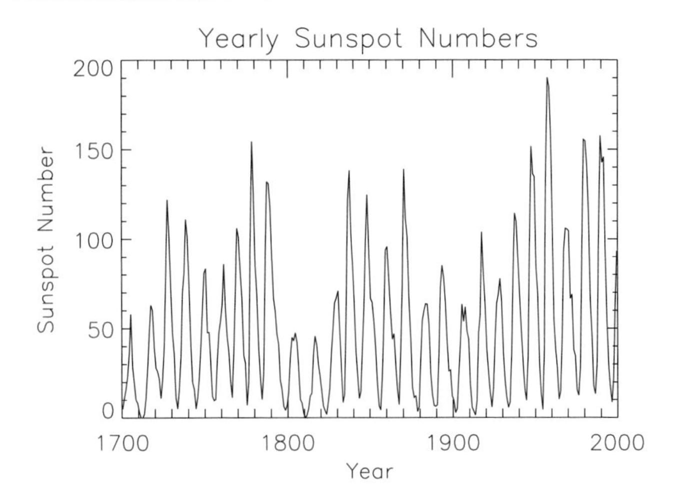

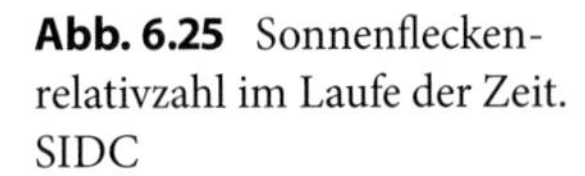
Abb. 6.25 Sonnenfleckenrelativzahl im Laufe der Zeit. SIDC

Als Maß für die Sonnenaktivität gilt die Fleckenrelativzahl. Man zählt die Anzahl der auf der Sonnenscheibe sichtbaren Fleckengruppen, multipliziert diesen Wert mit 10 und addiert dann die Gesamtanzahl aller beobachteten Flecken. Der gefundene Wert wird dann noch durch einen Faktor korrigiert, der die Güte der Beobachtung, des Teleskops etc. beschreibt. Zählen wir also 3 Fleckengruppen und insgesamt 12 Flecken, dann beträgt die Relativzahl:

$$R = k(10g + f) = k(10 \times 3 + 12) = k \times 42\,. \tag{6.13}$$

Man sieht: Die Sonnenfleckenrelativzahl ist nicht gerade das beste Maß, es hängt sehr davon ab, ob man schwache Flecken bei mittleren Beobachtungsbedingungen noch erkennen kann bzw. ob man auseinanderliegende Flecken als unabhängige Fleckengruppen oder als eine einzige Gruppe rechnet. Aus historischen Gründen hält man aber an dieser Zählung fest und bestimmt die gemittelte Sonnenfleckenrelativzahl aus Beobachtungen von mehreren Observatorien, um die Fehler klein zu halten.

Sonnenflecken treten nur in bestimmten Zonen auf. Am Beginn eines Fleckenzyklus findet man sie weiter vom Sonnenäquator entfernt, am Ende eines Zyklus sind sie beinahe am Äquator. Flecken sind meist bipolare Gruppen und die Polaritäten des im Sinne der Sonnenrotation vorhergehenden und nachfolgenden Flecks sind unterschiedlich auf der Nord- und Südhemisphäre der Sonne. Ist auf der Nordhemisphäre der vorangehende Fleck von positiver Polarität und der nachfolgende Fleck von negativer Polarität, dann ist dies auf der Südhemisphäre genau umgekehrt. Nach einem elfjährigen Fleckenzyklus dreht sich dies um, dann ist auf der Nordhalbkugel der vorangehende Fleck von negativer und der nachfolgende Fleck von positiver Polarität. Dies wird als Hale'sches Gesetz bezeichnet. Der magnetische Zyklus der Sonne dauert also 22 Jahre.

Wie man in Abb. 6.25 sieht, scheint es neben der etwa elfjährigen Periode der Sonnenflecken auch eine etwa 80–100-jährige Periode zu geben, den Gleißberg Zyklus. Es gab auch Zeiten, wo die Sonnenaktivität extrem gering war und man keinen Flecken beobachtete.

Die Zählung der Sonnenflecken ist also das einfachste Maß für die Sonnenaktivität, aber es sei betont, dass alle Erscheinungen der Sonnenaktivität diesem Zyklus unterliegen. Mehr Sonnenflecken bedeuten verstärktes Auftreten von Flares, CMEs usw.

- Magnetische Rekonnexion erzeugt Flares und CMEs. Die Sonne besitzt einen etwa elfjährigen Aktivitätszyklus.

6.6.2 Beeinflusst die Sonne unser Wetter?

Zwischen 1645 und 1715 wurden fast keine Sonnenflecken beobachtet. Galilei und andere beobachteten um 1609 zum ersten Mal Sonnenflecken. Dann gerieten die Flecken in Vergessenheit. Der Grund war, dass man während der oben angeführten Periode, die nach ihrem Entdecker als Maunder-Minimum bezeichnet wird, keine Flecken sah. Diese Periode fällt zusammen mit dem Höhepunkt der sogenannten Kleinen Eiszeit auf der Nordhalbkugel der Erde. Die Winter waren extrem kalt, so wird berichtet, dass die Themse mehrmals zugefroren war, Island von Eis umgeben war usw. In Europa gab es kühle Sommer und zahlreiche Missernten. Auch zwischen 1790 und 1820 gab es ein langes Minimum der Sonnenaktivität, das Dalton-Minimum. Das letzte Minimum der Sonnenaktivität war um 2007 und dauerte länger als normal, aber die Sonne bewegt sich wieder auf das Aktivitätsmaximum zu, welches im Jahre 2014 erreicht wird.

Es gibt offenbar einen Zusammenhang zwischen:

- Lange Phasen geringer Sonnenaktivität → Abkühlung auf der Erde.

Naiverweise würde man das Gegenteil erwarten: Ist die Sonnenaktivität hoch, dann gibt es viele Flecken auf der Sonne, diese sind kühler, also müsste die Sonne dementsprechend weniger emittieren. Dieses Strahlungsdefizit in den Flecken wird jedoch überkompensiert durch verstärkte Ausstrahlung der Sonne in anderen Atmosphärenschichten und anderen Wellenlängenbereichen. Obwohl die Sonne während eines Aktivitätsmaximums mehr Flecken hat, ist sie also heißer. Während jedoch einzelne Aktivitätszyklen kaum einen Einfluss auf das Klima auf der Erde besitzen, können lange Phasen verminderter oder verstärkter Sonnenaktivität sehr wohl unser Klima beeinflussen.

Die Änderungen der Sonnenstrahlung vom Minimum zum Maximum betragen im sichtbaren Bereich einige Promille, im kurzwelligen UV- und Röntgenbereich sind sie jedoch viel stärker. Außerdem ändert sich die Stärke der Heliosphäre der Sonne, das ist derjenige Bereich des Sonnensystems, wo der Einfluss der Sonne durch ihr Magnetfeld und Sonnenwind gegenüber anderen Einflüssen überwiegt. Durch die das gesamte Planetensystem einhüllende Heliosphäre gelangen weniger Teilchen der kosmischen Strahlung in das Sonnensystem. Diese Teilchen könnten die Bildung von Wolken in der Erdatmosphäre anregen. Eine wirklich genaue Erforschung dieser komplexen Prozesse und Wechselwirkungen steht aber noch aus.

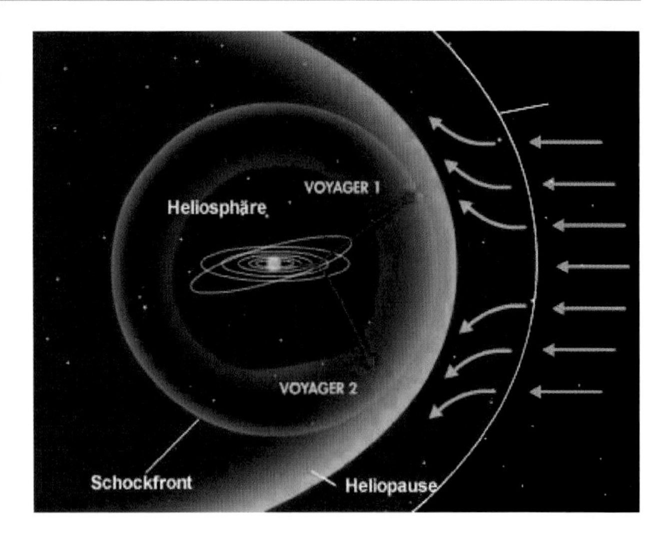

Abb. 6.26 Die Heliosphäre umschließt das gesamte Planetensystem (die äußerste Bahn ist die von Neptun, die Plutobahn liegt noch etwas weiter draußen und ist zur Neptunbahn geneigt). NASA

6.6.3 Sonnenwind und Heliosphäre

Die Sonne emittiert einen Strom geladener Teilchen, den Sonnenwind. Dieser besteht hauptsächlich aus Protonen und Elektronen. Vor mehr als 50 Jahren vermutete man bereits, dass es einen solchen Plasmastrom von der Sonne geben könnte: Kometenschweife zeigen stets von der Sonne weg, und einer der Gründe für diese Eigenschaft ist der Sonnenwind. Außerdem fand man Unregelmäßigkeiten in Kometenschweifen, die mit der Sonnenaktivität zusammenfallen.

Pro Sekunde werden etwa 10^{36} Teilchen von der Sonne abgestoßen, der gegenwärtige Massenverlust durch den Sonnenwind beträgt ca. $2–3 \times 10^{-14}\,M_{\odot}/\mathrm{Jahr}$, das sind 4 bis 6 Milliarden Tonnen pro Stunde. Man unterscheidet zwei Komponenten:

- Der langsame Sonnenwind hat eine Geschwindigkeit von etwa 400 km/s, er kommt von einem Gürtel beiderseits des Sonnenäquators (streamer belt).
- Der schnelle Sonnenwind hat etwa 700 km/s und er stammt von den Koronalöchern.

Durch den Sonnenwind und das Magnetfeld der Sonne wird eine Blase im Raum um das Sonnensystem herum erzeugt, die Heliosphäre. Sie umhüllt das gesamte Planetensystem und schützt uns vor sehr energiereichen Teilchen der kosmischen Strahlung. Treffen solche energiereichen Teilchen in die hohe Erdatmosphäre, erzeugen sie das Kohlenstoffisotop ^{14}C. Ist die Heliosphäre bei starker Sonnenaktivität stärker, kommen weniger Teilchen der kosmischen Strahlung durch und es wird weniger ^{14}C erzeugt. Man kann also aus der Messung des Kohlenstoffisotops die Sonnenaktivität in der Vergangenheit rekonstruieren. In Abb. 6.26 ist die Heliosphäre skizziert. Die beiden Voyager-Raumsonden, die die Planeten Jupiter, Saturn, Uranus und Neptun untersucht hatten, befinden sich gegenwärtig im äußeren Bereich der Heliosphäre. Die Raumsonden wurden 1977 gestartet.

6.6.4 Sonne und Weltraumwetter

Die Sonnenaktivität beeinflusst die Erdatmosphäre, die Erdmagnetosphäre (das ist der Bereich, der vom Erdmagnetfeld dominiert wird), also Erde und Physik des erdnahen Weltraums. Diese Einflüsse fasst man unter dem Begriff „Weltraumwetter" zusammen (engl. space weather). Von der Sonne kommen bei starken Ausbrüchen verstärkt kurzwellige Strahlen (UV- und Röntgenstrahlung) sowie geladene Teilchen. Die Phänomene auf der Sonne, die für das Spaceweather relevant sind:

- Flares: mehrere pro Tag bei hoher Sonnenaktivität; weniger als ein Flare pro Woche nahe dem Minimum der Sonnenaktivität. Bei einem Flare wird etwa das 25.000-fache der Energie erzeugt, die der Einschlag des Kometen Shoemaker Levy auf Jupiter freisetzte.
- CMEs (coronal mass ejections): bei starker Sonnenaktivität, nahe dem Maximum bis zu drei CMEs pro Tag; nahe dem Aktivitätsminimum etwa ein CME alle fünf Tage.
- Sonnenwind: besteht hauptsächlich aus Elektronen und Protonen; erzeugt die Heliosphäre;

→ Wir sind auf der Erde vor den Einflüssen durch die Sonne geschützt durch:

- Atmosphäre: schützt uns vor kurzwelliger Strahlung; z. B. in der Ozonschicht wird die UV-Strahlung der Sonne absorbiert, deshalb nimmt dort die Temperatur zu.
- Magnetosphäre: Das Magnetfeld schützt uns vor geladenen Teilchen; einige können nahe den magnetischen Polen in die hohe Atmosphäre eindringen und verursachen Polarlichter wie in Abb. 6.27 gezeigt. In den beiden Strahlungsgürteln um die Erde (Van-Allen-Gürtel) befinden sich viele geladene Teilchen.
- Heliosphäre: schützt uns vor energiereichen Teilchen der kosmischen Strahlung.

Bei starker Sonnenaktivität können sich Satelliten elektrostatisch aufladen, was zu Kurzschlüssen in der Elektronik führen kann. Ebenso kann sich die obere Erdatmosphäre erwärmen und ausdehnen; erdnahe Satelliten werden dadurch verstärkt abgebremst und instabil und können abstürzen. Die Strahlung und die geladenen Teilchen stellen eine Gefahr für Astronauten dar (z. B. in der Raumstation ISS). Noch stärker werden diese Belastungen bei Flügen zum Mond und bei der geplanten bemannten Mission zum Mars. Auf der Oberfläche des Mars gibt es kein schützendes Magnetfeld. Aber auch wir auf der Erde sind vor solchen Einflüssen nicht total abgeschirmt. Der Ionisationszustand der hohen Erdatmosphäre ändert sich, es kommt zu Störungen im Funkverkehr. Um Funkwellen über große Distanzen zu senden, ist es notwendig, dass diese in höheren Schichten der Erdatmosphäre reflektiert werden. Die Reflexion hängt ab von der Dichte der Elektronen, also davon, wie viele Atome ionisiert sind in der betreffenden Schicht. Dies ändert sich mit der Sonnenaktivität und natürlich auch mit dem Tag- und Nacht-Rhythmus. Auch die Genauigkeit von GPS-Messungen wird beeinträchtigt. Durch induzierte Überspannungen in Stromversorgungsleitungen kann es zu großräumigen Ausfällen in der Stromversorgung kommen; dies

Abb. 6.27 Polarlichter entstehen, wenn geladene Teilchen von der Sonne durch das Magnetfeld der Erde gehen. http://files.softpicks.net

passierte 1978 nach einem starken Flareausbruch auf der Sonne: Die Stromversorgung von Quebec brach zusammen.

Welche Vorwarnzeiten gibt es vor solchen Ereignissen? Ziel ist es natürlich, eine Prognose über die zukünftige Entwicklung der Sonnenaktivität zu machen, was aber derzeit auf Grund fehlender Beobachtungsdaten nicht möglich ist, außerdem ist die Physik der Phänomene noch nicht ganz verstanden. Die Strahlung benötigt nur etwa acht Minuten von der Sonne zur Erde, also die Vorwarnzeit ist extrem kurz und es ist unmöglich, mit einer derartigen Genauigkeit Ereignisse auf der Sonne vorherzusagen. Die Teilchen benötigen je nach Geschwindigkeit bis zu einigen Tagen, um zur Erde zu gelangen. Hier ist die Vorwarnzeit ausreichend.

▸ Flares, CMEs und Sonnenwind sind die Hauptquellen des Weltraumwetters. Auf der Erde sind wir durch Magnetfeld und Erdatmosphäre vor den Einflüssen von der Sonne geschützt.

Sterne – Entstehung, Aufbau und Entwicklung 7

Inhaltsverzeichnis

In diesem Abschnitt behandeln wir die Entstehung, den Aufbau sowie die Entwicklung von Sternen. Wir werden sehen, dass Sterne auch heute noch entstehen, dass sie sich entwickeln, wobei die Entwicklung von deren Masse abhängt. Wenn der nukleare Brennstoffvorrat verbraucht ist, entwickeln sich Sterne zu den drei möglichen Endstadien: Weiße Zwerge, Neutronensterne oder Schwarze Löcher. Wir werden auch die Entwicklung unserer Sonne genau angeben.

Am Ende des Kapitels können Sie diskutieren über:

- Wie lange leben Sterne?
- Wie entstehen Sterne?
- Wird die Sonne zu einem Schwarzen Loch?
- Was sind Weiße Zwerge und Neutronensterne?

A. Hanslmeier, *Faszination Astronomie*, DOI 10.1007/978-3-642-37354-1_7,

© Springer-Verlag Berlin Heidelberg 2013

7.1 Was ist ein Stern?

7.1.1 Sterne – Braune Zwerge – Planeten

Im vorigen Kapitel haben wir den uns am nächsten stehenden Stern eingehend beschrieben: unsere Sonne. In Tab. 7.1 ist ein Vergleich Sonne mit der Erde und Jupiter gegeben. Die Sonne ist etwa 10-mal so groß wie der größte Planet des Sonnensystems und enthält etwa die 1000-fache Masse.

Unterschied Planet–Stern:

- Sterne sind viel größer als Planeten.
- Der wichtigste Unterschied ist jedoch, dass Planeten nicht selbst leuchten, ohne Sonne wäre die Erde ein kalter, völlig dunkler Planet.

Neben der Unterscheidung Stern–Planet gibt es noch eine Zwischenklasse, die Braunen Zwerge. Dabei handelt es sich um Objekte, die zwar größer als normale Planeten, aber zu klein sind, um als Sterne dauerhaft zu leuchten, die Masse der Braunen Zwerge liegt unterhalb etwa 1/10 Sonnenmassen. Die Wasserstofffusion in ihrem Inneren zündete also nur für einige Millionen Jahre. Braune Zwerge besitzen Massen von etwa 15 bis 75 Jupitermassen. Ab etwa 13 Jupitermassen findet eine Deuteriumfusion statt, ab 65 Jupitermassen eine Lithiumfusion.

Exkurs

Für normale Sterne bekommt man deren Masse einfach aus dem Produkt des Volumens $V = \frac{4}{3}\pi R^3$ und deren Dichte. Der Radius folgt aus:

$$M = \frac{4\pi}{3} R^3 \rho \qquad R \sim M^{1/3} . \tag{7.1}$$

→ Je größer deren Masse, desto größer der Radius. Die Physik der Braunen Zwerge ist kompliziert. Sie bestehen aus entarteter Materie, daher ist der Radius gegeben durch:

$$R \sim M^{-1/3} . \tag{7.2}$$

→ Braune Zwerge: Je massereicher, desto kleiner sind sie.

Tab. 7.1 Vergleich Sonne–Erde–Jupiter

	Sonne	Erde	Jupiter
Größe	109 Erdradien	1 Erdradius	10 Erdradien
Masse	333.000 Erdmassen	1 Erdmasse	330 Erdmassen
Temperatur (Oberfläche)	6000 K	290 K	150 K
Energieerzeugung	Wasserstofffusion	extrem wenig	wenig
Leuchtet selbst	ja	nein	nein

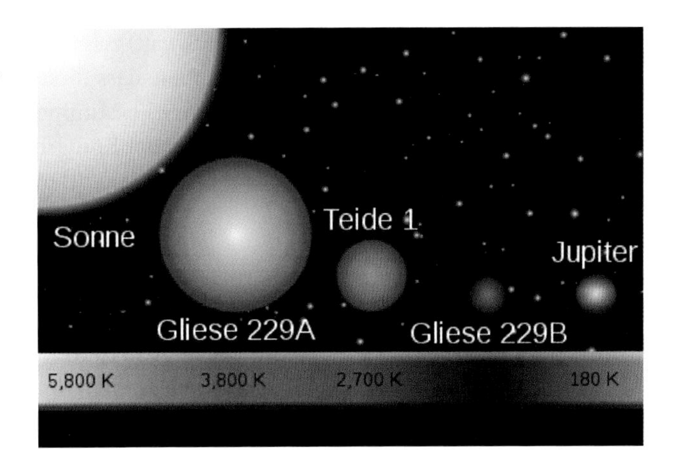

Abb. 7.1 Größen- und Temperaturvergleich Sonne – Rote Zwerge, Braune Zwerge, Jupiter. NASA

Braune Zwerge besitzen in etwa die Größe des Jupiter.

In Abb. 7.1 sieht man einen Größen- und Temperaturvergleich von Sonne – Roten Zwergen, Braunen Zwergen und Jupiter. Rote Zwerge sind massearme Sterne, die schwach rötlich leuchten, wo jedoch dauerhaft eine Kernfusion für die Energie sorgt. Nachdem Braune Zwerge Temperaturen unterhalb 1000 K haben, kann man sie nur sehr schwer finden:

- Sie leuchten in allen Wellenlängenbereichen schwach,
- das Maximum ihrer Strahlung liegt im Infraroten.

▸ Sterne können nur oberhalb etwa 1/10 Sonnenmasse existieren. Bei Braunen Zwergen gibt es nur für kurze Zeit eine Kernfusion.

7.1.2 Physikalische Eigenschaften von Sternen

In diesem Kapitel besprechen wir einige wichtige physikalische Eigenschaften von Sternen und deren Bestimmung. Nochmals sei betont: In der Astrophysik ist man auf die passive Beobachtung angewiesen, wir können nur durch Analyse des Lichts, also der Strahlung der Sterne, Rückschlüsse auf deren Physik bekommen.

Entfernung

Die Entfernung eines Sterns ist zwar kein physikalischer Parameter für den Stern selbst, jedoch für uns sicherlich interessant und wichtig, wenn man sich z. B. den Aufbau der Milchstraße, der Galaxie, in dem unser Sonnensystem eines von vielen anderen Systemen ist, vorstellen möchte. Die einfachste und direkteste Methode, die Entfernung eines Sternes zu bestimmen, ist die jährliche Parallaxe. Dies wurde bereits in Abb. 2.1 gezeigt. Der

Stern 61 Cygni (Cygnus ist das Sternbild Schwan) zeigt eine relativ große Eigenbewegung am Himmel. Deshalb vermuteten Astronomen, dass dieser Stern relativ nahe sein könnte und versuchten, dessen jährliche Parallaxe zu bestimmen. Dies gelang dann 1837/1838 dem Astronomen Friedrich Wilhelm Bessel an der Königsberger Sternwarte: Die Parallaxe π beträgt 0,3 Bogensekunden. Damit ergibt sich die Entfernung d in Parsec zu:

$$d = 1/\pi'' = 1/0{,}3 = 3{,}33\,\text{pc}\,. \tag{7.3}$$

Ein Parsec (pc) ist diejenige Entfernung, die ein Stern hätte, wenn seine jährliche Parallaxe 1 Bogensekunde beträgt. Ein Parsec = 3,26 Lj. Also ist 61 Cygni gute 10 Lichtjahre von uns entfernt und er gehört, wie wir heute wissen, zu den 20 nächstgelegenen Sternen (siehe auch Abb. 7.2).

Sterndurchmesser

Gelingt es, den scheinbaren Durchmesser eines Sternes zu ermitteln, dann kann man bei bekannter Entfernung den wahren Durchmesser ableiten. Scheinbare Sterndurchmesser lassen sich nur sehr schwierig bestimmen, da Sterne praktisch auch in großen Teleskopen fast als punktförmig erscheinen. Eine einfache Methode bieten Sternbedeckungen durch den Mond. Der Mond wandert pro Stunde um etwa seinen eigenen Durchmesser weiter und bedeckt immer wieder Sterne. Da Sterne nicht exakt punktförmig sind, dauert es eine sehr kurze Zeitspanne (einige msec), ehe sie hinter dem Mondrand verschwinden. Andere Methoden verwenden sogenannte Interferometer.

Masse

Die Masse eines Sterns bestimmt seine gesamte Entwicklung und auch das Alter, das er erreichen kann, bevor er sich zu einem seiner drei Endstadien Weißer Zwerg, Neutronenstern oder Schwarzes Loch entwickelt. Sternmassen kann man immer dann bestimmen, wenn der Stern einen Begleiter besitzt (Drittes Keplergesetz).

Exkurs

Kennt man die Umlaufdauer des Begleiters T sowie dessen Abstand a vom Stern, dann folgt die Masse des Sternes (M_*), wenn man die Masse des Begleiters vernachlässigen kann ($M_{\text{Begl}} = 0$):

$$\frac{a^3}{T^2} \sim (M_* + M_{\text{Begl}})\,. \tag{7.4}$$

Wie heiß sind Sterne?

Die Bestimmung der Sonnentemperatur haben wir schon im vorigen Kapitel diskutiert. Beobachten Sie einmal helle Sterne am Himmel. Dann wird Ihnen auffallen: Es gibt helle, weiß bis leicht bläulich leuchtende Sterne, es gibt gelbe Sterne und es gibt eher rötlich leuchtende Sterne. Wir haben gesehen, dass die Farbe eines Sternes ein Maß für dessen Temperatur darstellt. Weiße Sterne sind daher heißer als gelbe und gelbe sind heißer als rötlich leuchtende Sterne.

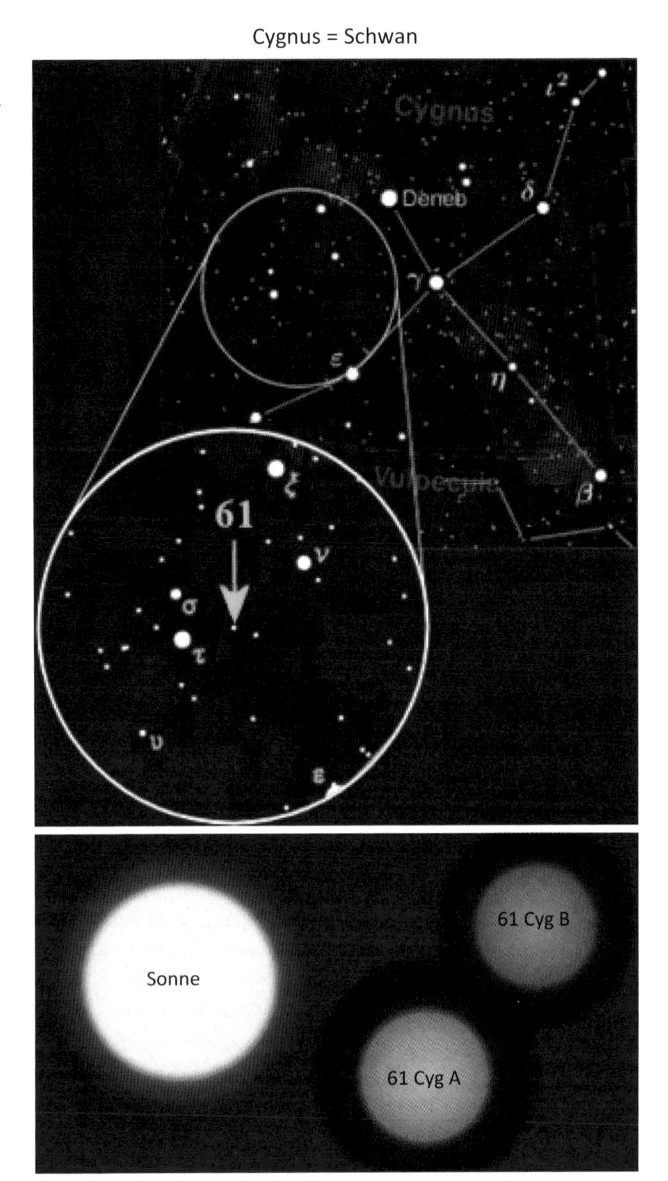

Abb. 7.2 Der Stern 61 Cyg im Sternbild Cygnus (Schwan); er ist ein Doppelstern. Wikimedia Commons, R.J. Hall

Exkurs

Man zerlegt also mit einem Spektrographen das Licht der Sterne, misst bei jeder Wellenlänge die Intensität der Strahlung und aus dem Maximum der erhaltenen Strahlungskurve bei einer Wellenlänge $\lambda_{\max}$ folgt aus dem Wien'schen Gesetz:

$$T\lambda_{\max} = \text{const} \tag{7.5}$$

die Temperatur.

- Die Masse ist die wichtigste Eigenschaft eines Sternes, von der dessen Lebensdauer und Endstadium (Weißer Zwerg, Neutronenstern oder Schwarzes Loch) abhängt. Sterntemperaturen ermittelt man aus den Sternfarben.

7.2 Die Helligkeit der Sterne

7.2.1 Scheinbare Helligkeit

Betrachten wir den Sternenhimmel. Wir sehen helle und schwächere Sterne. Die Helligkeit eines Sternes hängt ab von

- seiner wahreren Helligkeit,
- seiner Entfernung.

In Abb. 7.2 ist im Sternbild Cygnus (Schwan) der Stern Deneb eingezeichnet. Dieser Stern leuchtet deutlich schwächer als der hellste Stern des nördlichen Sternenhimmels Wega. Deneb ist etwa 1500 Lichtjahre von uns entfernt, Wega nur 27 Lichtjahre. Würde Deneb uns so nahe stehen wie Wega, würde er so hell wie die Mondsichel leuchten, also auch am Tage erkennbar sein.

Im Altertum hat man die Helligkeit der Sterne in Größenklassen eingeteilt. Wichtig: Dies hat nichts mit der tatsächlichen Größe eines Sternes zu tun. Die hellsten Sterne bezeichnet man als Sterne 1. Größe, dann Sterne 2. Größe und die schwächsten, gerade noch mit dem Auge sichtbaren Sterne nannte man Sterne 6. Größe. Heute hat man diese Skala ausgedehnt, um auch die hellsten Planeten sowie Sonne und Mond in dieses Schema zu bringen. Wega hat die Helligkeit 0, Jupiter bei Opposition etwa −2,5, Venus −4,5, Vollmond etwa −12 und Sonne −26. Man unterteilt die Helligkeiten noch dezimal und schreibt dann $1^m,0$.

7.2.2 Absolute Helligkeit

Die scheinbare Helligkeit wird mit dem Buchstaben m bezeichnet, wobei dies für Magnitudo (lat. Größe) steht. Die scheinbare Helligkeit hängt von der wahren Leuchtkraft eines Sternes sowie von seiner Entfernung ab. Deshalb ist sie kein gutes Maß. Die absolute Helligkeit eines Sternes bezeichnet diejenige Helligkeit, die ein Stern in einer Entfernung von 10 pc = 32,6 Lichtjahren haben würde. Aus der Differenz zwischen scheinbarer (m) und absoluter Helligkeit (M) kann man die Entfernung r ausrechnen:

$$m - M = 2{,}5 \log r - 5 \,. \tag{7.6}$$

Sobald also für ein Objekt die absolute Helligkeit bekannt ist, hat man durch Vergleich mit der scheinbaren Helligkeit dessen Entfernung. Die absolute Helligkeit unserer Sonne beträgt etwa $4^m,6$ Größenklassen, also wäre die Sonne in einer Entfernung von 10 pc = 32,6 Lichtjahre ein unscheinbares schwaches, doch immerhin noch mit freiem Auge erkennbares Sternchen. Der früher erwähnte Stern Deneb hingegen hat eine absolute Helligkeit von $-8^m,6$. Damit wäre Deneb als heller Stern auch am Taghimmel auffällig und wesentlich heller als der hellste Planet, die Venus. Der hellste Stern am Himmel, Sirius, besitzt eine Helligkeit von $-1^m,4$ und ist etwa 8,3 Lichtjahre von uns entfernt. Die absolute Helligkeit beträgt dann $+1^M,4$ Größenklassen.

Der nächste Stern α Centauri ist etwa 4,3 Lichtjahre von uns entfernt. Unsere Erde könnte man in dieser Entfernung nur mit den allergrößten Teleskopen erkennen, sie wäre ein extrem schwaches Sternchen neben der Sonne von etwa 24. Größenklasse.

7.3 Spektralklassen

7.3.1 Klassifikation der Sterne

Im Jahre 1802 wurden zum ersten Mal dunkle Linien im Sonnenspektrum beobachtet. Das Prinzip zur Erzeugung eines Spektrums ist in Abb. 7.3 gezeigt. Das von der Sonne oder einem Stern kommende Licht wird entweder durch ein Prisma oder Gitter zerlegt. Blaues Licht (kurzwellig) wird stärker gebrochen als rotes Licht (langwellig), man beobachtet daher die Farben des Regenbogens. Bei genügend hoher Auflösung beobachtet man dunkle Spektrallinien, die von verschiedenen chemischen Elementen stammen. Die Entstehung der Wasserstofflinie Hα wurde bereits besprochen. Die dunklen Linien im Sonnenspektrum wurden dann im Jahre 1814 vom Münchner Optiker J. Fraunhofer wiederentdeckt.

Wenn man nun die Spektren vieler Sterne analysiert, dann kann man Spektralklassen einführen. Die etwas seltsam anmutende Reihenfolge der Buchstaben ist historisch bedingt:

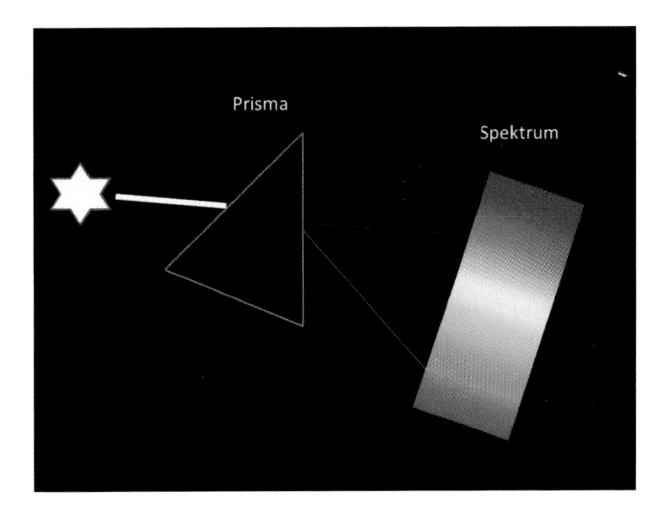

Abb. 7.3 Prinzip der Spektralanalyse. Das weiße Licht eines Sternes wird durch ein Glasprisma (oder auch Gitter) in die Spektralfarben zerlegt. Blaues Licht wird stärker gebrochen als rotes

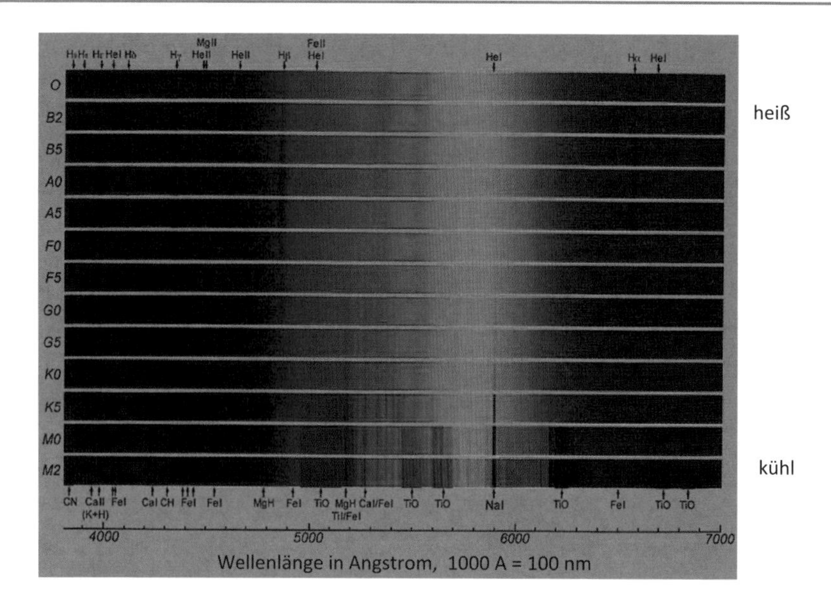

Abb. 7.4 Beispiele für Sternspektren. Bei den heißen O- und B-Sternen erkennt man kaum Linien. Die kühlen K- und M-Sterne zeigen breite Molekülbanden. Wikipedia

Man unterscheidet folgende Klassen: O–B–A–F–G–K–M . Die O-Sterne sind am heißesten, die M-Sterne am kühlsten. Die Temperatur nimmt von mehr als 30.000 K auf etwa 3000 K zu den M-Sternen ab. In den Spektren der O- und B-Sterne sieht man nur wenige Linien, bei den A-Sternen sind die Wasserstofflinien am stärksten, bei den G-, K-, M-Sternen nimmt die Stärke von Linien von z. B. Eisen und anderen echten Metallen zu. Bei kühlen Sternen sieht man auch Moleküllinien. Die Sequenz OBAFGKM kann man sicht leicht merken: „oh be a fine girl (guy) kiss me".

Bei den heißen O-Sternen sind praktisch alle Atome ionisiert, es gibt kaum Übergänge zwischen diskreten Energieniveaus, die Elektronen sind meist nicht an die Atome gebunden. Wir sehen daher kaum Spektrallinien. Nur Linien von He II kommen vor (die II bedeutet einfach ionisiertes Helium, das Heliumatom hat eines von seinen beiden Elektronen verloren). Bei den A-Sternen beträgt die Temperatur unter 10.000 K. Hier gibt es bereits Wasserstoffatome mit Elektronenübergängen. Wegen der hohen Temperaturen sind viele Wasserstoffatome bereits im Zustand $n = 2$ und deshalb sind die Übergänge $n = 2$ auf $n = 3$ (Hα-Linie) oder $n = 2$ auf $n = 4$ usw. zu beobachten. Alle diese Linien sind im sichtbaren Bereich und man nennt diese Übergänge die Balmerserie. Bei den G-, K-Sternen ist die Temperatur unterhalb 6000 K. Hier beobachtet man neben den Balmerlinien des Wasserstoffs auch Linien von anderen Elementen wie z. B. Eisen. Obwohl die Zusammensetzung aller Sterne in etwa dieselbe ist (75 % Wasserstoff, 25 % Helium, weniger als 1 % Elemente schwerer als Helium), sieht man hier also Eisenlinien, da solche Elektronenübergänge wegen der niedrigen Temperaturen stattfinden. Bei den noch kühleren M-Sternen sieht man auch Moleküllinien. Moleküle können sich erst bilden, wenn die Temperaturen unterhalb 4000 K betragen.

In Abb. 7.4 sieht man Beispiele von Sternspektren einzelner Klassen. Man unterteilt jede Klasse noch einmal dezimal. Bei den A-Sternen ist die Wasserstofflinie Hα am stärksten zu sehen, bei den kühlen K- und M-Sternen sieht man breite dunkle Bänder, die von Molekülen stammen.

▸ Durch Zerlegung des Lichtes bekommt man ein Sternspektrum, dessen dunkle Linien Rückschlüsse auf die Temperatur und Zusammensetzung erlauben. Die Spektralklassen O–B–A–F–G–K–M sind eine Sequenz abnehmender Temperatur.

Das Hertzsprung-Russell-Diagramm

Die Astronomen Hertzsprung und Russell hatten die Idee, Sterne in ein Diagramm einzutragen (es wurde 1913 von Russell auf Grund von Vorarbeiten Hertzsprungs aufgestellt): Auf der x-Achse trugen sie den Spektraltyp ein, auf der y-Achse die Leuchtkraft bzw. die absolute Helligkeit der Sterne. Falls man die Entfernung der Sterne nicht kennt, kann man auch Sterne eines Sternhaufens verwenden, die in etwa alle gleich weit von uns entfernt sind. Dann spielt die Entfernung keine Rolle. Eine Analyse dieses Diagramms ergibt Folgendes:

- Der Großteil aller Sterne (mehr als 80 %) befindet sich auf einer Diagonalen, die von links oben nach rechts unten verläuft. Dies wird als Hauptreihe (engl. main sequence) bezeichnet.
- Einige Sterne befinden sich rechts oberhalb dieser Hauptreihe.
- Einige Sterne befinden sich links unterhalb der Hauptreihe.

In Abb. 7.5 ist das Hertzsprung-Russell-Diagramm für viele Sterne dargestellt.

Dieses Diagramm ist grundlegend für die gesamte Astrophysik und wir wollen es genauer erläutern. Betrachten wir die x-Achse, wo der Spektraltyp aufgetragen ist. O-Sterne befinden sich links, M-Sterne ganz rechts. Man hat es also mit einer Folge abnehmender Temperatur zu tun. Anstelle des Spektraltyps könnte man daher auch die Temperatur von Sternen auftragen. Die Temperatur eines Sternes ist gleichbedeutend mit dessen Farbe. Deshalb könnte man den sogenannten *Farbindex* auftragen. Dies ist die Differenz der Helligkeit in zwei Wellenlängenbereichen. Auf der y-Achse kann man wie gesagt die absolute Helligkeit oder die Leuchtkraft der Sterne eintragen bzw. die scheinbare Helligkeit, wenn alle Sterne gleich weit entfernt sind.

▸ Im Hertzsprung-Russell-Diagramm (HRD) trägt man Temperatur (oder Spektrum) gegen Helligkeit auf. Auf der diagonalen Hauptreihe befindet sich der Großteil der Sterne, rechts oberhalb davon die Überriesen und Riesen, links unterhalb die Weißen Zwerge.

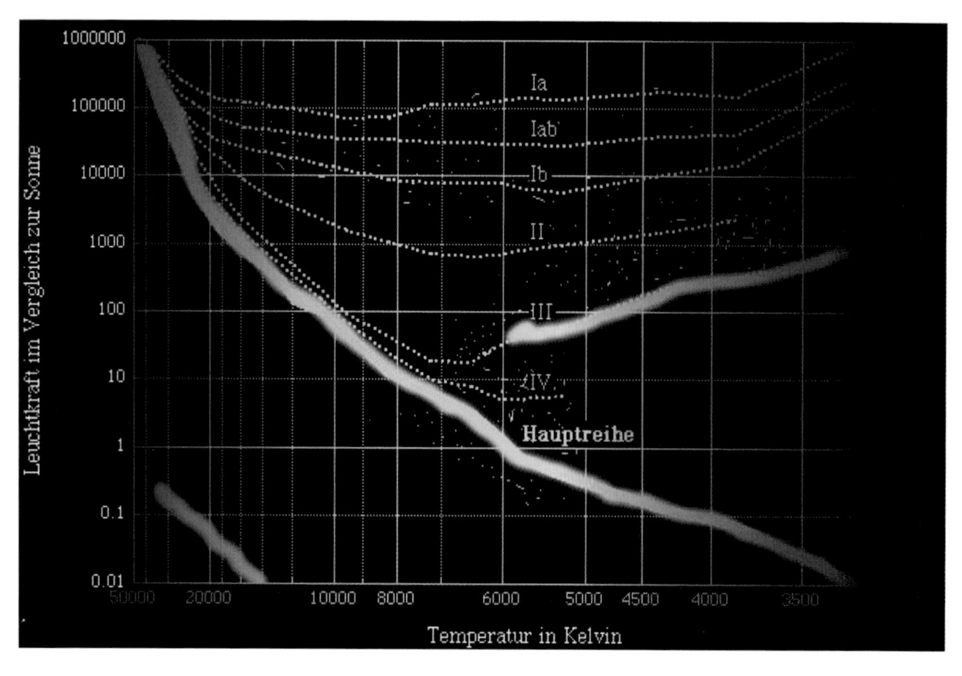

Abb. 7.5 Hertzsprung-Russell-Diagram (HRD)

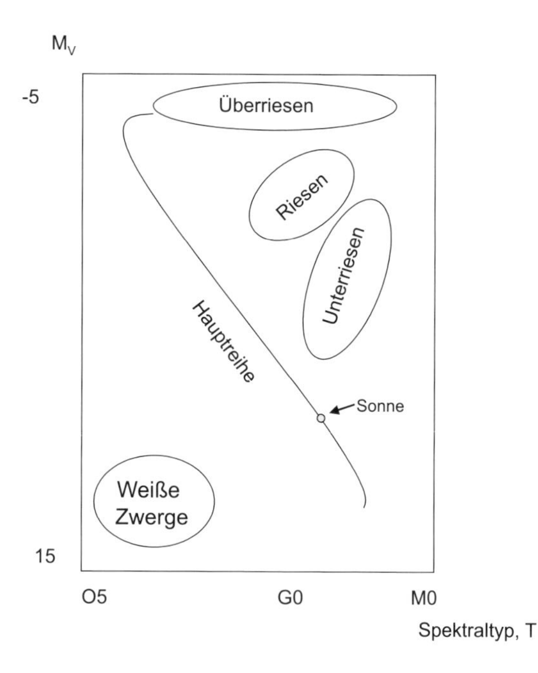

Abb. 7.6 Schema des Hertzsprung-Russell-Diagramms mit der ungefähren Position der Sonne

7.3.2 Riesen und Zwerge

Wie im HRD dargestellt, gibt es Sterne, die bei einer bestimmten Temperatur unterschiedlich hell sind. Die Helligkeit eines Sternes (Radius r) hängt von zwei Größen ab:

$$L = 4\pi r^2 \sigma T^4 \,. \tag{7.7}$$

- Der Term $4\pi r^2$ bezeichnet die Oberfläche eines Sternes. Je größer die strahlende Oberfläche, desto heller der Stern, desto größer also seine Leuchtkraft.
- Der Term σT^4 ist das Stefan-Boltzmann-Gesetz. Die Leuchtkraft eines Sternes steigt mit der vierten Potenz seiner Temperatur.

Betrachten wir zwei Sterne mit gleichem Radius. Der erste Stern habe eine Oberflächentemperatur von 5000 K, der zweite von 10.000 K. Dann ist die Leuchtkraft des zweiten Sterns L_2 gleich dem $2^4 = 16$-fachen der Leuchtkraft des ersten Sternes L_1. Im HRD rechts oberhalb der Hauptreihe liegende Sterne sind bei gleicher Temperatur leuchtkräftiger als Sterne auf der Hauptreihe. Dies kann man nur damit erklären, dass sie eine größere Oberfläche besitzen, also wesentlich größer sind. Deshalb spricht man von Riesensternen. Sterne, die links unterhalb der Hauptreihe liegen, sind sehr heiß, leuchten aber nur schwach, sie müssen deshalb sehr klein sein. Diese Sterne werden als Weiße Zwerge bezeichnet. Neben der Klassifikation O–B–A–F–G–K–M hat definiert man noch die Leuchtkraftklassen:

- I Überriesen,
- II helle Riesen,
- III normale Riesen,
- IV Unterriesen,
- V Hauptreihensterne.

▸ Vollständig definiert sind Sterne nur durch Angabe ihrer Leuchtkraftklasse.

Damit ist die Position von allen Sternen im HRD festgelegt.

▸ Für unsere Sonne gilt: Spektraltyp G2V.

Die Interpretation des Spektraltyps für unsere Sonne (G2V) (siehe Abb. 7.6):

- G2: Wasserstofflinien nicht mehr so stark im Spektrum, unsere Sonne gehört zu den kühleren Sternen. Linien von ionisiertem Ca.
- V: Die Sonne ist ein Hauptreihenstern.

7.4 Sternentwicklung

7.4.1 Sternhaufen

Sterne sind sehr oft in Sternhaufen konzentriert. Dabei unterscheidet man zwischen den offenen Sternhaufen und den Kugelsternhaufen. Offene Sternhaufen sind, wie der Name besagt, offen, unregelmäßig und enthalten nur einige Dutzend Sterne. Im Laufe der Zeit lösen sie sich auf. Kugelsternhaufen sind kugelförmig, enthalten einige 100.000 Mitglieder und lösen sich nicht auf.

Betrachten wir als Beispiel den Sternhaufen der Hyaden im Sternbild Stier. Die Hyaden sind ein offener Sternhaufen im Sternbild Taurus (Stier) und etwa 44 pc von uns entfernt (1 pc = 3,26 Lichtjahre). Insgesamt gehören mehr als 300 Sterne zu diesem Haufen. Alle Sterne eines Haufens sind in etwa zur selben Zeit entstanden. Der Grund, weshalb man die meisten Sterne dieses Haufens auf der Hauptreihe sieht, ist einfach erklärt: Die Sterne verbringen auf der Hauptreihe die längste Phase ihrer Entwicklung. Unsere Sonne, ein G2V-Stern, wird insgesamt etwa neun Milliarden Jahre auf der Hauptreihe verbringen. Sterne, die heißer sind als unsere Sonne, verbrauchen wesentlich schneller ihren Brennstoffvorrat. In Abb. 7.7 ist das HRD von verschiedenen offenen Sternhaufen gezeigt. Die Hyaden sind etwa 600 Millionen Jahre alt und gehören damit bereits zu den älteren offenen Sternhaufen. Am jüngsten ist der offene Sternhaufen $h - \chi$ Persei, der in einer klaren mondlosen Nacht bereits mit freiem Auge erkennbar ist, unterhalb des Sternbildes der Cassiopeia, die markant als Himmels-W erscheint. Der Doppelhaufen war bereits Hipparch um 130 v. Chr. bekannt. Er ist etwa 6000 Lichtjahre von uns entfernt. Die Pleiaden (Abb. 7.8) sind ebenfalls ein offener Sternhaufen im Sternbild Taurus und etwa 100 Millionen Jahre alt. Sie sind etwa 380 Lichtjahre von uns entfernt. Um die jungen hellen Sterne erkennt man noch Reflexionsnebel, also Überreste des Nebels aus Gas und Staub, aus denen diese Sterne entstanden sind.

Bei $h - \chi$ Per ist die Hauptreihe vollständig besetzt (violette Karos). Bei den Hyaden zweigt die Hauptreihe etwa beim Spektraltyp A nach rechts ab. Das bedeutet: Alle O- und B-Sterne haben sich bereits von der Hauptreihe weg entwickelt. Sie existieren nicht mehr (mehr dazu im nächsten Kapitel).

NGC 188 zählt zu den ältesten bekannten offenen Sternhaufen. Er ist etwa 5000 Lichtjahre von uns entfernt.

Betrachten wir als Vergleich das Hertzsprung-Russell-Diagramm eines Kugelsternhaufens. Hier sieht man, dass die Hauptreihe nicht mehr vollständig besetzt ist und sich einige Sterne auch im Bereich der Riesen befinden. Die physikalische Interpretation ist einfach: Massereiche Sterne entwickeln sich schneller als massearme Sterne. Da Kugelsternhaufen wesentlich älter sind als offene Sternhaufen, ist die Hauptreihe nicht mehr vollständig besetzt bis zu den heißesten Sternen.

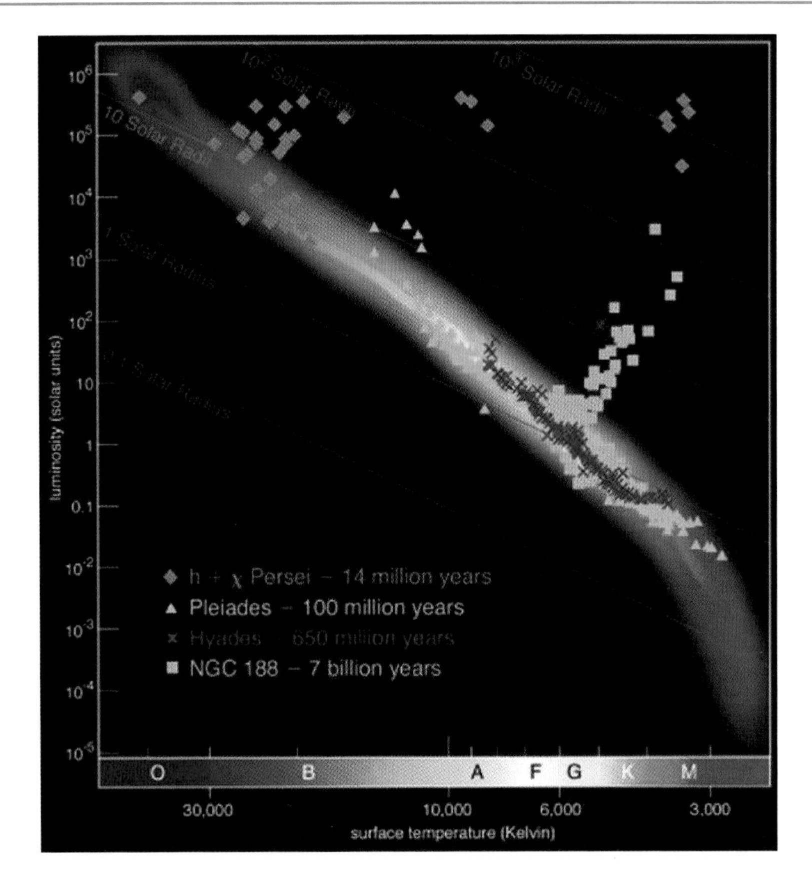

Abb. 7.7 Vergleich HRD von Sternhaufen unterschiedlichen Alters. Je älter der Haufen, desto weniger massereiche Sterne findet man noch auf der Hauptreihe. Am jüngsten in diesem Diagramm ist der Sternhaufen $h - \chi$ Per, am ältesten der Sternhaufen NGC 188. Quelle: njit.edu

Zusammenfassend:

- Aus der Lage des Abzweigepunktes von der Hauptreihe kann man das Alter von Sternhaufen bestimmen.

7.4.2 Die Entwicklung unserer Sonne

Die Lage unserer Sonne im HRD ändert sich während insgesamt etwa neun Milliarden Jahren kaum. Sie wird lediglich ein wenig heller und wandert etwas weiter nach links entlang der Hauptreihe. Sobald jedoch im Zentrum der Sonne kein Wasserstoff mehr zur Kernfusion bereit steht, ändert sich die Struktur unserer Sonne. Wasserstoff wird dann in einer

Abb. 7.8 Die Pleiaden (Siebengestirn). NASA

Schale um den Kern herum zu He fusioniert. Der Kern selbst zieht sich zusammen, die dabei frei werdende Energie erhitzt den Kern und wenn die Temperatur groß genug ist, setzt das Heliumbrennen ein: Aus drei Heliumatomen wird Kohlenstoff, also

$$3\,^4\mathrm{He} \rightarrow {}^{12}\mathrm{C}\,. \tag{7.8}$$

Bevor dieses Heliumbrennen einsetzt, wandert die Sonne etwas leicht nach rechts im HRD senkrecht nach oben, ihre Temperatur nimmt also leicht ab, sie wird röter, während ihre Leuchtkraft stark zunimmt. Die Sonne hat sich zum *Roten Riesen* entwickelt. In diesem Stadium reicht sie bis über die Erdbahn, die Erde ist also Teil der Atmosphäre der Sonne geworden und Leben ist natürlich nicht mehr möglich. Das Alter der Sonne beträgt etwa 4,6 Milliarden Jahre, also wird sie noch einmal so lange brauchen, um sich zum Roten Riesen zu entwickeln. Im Roten-Riesen-Stadium ist die Sonne instabil, es gibt zwei innere Energiequellen: (i) eine nach außen wandernde Schale, in der Wasserstoff zu Helium verbrannt wird, und (ii) im Kern die Schale, wo aus Helium Kohlenstoff wird. Schließlich bleibt fast nur mehr der Kern der Sonne übrig, der sich zu einem Weißen Zwerg entwickelt. Die Änderungen der Größe der Sonne betragen also:

- Sonne: gegenwärtig $1R_\odot$,

Tab. 7.2 Hauptreihensterne

Masse ($M_\odot$)	Spektraltyp	Temperatur (K)	$R/R_\odot$	$L/L_\odot$
60	O3	50.000	15	1.400 000
40	O5	40.000	12	500.000
18	B0	28.000	7	20.000
3,2	A0	10.000	2,5	80
1,7	F0	7400	1,3	6
1,1	G0	6000	1,05	1,2
1	G2	5800	1	1
0,8	K0	4900	0,85	0,4
0,5	M0	3500	0,6	0,06
0,1	M8	2400	0,1	0,001

- Sonne als Roter Riese: etwa $100R_\odot$,
- Sonne als Weißer Zwerg: etwa $1/100R_\odot$.

Das endgültige Schicksal unserer Sonne ist das eines Weißen Zwerges, sie erhält dann etwa die Größe der Erde.

▸ Entwicklung der Sonne: Hauptreihenstern (etwa 9 Milliarden Jahre) → Roter Riese (einige 100 Millionen Jahre) → Weißer Zwerg (kühlt langsam aus).

Aus den obigen Zahlen sehen wir: Den größten Teil ihres Lebens verbringt die Sonne (wie alle anderen Sterne) auf der Hauptreihe. In Tab. 7.2 sind einige Daten für Hauptreihensterne angegeben: die Masse, Radius und Leuchtkraft in Einheiten der Werte für die Sonne sowie die Temperatur in K.

7.4.3 Wie lange leben Sterne?

Die Lebensdauer eines Sternes wird als die Dauer definiert, die der Stern auf der Hauptreihe verbringt. Wie wir gesehen haben, hängt dies von der Masse des Sternes ab.

- Massereiche Sterne verbrennen sehr schnell ihren Vorrat an Wasserstoff und leben nur einige Millionen Jahre,
- massearme Sterne leben mehrere Milliarden Jahre.

Exkurs

Man kann die Lebensdauer eines Sternes auf der Hauptreihe abschätzen. Es gibt eine einfache Beziehung zwischen der Leuchtkraft eines Sternes und dessen Masse, die sich aus dem HRD ableiten lässt:

$$L \sim M^{3,5} . \tag{7.9}$$

Die Lebensdauer eines Sternes ist andererseits gegeben durch das Verhältnis

$$t \sim M/L \tag{7.10}$$

und daher findet man

$$\frac{t}{t_\odot} = \left(\frac{M}{M_\odot}\right)^{-2,5} . \tag{7.11}$$

Dabei bedeutet $t_\odot$ die Lebensdauer unserer Sonne, $M_\odot$ die Masse unserer Sonne. Schätzen wir aus dieser Formel ab, wie lange ein Stern mit zehnfacher Sonnenmasse lebt:

$$\frac{t}{t_\odot} = 10^{-2,5} = \frac{1}{300} . \tag{7.12}$$

Da unsere Sonne eine Lebensdauer von rund $t_\odot \sim 10$ Milliarden Jahren besitzt, folgt für die Lebensdauer eines Sterns mit zehnfacher Sonnenmasse: $t = \frac{1}{300} 10^9 = 30 \times 10^6$ Jahre.

▸ Ein Stern mit 10 Sonnenmassen ist mehr als 1000-mal so hell wie die Sonne; seine Lebensdauer beträgt jedoch nur 30 Millionen Jahre.

7.4.4 Rote Riesen und Überriesen

Sterne mit großen Massen entwickeln sich zu Überriesen. Die Entwicklung geht zunächst ähnlich wie bei einem normalen Roten Riesen. Eine Zone, in der Wasserstoff zu Helium fusioniert, wandert nach außen, die äußere Atmosphäre des Sterns erhitzt sich und dehnt sich aus. Sobald die Wasserstoffverbrennung zu Ende geht, kommt es zu einem Kollaps, der Heliumkern erwärmt sich extrem, und das Heliumbrennen zu Kohlenstoff setzt ein bei einer Temperatur von etwa 100 Millionen K.

7.4.5 Wolf–Rayet-Sterne

Massive Sterne mit mehr als zehn Sonnenmassen zeigen sehr breite Emissionslinien in ihren Spektren. Diese wurden bereits 1867 von Ch. Wolf und G. Rayet entdeckt. Es handelt sich um junge Sterne mit sehr starken Sternenwinden. Die äußere Atmosphäre wird buchstäblich weggeblasen. Viele dieser Sterne sind Komponenten von Doppelsternen.

7.4.6 Planetarische Nebel

Die Bezeichnung geht auf W. Herschel (um 1785) zurück, der als Erster diese nebelartigen Objekte mit einem Teleskop beobachtete. Ihr Aussehen erinnert oft an die kleinen Planetenscheibchen von Uranus und Neptun, die man mit einem mittleren Teleskop erkennen kann, deshalb der irreführende Name. Planetarische Nebel haben nichts mit Planeten zu

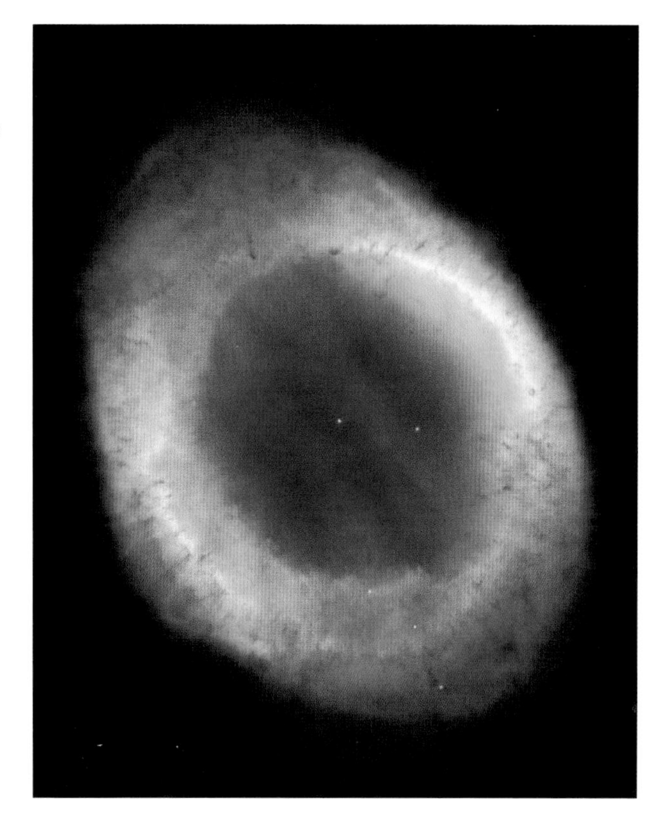

Abb. 7.9 Der Ringnebel, M57, einer der bekanntesten planetarischen Nebel; im Zentrum erkennt man den Weißen Zwerg. NASA

tun. Sie bestehen aus extrem verdünntem Gas, welches Sterne mit geringen Massen während ihres Rote-Riesen-Stadiums abstoßen. Das Gas wird von der UV Strahlung der Sterne erhitzt und deshalb sieht man für einige Zeit einen Nebel um den sterbenden Stern herum leuchten. Zunächst fand man in den Spektren dieser Objekte Linien eines bis dahin auf der Erde unbekannten Elementes, welches man als Nebulium bezeichnete. Später stellte sich heraus, dass es sich hierbei um verbotene Linien (z. B. Sauerstoff und Stickstoff) handelt. Verboten nennt man diese Linien deshalb, weil sie unter irdischen Laborbedingungen niemals beobachtet werden.

Ein sehr bekanntes Beispiel für einen planetarischen Nebel ist der Ringnebel M 57 im Sternbild Leier (Lyra), der in Abb. 7.9 gezeigt wird. Er ist etwa 2300 Lichtjahre von uns entfernt. Er wurde 1779 von einem französischen Astronomen gefunden und als großer verschwindender Jupiter beschrieben. Seine ringförmige Struktur erkennt man erst mit einem Teleskop von mindestens 20 cm Öffnung.

7.4.7 Weiße Zwerge

Um 1850 wurde klar, dass der hellste Stern, Sirius, einen Begleiter besitzen muss. Sirius B wurde zum ersten Mal 1862 beobachtet. Er ist etwa 10.000-mal schwächer als Sirius A und daher in der Nähe dieses hellen Sternes nur sehr schwierig zu beobachten. Aus der Bewegung von Sirius B um Sirius A konnte man dann mit Hilfe des Dritten Keplergesetzes dessen Masse ableiten: 0,98 Sonnenmassen. Aus der Farbe ergibt sich eine Oberflächentemperatur von mehreren 10.000 K. Weshalb leuchtet Sirius B so schwach? Die einzige Erklärung: Er besitzt eine kleine Oberfläche, er ist also ein kleines Objekt von etwa Erdgröße. Für derartige Objekte hat man die Bezeichnung Weißer Zwerg eingeführt.

Weiße Zwerge sind Endstadien der Sternentwicklung für Sterne mit einer Masse unterhalb 1,4 Sonnenmassen (Chandrasekhar-Grenze). Die Anfangsmasse der Sterne, die sich zu Weißen Zwergen entwickeln, konnte größer gewesen sein, aber durch Sternenwinde haben sie an Masse verloren, sodass nur mehr ein aus Kohlenstoff und Sauerstoff bestehender Kern zurückbleibt.

Man kann zeigen, dass es bis zu dieser Masse möglich ist, dass sogenannte entartete Elektronen dem Druck der Gravitation standhalten. Weiße Zwerge sind sehr kompakte Objekte. Ein Stern wie unsere Sonne von ungefähr 100-facher Erdgröße wird auf die Größe der Erde komprimiert. Entsprechend hoch ist die Dichte. Eine Besonderheit entarteter Materie ist, dass die Durchmesser von Weißen Zwergen umso kleiner werden, je größer deren Masse ist. Ein Weißer Zwerg mit $0{,}5 M_\odot$ ist etwa 50 % größer als die Erde, ein Weißer Zwerg mit einer Sonnenmasse besitzt etwa 90 % der Größe der Erde.

Weiße Zwerge erzeugen keine Energie mehr, sondern kühlen aus. Die Abkühlung erfolgt umso langsamer, je kleiner deren Oberfläche ist. Betrachten wir einen Weißen Zwerg mit 0,6 Sonnenmassen.

- Helligkeit nimmt ab auf 0,1 $L_\odot$ in 20 Millionen Jahren,
- Helligkeit nimmt ab auf 0,01 $L_\odot$ in 300 Millionen Jahren,
- Helligkeit nimmt ab auf 0,001 $L_\odot$ in einer Milliarde Jahre,
- Helligkeit nimmt ab auf 0,0001 $L_\odot$ in etwa 6 Milliarden Jahren; der Stern ist dann in etwa so heiß an der Oberfläche wie die Sonne. Er ist allerdings sehr schwach und nur innerhalb einiger pc Entfernung detektierbar. Würde man diesen Weißen Zwerg anstelle der Sonne setzen, wäre er in etwa so hell wie der Vollmond.

Für Weiße Zwerge gibt es eine Untergrenze an Masse: Sterne, deren Masse geringer als 0,6 Sonnenmassen ist, haben sich seit der Entstehung des Universums noch nicht so weit entwickelt, um als Weißer Zwerg zu enden. Die massiveren Weißen Zwerge entstanden aus Sternen, die ursprünglich bis zu 8 Sonnenmassen enthielten (siehe Abb. 7.10).

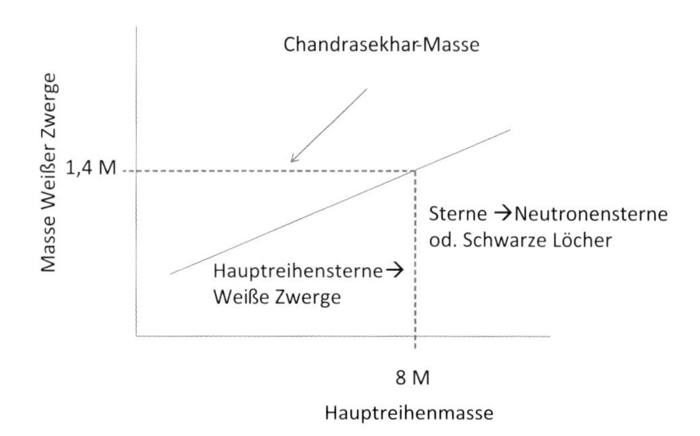

Abb. 7.10 Weiße Zwerge, Neutronensterne, Schwarze Löcher; Bildung als Funktion der Anfangsmasse (Masse auf der Hauptreihe)

Physikalisches Konzept: entartete Materie

Bei den Endstadien der Sternentwicklung spielt entartete Materie eine wichtige Rolle, aber auch während anderer Phasen. Gase, wie wir sie kennen, gehorchen dem Gesetz idealer Gase. Die drei Zustandsgrößen eines Gases, Druck, Volumen und Temperatur sind miteinander verknüpft. Nun gibt es in der Physik das Pauli-Ausschließungsprinzip. Wenn die Dichte des Gases sehr hoch wird, dann wird dieses Prinzip wirksam. Vereinfacht ausgedrückt: Das Pauli-Prinzip verhindert, dass z. B. ein Kubikmeter Gas mit beliebig vielen Teilchen aufgefüllt wird. Von der klassischen Physik gäbe es keine Einschränkung, man könnte beliebig viele Teilchen in ein bestimmtes Volumen geben. Nach dem Pauli-Prinzip beginnt sich das Gas fast wie eine Flüssigkeit zu verhalten. Der Druck des Gases nimmt mit der Dichte zu, aber er ist nahezu unabhängig von der Temperatur. Ein Gas hoher Dichte, dessen Druck von der Temperatur unabhängig ist, nennt man entartetes Gas. Zunächst werden bei einer Dichte von 10^9 g/m^3 die Elektronen entartet. Neutronen werden erst bei Dichten um 10^{18} kg/m^3 entartet. Diese Dichte könnte man erreichen, wenn man die gesamte Erde zu einem Würfel mit der Kantenlänge 200 m zusammenpackt.

Sobald ein Stern entartet ist, kühlt er aus. Der innere Druck bleibt hoch, er hängt nicht mehr von der Temperatur ab.

Entartete Sterne sind also entweder:

- Weiße Zwerge: Hier sind die Elektronen entartet,
- Neutronensterne: Hier sind die Neutronen entartet.

▸ Bei Weißen Zwergen liefert der Druck der entarteten Elektronen den Gegendruck, bei Neutronensternen der Druck der entarteten Neutronen. Entartete Materie gehorcht nicht mehr den idealen Gasgesetzen.

7.5 Die Entstehung von Sternen

7.5.1 Das Sonnensystem

Gehen wir zunächst einmal von unserem Sonnensystem aus. Es gibt im Planetensystem einige Besonderheiten, die eine Theorie der Entstehung der Sonne und des Planetensystems erklären muss:

- Die Umlaufbahnen der Planeten liegen nahezu in einer Ebene.
- Alle Planeten bewegen sich im selben Sinne um die Sonne; die Rotationen der meisten Planeten (Ausnahmen: Uranus, Venus) sind ebenfalls im Umlaufsinn.
- Planetenbahnen sind meist kreisförmig.
- Die Sonne enthält 99 % der Masse des Sonnensystems, aber nur etwa 1 % des Drehimpulses.
- Von außen gesehen erscheint unser Sonnensystem als flach.

Aus diesen Tatsachen folgt: Das Material aus dem Sonne und Planeten entstanden sind, muss ebenfalls sehr flach verteilt gewesen sein. Der Drehimpuls muss von der Sonne nach außen transportiert worden sein, ansonsten müsste der Drehimpuls beim massereichsten Körper verblieben sein, bei der Sonne. Die Sonne rotiert also zu langsam.

7.5.2 Molekülwolken

Es gibt zwischen den Sternen das interstellare Gas. Man findet darin auch kalte Regionen, wo Moleküle entstehen können. Da sie sehr oft zusammen mit Staubwolken vorkommen, verhindert allerdings meist der interstellare Staub den Blick auf sie im sichtbaren Bereich. Viele Molekülwolken kann man jedoch auf Grund ihrer Radiostrahlung beobachten. Neben Molekülen wie Wasserstoff, H_2, findet man auch Kohlendioxid, CO und sogar organische Verbindungen wie Ameisensäure in den Molekülwolken. Es gibt sehr große Molekülwolken, die bis zu 10 pc Ausdehnung besitzen. Diese enthalten bis zu einer Million Sonnenmassen.

Der Orionnebel (Abb. 7.11) ist die uns am nächsten stehende Molekülwolke. Sie ist etwa 450 pc entfernt. Man findet darin bereits junge heiße Sterne. Diese regen die Gaswolken zum Leuchten an, und wir beobachten den Orionnebel.

Gaswolken kann man in verschiedenen Wellenlängenbereichen beobachten:

- sichtbarer Bereich: Meist leuchten interstellare Gaswolken rötlich, diese Strahlung entsteht durch die Wasserstofflinien $H\alpha$.
- Radiobereich (z. B. CO-Emission): Zeigt an die Verteilung des kühlen Gases; wichtig für die Sternentstehung.
- Infrarotbereich: Verteilung des Staubes.

Abb. 7.11 Orionnebel, M42; eine sogenannte Star-Forming-Region. NASA

Man findet in solchen Gaswolken wie dem Orionnebel kühle dunkle Bereiche, mit Temperaturen von 10 K und Massen zwischen 1000 und 10.000 Sonnenmassen. Darin existieren dann noch kühlere Bereiche, die nur etwa 0,1 pc groß sind und zwischen 1/10 und 10 Sonnenmassen enthalten. Wärmere Verdichtungen enthalten Temperaturen zwischen 30 und 100 K, Massen zwischen 10 und 1000 Sonnenmassen und können bis zu 3 pc Ausdehnung besitzen. In vielen Kernen von solchen Wolken findet man Quellen intensiver Infrarotstrahlung, dabei handelt es sich um Protosterne. Bei den wärmeren Wolkenkernen sind die Sterne massereicher als bei den kühleren und es entstehen mehrere Sterne. Die Wolkenkerne kollabieren, wobei der Kollaps wegen der Magnetfelder langsam verläuft. Ionisiertes Gas (die Ionisation erfolgt durch nahe gelegene Sterne) kann sich nicht quer zu den Feldlinien bewegen und durch Reibung wird auch das neutrale Gas abgebremst.

7.5.3 Kollaps eines Protosterns

Wenn eine Gaswolke kollabiert, wird Gravitationsenergie frei. Solange der Protostern durchsichtig ist, wird die erzeugte Wärme als Infrarotstrahlung wegtransportiert. Es bildet sich also praktisch kein Gegendruck aus, das Objekt kollabiert ungehindert. Die Materie wird jedoch mit der Zeit immer dichter und undurchsichtig. Staub blockiert die Infrarotstrahlung. Als Beispiel dafür betrachten wir Kreidestaub. Ist der Staub fein verteilt über einen großen Raum, dann ist er praktisch durchsichtig, sobald man den Raum jedoch genügend verkleinert, wird er undurchsichtig. Wenn der Staub die Abstrahlung blockiert, wird der Protostern undurchsichtig, die Infrarotstrahlung kann nicht mehr abgestrahlt werden und Druck und Temperatur des Protosterns beginnen zuzunehmen.

Sobald der Druck groß genug geworden ist, um der Gravitation, also dem Gewicht des Protosterns, die Waage zu halten, wird der schnelle Kollaps des Protosterns gestoppt. Bei dieser Phase hat der Protostern erst etwa 1 % einer Sonnenmasse. Aber die Masse nimmt konstant zu. Nun kommen wir zu einem anderen Problem. Wenn der Protostern weiter Masse aufnimmt – man bezeichnet diesen Prozess als Akkretion – , dann wird irgendwann einmal die gesamte Molekülwolke verschwunden sein. Wir haben also einen massereichen Sterne aber keine Planeten. Wird der Akkretionsprozess gestoppt?

Ein Protostern entwickelt starke „Sternenwinde“. Diese wirken der Akkretion entgegen. Die Winde stoppen die Akkretion und blasen das verbleibende Material um den Stern herum weg, der Stern wird sichtbar.

Der Stern selbst kontrahiert weiter, jedoch nicht mehr im freien Fall wie früher. Man spricht von einer Kelvin–Helmholtz-Kontraktion. Dies kann für einen Stern wie unsere Sonne bis zu zehn Millionen Jahre dauern.

Bei den besprochenen Kontraktionsphasen bildet sich eine rotierende Scheibe (auch als protoplanetare Scheibe bezeichnet). Durch Kontraktion rotiert die Scheibe immer schneller infolge Drehimpulserhaltung. Die Scheibe entsteht durch Zentrifugalkräfte bzw. wird Materie, die an den Polen in den Protostern fällt, von der Rotation der Scheibe nicht beeinflusst. Man kann also die Bildung einer Scheibe leicht erklären und damit die Tatsache, dass die Planeten des Sonnensystems nahezu in einer Ebene liegen.

7.5.4 T-Tauri-Sterne und Sternenwinde

T-Tauri-Sterne gehören zu den sogenannten Vorhauptreihensternen. Diese Sterne befinden sich also noch nicht auf der Hauptreihe im Hertzsprung-Russell-Diagramm. Es handelt sich um kühle Sterne der Spektraltypen G, K oder M. Viele zeigen starke Emissionslinien. Dies deutet auf eine starke Aktivität in ihren Chromosphären hin. Erinnern wir uns: Man kann Erscheinungen der Chromosphäre in unserer Sonne außerhalb einer totalen Sonnenfinsternis durch Emissionslinien beobachten, die in der Chromosphäre gebildet werden. Die bekannteste Linie ist hier die Wasserstofflinie $H\alpha$.

Beobachtet man die Helligkeit der T-Tauri-Sterne, dann sieht man periodische Veränderungen. Diese erklärt man sich mit riesigen Sternflecken. T-Tauri-Sterne rotieren rascher als die Sonne, sie benötigen dazu etwa fünf Tage. Weiter beobachtet man bei diesen Sternen eine Emission im Infraroten. Dies deutet auf Staub hin, der sich um diese Sterne herum befindet.

Nehmen wir also die T-Tauri-Sterne als Beispiel, wie man verschiedene Parameter eines Sternes aus der Strahlung detektieren kann, und fassen wir zusammen:

- Rotation: Durch riesige Sternflecken entstehen periodische Helligkeitsänderungen, die man messen kann;
- Chromosphäre: durch Beobachtung verschiedener Emissionslinien; aus deren Stärke folgt ein Maß für die chromosphärische Aktivität.
- Staub um den Stern: durch Beobachtung des Infrarotexzesses; im Infraroten wird mehr abgestrahlt, als bei reiner Strahlung durch den Stern zu erwarten wäre.

Sternenwinde mit sehr hohen Geschwindigkeiten beobachtet man bei jungen Sternen. Der Wind bläst vorwiegend entlang der Polachsen, man spricht von einem bipolaren Ausfluss. Es gibt praktisch keinen Wind in der Äquatorebene. Dies ist wichtig, ansonsten würde das Material zur Entstehung der Planeten ebenfalls weggeblasen. Sobald die Temperatur im Kernbereich eines Sternes etwa eine Million K erreicht hat, setzt dort die Kernfusion ein (im Wesentlichen Fusion eines Deuteriumkerns mit einem Proton). Dadurch werden plötzlich hohe Energiemengen erzeugt, das führt zu einer starken Konvektion des Sterns. Konvektion und schnelle Rotation führen zu starker Aktivität des Sterns, und deshalb ist das bipolare Magnetfeld sehr stark ausgeprägt und ionisierte Teilchen bewegen sich entlang dieser Magnetfeldlinien. Junge Sterne verlieren bis zu $10^{-7}\,M_\odot$ pro Jahr. Dies ist um den Faktor 10 Millionen höher als der gegenwärtige Masseverlust der Sonne durch den Sonnenwind.

7.5.5 Bildung von Planetensystemen in Scheiben

Man nimmt heute an, dass es drei Prozesse gibt, die für die Bildung von Planetensystemen entscheidend sind. Grundsätzlich: Sterne entstehen immer in Molekülwolken und in Gruppen.

- Die Scheibe verdampft durch Anwesenheit eines heißen Sternes in der Umgebung. Nehmen wir an, es existiert eine Scheibe um einen jungen Stern, in dessen Nachbarschaft sich ein heißer massereicher Stern entwickelt. Die Scheibe absorbiert die UV-Strahlung des massereichen Sterns, erhitzt sich und verdampft quasi; dieser Prozess dauert weniger als 100.000 Jahre. Kein Planetensystem entsteht. Im Orionnebel findet man viele derartige Fälle.

- Der Stern selbst entwickelt so starke Winde, dass die Scheibe verschwindet, ehe sich Planeten bilden konnten.
- Bevor die Scheibe verdampft, konnten sich Verdichtungen durch Reibung bilden, aus diesen entstanden zuerst Planetesimale, also größere, km bis einige 10 km große Klumpen, und dann die Planeten. Berechnungen zeigen, dass der Prozess der Bildung der Planeten in unserem Sonnensystem nur etwa 10 bis 100 Millionen Jahre dauerte. Das Alter des Sonnensystems beträgt 4,6 Milliarden Jahre. Die Temperaturen in Sonnennähe waren so hoch, dass nur Metalle und silikatreiche Mineralien kondensieren konnten; hier bildeten sich also die erdähnlichen Planeten; weiter von der Sonne entfernt konnten sich auch andere Stoffe wie Eis bilden. Das ist der Bereich der Gasplaneten mit ihren Eismonden.

Physikalisches Konzept: Gravitationsenergie

Gravitationsenergie wird frei, sobald ein Stern schrumpft. Dies ist, wie besprochen, in der Vor-Hauptreihenentwicklung eines Sternes wichtig. Weiter tritt diese Form der Energiefreisetzung auf, wenn z. B. im Kern eines Sternes der Brennstoffvorrat an Wasserstoff zu Ende gegangen ist und der Kern schrumpft.

Die Gravitationsenergie eines Sternes der Masse M und Radius R beträgt:

$$E = \frac{GM^2}{R} \qquad G = 6{,}67 \times 10^{-11}\,\mathrm{Nm^2/kg^2}\,. \tag{7.13}$$

Schätzen wir nun die Gravitationsenergie der Sonne ab:

$$E = GM^2/R = \frac{6{,}67 \times 10^{-1}(2 \times 10^{30})^2}{7 \times 10^8} = 4 \times 10^{41}\,\mathrm{J}\,. \tag{7.14}$$

Gegenwärtig strahlt die Sonne mit etwa 4×10^{26} W. Daher reicht ihre durch Kontraktion freigesetzte Energie für $10^{41}\,\mathrm{Ws}/4 \times 10^{26}\,\mathrm{W} = 10^{15}$ s aus; ein Jahr hat 30 Millionen Sekunden, also reicht die Energie für $10^{15}/(3 \times 10^7) = 30 \times 10^6$ Jahre. Die Kelvin–Helmholtz-Kontraktionszeit für unsere Sonne beträgt also 30 Millionen Jahre.

7.6 Entwicklung massereicher Sterne

In diesem Abschnitt besprechen wir die Entwicklung massereicher Sterne. Darunter verstehen wir Sterne, deren Endmasse oberhalb der Chandrasekhar-Grenze von 1,4 Sonnenmassen liegt. Diese Sterne enden also nicht als Weiße Zwerge.

7.6.1 Kernfusion in massereichen Sternen

Massereiche Sterne bilden durch Fusion Elemente bis zum Eisen. Der Stern besitzt am Ende seiner Entwicklung einen schalenartigen Aufbau:

- äußerste Schale: besteht aus Wasserstoff und Helium,
- darunter: Schale bestehend aus Helium und Kohlenstoff; Temperatur etwa 30 Millionen K,
- darunter: Schale aus Kohlenstoff und Sauerstoff,
- darunter: Schale aus Sauerstoff, Neon und Magnesium; Temperatur etwa 500 Millionen K,
- darunter: Schale aus Silizium und Schwefel; Temperatur etwa 3 Milliarden K,
- Eisenkern.

Die einzelnen Elemente entstehen durch Kernfusion. Die Brenndauer der einzelnen Schalen ist stark unterschiedlich. Die Kernfusion erzeugt bis hinauf zum Element Eisen (Fe) Energie. Schwerere Elemente können dadurch nicht entstehen, bzw. zu deren Entstehung benötigt es mehr Energie als gewonnen wird.

Betrachten wir als Beispiel das Kohlenstoffbrennen:

$$^{12}\mathrm{C} + {}^{4}\mathrm{He} \rightarrow {}^{16}\mathrm{O}\,, \tag{7.15}$$

$$^{12}\mathrm{C} + {}^{12}\mathrm{C} \rightarrow {}^{24}\mathrm{Mg}\,, \tag{7.16}$$

$$^{12}\mathrm{C} + {}^{12}\mathrm{C} \rightarrow {}^{23}\mathrm{Na} + {}^{1}\mathrm{H}\,. \tag{7.17}$$

Wir sehen an diesen Reaktionen, wie aus Kohlenstoff die anderen Elemente Sauerstoff Magnesium und Natrium entstehen. Einige Beispiele für Sauerstoffbrennen:

$$^{16}\mathrm{O} + {}^{4}\mathrm{He} \rightarrow {}^{20}\mathrm{Ne}\,, \tag{7.18}$$

$$^{16}\mathrm{O} + {}^{16}\mathrm{O} \rightarrow {}^{31}\mathrm{S} + \mathrm{n}\,, \tag{7.19}$$

$$^{16}\mathrm{O} + {}^{16}\mathrm{O} \rightarrow {}^{31}\mathrm{P} + {}^{1}\mathrm{H}\,, \tag{7.20}$$

$$^{16}\mathrm{O} + {}^{16}\mathrm{O} \rightarrow {}^{28}\mathrm{Si} + {}^{4}\mathrm{He}\,, \tag{7.21}$$

$$^{16}\mathrm{O} + {}^{16}\mathrm{O} \rightarrow {}^{24}\mathrm{Mg} + 2{}^{4}\mathrm{He}\,. \tag{7.22}$$

7.6.2 Eine Supernova bricht aus

Die oben beschriebenen Reaktionen führen zur Bildung eines Eisenkerns, der nicht weiter an Fusionsprozessen teilnimmt. Das Siliziumbrennen, das zur Bildung des Fe-Kerns führt, dauert nur wenige Tage, das Wasserstoffbrennen dauert selbst bei massiven Sternen einige Millionen Jahre. Der Eisenkern nimmt an Masse zu, da ja das Siliziumbrennen weitergeht für einen massereichen Stern. Zunächst halten die entarteten Elektronen dem enormen Gewicht durch die Gravitation Widerstand, der Kern bleibt stabil. Sobald jedoch der Eisenkern die Chandrasekhar-Masse von 1,4 Sonnenmassen überschreitet, reicht der Druck der entarteten Elektronen nicht länger aus. Der Kern implodiert. Die Elektronen reagieren bei den hohen Dichten mit den Protonen und werden zu Neutronen; dies wird als Neutronisation bezeichnet. Der Kern kontrahiert sehr rasch:

- innerhalb der ersten Sekunde von einigen 1000 km auf 50 km,
- innerhalb weniger Sekunden bis auf etwa 5 km.

Es breitet sich innerhalb weniger Stunden eine Schockwelle durch den gesamten Stern aus. Die Neutrinos, die bei der Kontraktion des Kerns entstehen, entweichen schon früher. Etwa 1 % der gesamten freiwerdenden Energie beobachtet man als ein Aufleuchten des Sternes. Bis auf den im Kern verbleibenden Neutronenstern wird die gesamte Sternmaterie durch die Explosionswelle abgeschleudert, der Stern leuchtet als Supernova vom Typ II auf. Zunächst fällt die Helligkeit der Supernova steil ab, dann langsam; die Energie für diesen langsamen Abfall stammt aus dem radioaktiven Zerfall der Elemente Nickel und Kobalt. Eine Supernova leuchtet also wesentlich heller als ihr Vorgänger für einige Jahre.

Am 24. Februar 1987 beobachteten Astronomen mit verschiedenen Teleskopen und auf unterschiedlichen Wellenlängen eine Supernova in unserer Milchstraße, die man als SN 1987A bezeichnet. Sie ereignete sich in der Großen Magellan'schen Wolke, welche eine Zwerggalaxie ist und zur Milchstraße gehört. Einen Tag vor dem Helligkeitsausbruch stellte man einen erhöhten Fluss von Neutrinos fest. Der Vorgänger der Supernova war ein Stern mit etwa 20 Sonnenmassen, in einer Entfernung von 50.000 pc (ca. 150.000 Lichtjahre).

7.6.3 Der Crabnebel: ein Supernovaüberrest

Im Jahre 1054 beobachteten chinesische Astronomen einen hellen Stern am Himmel, der auch tagsüber deutlich zu sehen war. Heute finden wir als Überrest dieser Supernovaexplosion den Crabnebel (Abb. 7.12). Der Nebel ist etwa 6300 Lichtjahre von uns entfernt und besitzt eine Ausdehnung von 11×7 Lichtjahren. Die Filamente sind Überreste der Atmosphäre des Ursprungssterns und enthalten zum größten Teil ionisiertes Helium und Wasserstoff und weiterhin Kohlenstoff, Sauerstoff, Stickstoff, Eisen, Neon und Schwefel. Die Temperatur der Filamente liegt meist zwischen 11.000 K und 18.000 K. Die Dichte ist extrem gering: rund 1300 Teilchen pro cm^3.

Die Filamente des Nebels dehnen sich langsam aus. Vergleicht man zwei Aufnahmen, die in großem zeitlichen Abstand gewonnen wurden, dann kann man die Expansionsrate bestimmen bzw. wann die Explosion stattgefunden haben muss.

▸ Aus Supernovae entwickeln sich Neutronensterne bzw. Schwarze Löcher. Nur Sterne mit mehr als 1,4 Sonnenmassen werden zu einer Supernova, unsere Sonne also nicht!

Abb. 7.12 Der Crabnebel im Sternbild Stier (Taurus) ist der Überrest einer Supernovaexplosion aus dem Jahre 1054. NASA

7.6.4 Pulsare

Im August 1967 entdeckten J. Bell und A. Hewish, dass ein Objekt am Himmel regelmäßige kurzzeitige Pulse aussendet. Die Periode der Pulse betrug nur 0,337 Sekunden. Das Objekt erhielt die Bezeichnung PSR 1919. Zunächst war die Aufregung sehr groß, für kurze Zeit glaubte man sogar, es handle sich bei diesen rätselhaften Pulsen um Signale Außerirdischer. Deshalb war die Bezeichnung für dieses Objekt ursprünglich LGM-1. LGM steht dabei für Little Green Men. Der Himmel wurde genauer abgesucht und bereits innerhalb eines Jahres fand man mehr als zehn weitere Pulsare. Wenig später hat man die Pulsare dann als

Abb. 7.13 Skizze eines Neutronensterns. Die Strahlung ist durch das zur Rotationsachse geneigte Magnetfeld gebündelt und ergibt so den Leuchtturmeffekt. Nach Casey Reed

rasch rotierende Neutronensterne identifiziert. Für ihre Entdeckung bekam Hewish den Nobelpreis. Seine Mitarbeiterin J. Bell ging leer aus.

Weshalb rotieren Pulsare im Bereich von Sekunden oder noch viel rascher? Die Erklärung folgt aus der Drehimpulserhaltung der Physik. Wenn ein mehrere 1000 km großer Eisenkern zusammenfällt und einen Neutronenstern bildet, dann muss dieser infolge der Drehimpulserhaltung sehr rasch rotieren. Die Situation ist ähnlich wie bei einer Eiskunstläuferin, die eine Pirouette dreht und dabei die Arme anwinkelt, um sich schneller zu drehen. Ein Verstärkungseffekt durch den Kollaps tritt auch für das Magnetfeld auf: Pulsare sind also Sterne mit einem sehr starken Magnetfeld, die sehr rasch rotieren, rasch rotierende Neutronensterne.

Nun würde man aber erwarten, dass selbst wenn Neutronensterne rasch rotieren, diese nicht regelmäßige Pulse aussenden. Die Pulse entstehen dadurch, dass die Strahlung dieser Objekte durch die starken Magnetfelder gebündelt ist, also im Bereich der an den Polen offenen Magnetfeldlinien entspringt, und dass die magnetische Achse zur Rotationsachse geneigt ist wie in Abb. 7.13 gezeigt. Man hat es mit einer Art Leuchtturmeffekt zu tun.

Immer wenn uns als Beobachter auf der Erde ein solches Strahlenbündel trifft, beobachten wir einen „Strahlungspuls“. Die Strahlung selbst besteht aus beschleunigten geladenen Teilchen im Magnetfeld. Pulsare verlieren also durch die Strahlung Rotationsenergie und rotieren im Laufe der Zeit immer langsamer. Ein Pulsar, der anfangs mit einer Periode von 1 s rotiert (also 1 Hz), rotiert nach 30 Millionen Jahren mit einer Periode von 2 s. Pro Rotation verlangsamt sich seine Drehung um 10^{-15} Sekunden. Man beobachtet keine Pulsare mit Perioden von mehreren Sekunden, das Pulsarphänomen (gebündelte Strahlung im Magnetfeld) funktioniert also nur für sehr rasche Rotation.

▸ Pulsare sind rasch rotierende Neutronensterne mit Durchmessern um 15 km.

Wichtig: Der Begriff „Pulsar“ ist irreführend. Pulsare pulsieren nicht, d. h. sie dehnen sich nicht aus und ziehen sich zusammen; Puls bezieht sich bei diesen Objekten auf den Strahlungspuls.

7.6.5 Magnetar

Magnetare sind Neutronensterne mit extrem starken Magnetfeldern, die Stärken der Felder übertreffen die der normalen Pulsare um mehrere 10.000 bis Millionen. Etwa 10 % aller Neutronensterne dürften Magnetare sein. Es gibt sogenannte Sternbeben in der Kruste dieser Objekte. Dadurch entstehen Gammastrahlenausbrüche. Am 27. August 1998 sendete der Magnetar SGR 1900+14 einen solchen Gammastrahlenblitz. Dadurch wurden Atome in der Erdatmosphäre ionisiert, die zu dem Objekt zeigte, also während der Nacht in der das Objekt am Himmel stand. Die Ionisation in der Erdatmosphäre erreichte fast Tageswerte, am Tag wird die Ionisation ja durch die Sonneneinstrahlung hervorgerufen. Am 27. Dezember 2004 beobachtete man den Ausbruch eines Magnetars in 50.000 Lichtjahren Entfernung. Die auf die Erde eintreffende Gammastrahlung hatte kurzzeitig die Leistung der sichtbaren Strahlung des Vollmondes. Anders ausgedrückt: Innerhalb von 0,1 s wurde bei dem Ausbruch so viel Energie erzeugt wie die Sonne in 100.000 Jahren produziert. Ein Ausbruch dieser Größe in einer Entfernung von 30 Lichtjahren hätte ein Massensterben auf der Erde verursacht.

7.6.6 Supernovae Typ I

Supernovae vom Typ II entstehen am Ende der Entwicklung eines massereichen Sternes zu einem Neutronenstern. Nehmen wir an, ein Doppelsternsystem bestehe aus einem Weißen Zwerg und einem ausgedehnten Begleiter. Materie fließt vom Begleiter zum Weißen Zwerg. Sobald die Masse des Weißen Zwerges die Chandrasekhar-Masse übertrifft, explodiert dieser, man spricht dann von einer Supernova vom Typ I. Dieser Vorgang ist in Abb. 7.14 skizziert.

Abb. 7.14 Supernova vom Typ I. Nach: hera.ph1.uni-koeln.de

Der wichtige Punkt, der beide Typen von Supernovae betrifft: Sterne explodieren bei der definierten Zentralmasse des Eisenkerns (oder der Masse des Weißen Zwerges) von 1,4 Sonnenmassen, weil dann die Elektronen nicht mehr den nötigen Druck liefern können. Dies bedeutet:

- Supernovae sind gleich hell; man kann sie zu Entfernungsbestimmungen verwenden.

Supernovae übertreffen an Helligkeit die Leuchtkraft einer ganzen Galaxie, man sieht sie also in weiten kosmischen Entfernungen.

7.6.7 Schwarze Löcher

Astrophysiker stellten sich schon seit mehr als 100 Jahren die Frage, ob es Sterne geben könnte, deren Gravitationskraft so stark ist, dass nichts, also nicht einmal Licht/Strahlung, die Oberfläche des Sternes verlassen kann. Die Entweichgeschwindigkeit von der Oberfläche eines Sterns mit der Masse M und dem Radius R beträgt:

$$v = \sqrt{2GM/R}\,. \tag{7.23}$$

Abb. 7.15 Materie fällt in einer Akkretionsscheibe in das Schwarze Loch. NASA

Setzen wir für die Erde die Werte für die Masse und den Radius ein, dann finden wir eine Entweichgeschwindigkeit von 11,2 km/s. Wenn man mit einer Rakete diese Geschwindigkeit erreicht, kann man quasi von der Erde wegfliegen. Setzen wir nun für die Entweichgeschwindigkeit v die Lichtgeschwindigkeit $v = c = 300\,000\,\mathrm{km/s}$ ein, dann bekommen wir für den Radius R_s

$$R_s = \frac{2GM}{c^2} \,. \tag{7.24}$$

Dies wird als Schwarzschildradius bezeichnet. Ein Objekt der Masse M, das auf diesen Radius komprimiert wird, erscheint also völlig „schwarz", da nicht einmal Strahlung die Sternoberfläche verlassen kann. Berechnen wir den Schwarzschildradius für unsere Sonne. Die Masse der Sonne beträgt etwa 2×10^{30} kg. Dann finden wir für den hypothetischen Schwarzschildradius der Sonne den Wert 3 km. Komprimiert man die gesamte Sonnenmasse zu einer Kugel von 3 km Radius, dann wird sie unsichtbar, ein Schwarzes Loch. Dies ist wie gesagt rein theoretisch. Aber wenn die Masse der Sterne am Ende ihrer Entwicklung groß genug ist (mehr als etwa 4 Sonnenmassen), dann reicht auch der Druck der entarteten Neutronen nicht mehr aus und der Stern kollabiert zu einem Schwarzen Loch. Im Zentrum selbst ist eine sogenannte mathematische Singularität; hier verlieren unsere Begriffe von Raum und Zeit ihren Sinn.

Die Frage ist, wenn von einem Schwarzen Loch nichts entweichen kann, wie kann man diese dann überhaupt detektieren? Die Antwort ist einfach. Durch ihre enorme Gravitation krümmen sie den umgebenden Raum. Masse kann in das Schwarze Loch stürzen, die Masse fällt nicht direkt hinein, sondern befindet sich zunächst in einer Akkretionsscheibe um das

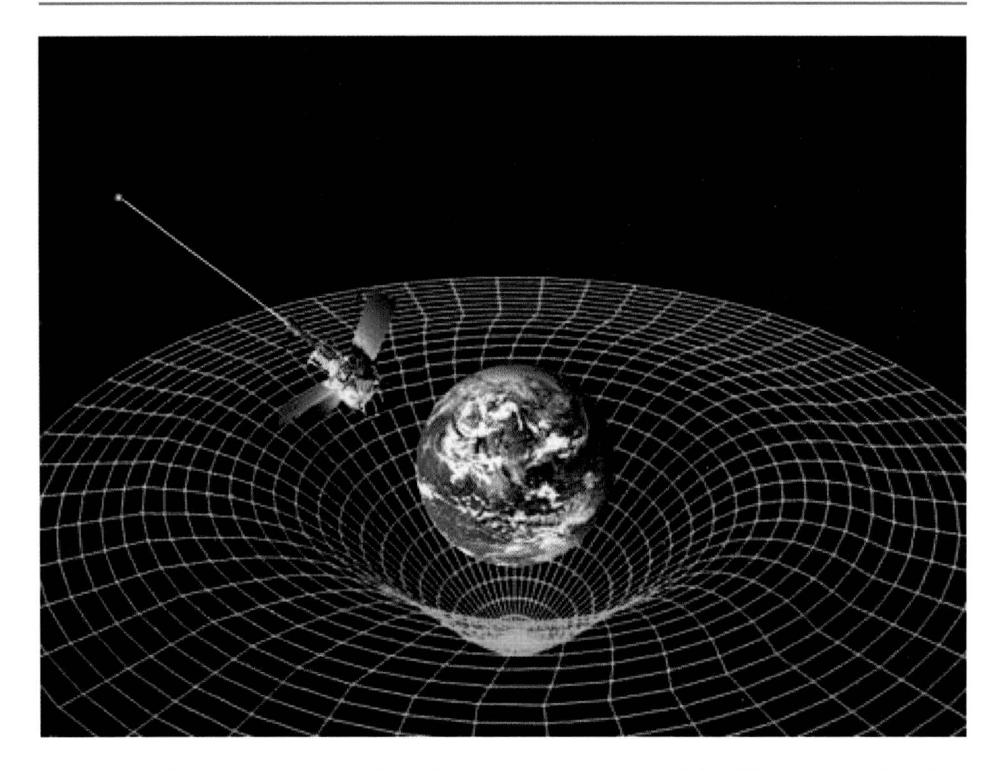

Abb. 7.16 Jede Masse krümmt die Raum-Zeit um sich herum gemäß der Allgemeinen Relativitätstheorie Einsteins. NASA

Schwarze Loch herum (Abb. 7.15). Dabei entsteht Reibung und Röntgenstrahlung wird produziert. Schwarze Löcher, die Begleiter von anderen Sternen sind, beeinflussen deren Position. Immer dann, wenn man starke Röntgenquellen am Himmel beobachtet bzw. aus den Positionsmessungen eines Sternes auf einen dunklen massereichen Begleiter von mehr als 4–5 Sonnenmassen schließen kann, ist die Erklärung dieser Phänomene ein Schwarzes Loch.

Schwarze Löcher beeinflussen den Raum um sich herum, auf Grund der starken Gravitation krümmen sie ihn. Es gibt drei mathematische Lösungen:

- Schwarze Löcher,
- Weiße Löcher: das Gegenteil von Schwarzen Löchern; es strömt Materie und Energie aus; existieren nur in der Theorie,
- Wurmlöcher: verbinden über sogenannte Einstein-Rosen-Brücken unterschiedliche Teile des Universums miteinander.

Theoretisch könnte man durch solche Wurmlöcher riesige Distanzen im Universum in sehr kurzer Zeit zurücklegen. Allerdings wird dies für Astronauten nicht empfohlen, man

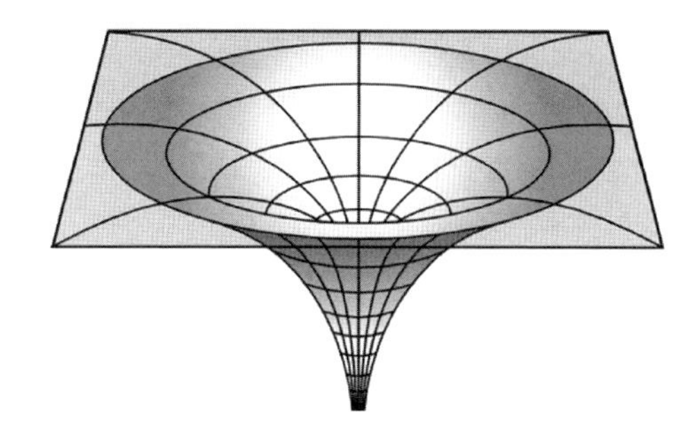

Abb. 7.17 Bei einem Schwarzen Loch ist die Raum-Zeit-Krümmung unendlich, im Zentrum ist eine Singularität, gemäß der Allgemeinen Relativitätstheorie Einsteins

würde bei einer solchen Fahrt von den immer stärker werdenden Gezeitenkräften auseinandergerissen; Physiker nennen dies schlicht und einfach Spaghetti-Effekt, die Astronauten würden also zu immer länger werdenden Spaghettis.

In Abb. 7.16 ist dargestellt, dass jede Masse die Raum-Zeit um sich herum krümmt. Je größer die Masse, desto stärker die Krümmung. Bei einem Schwarzen Loch ist die Krümmung unendlich zu einer Singularität (Abb. 7.17).

Die Welt der Galaxien

8

Inhaltsverzeichnis

In diesem Kapitel behandeln wir zunächst unsere kosmische Heimat, die Milchstraße. Bis um 1920 glaubte man, das Universum bestehe nur aus der Milchstraße, und die zahlreichen anderen, teils spiralförmigen Nebelflecken wurden als Bestandteile unserer Milchstraße bezeichnet. Erst als man mit größeren Teleskopen (z. B. das 2,5-Meter-Mt.-Wilson-Teleskop) die Entfernung des Andromedanebels bestimmen konnte, zeigte sich, dass dieser nicht zu unserer Milchstraße gehören kann. Die anderen Galaxien wurden dann auch als Welteninseln bezeichnet. Wir werden verschiedene Typen von Galaxien besprechen sowie deren Aufbau und Entstehung. Galaxien ordnen sich zu Haufen und diese wiederum zu Superhaufen. Damit sind wir dann bei den größten im Universum vorkommenden Strukturen angelangt.

In diesem Kapitel erfahren Sie

- welche Arten von Galaxien es gibt,
- wie man Entfernungen von Galaxien bestimmen kann,
- dass in Quasaren riesige Schwarze Löcher Sterne verschlingen,
- was Galaxienhaufen sind.

A. Hanslmeier, *Faszination Astronomie*, DOI 10.1007/978-3-642-37354-1_8,
© Springer-Verlag Berlin Heidelberg 2013

8.1 Unsere kosmische Heimat: die Milchstraße

8.1.1 Was ist die Milchstraße?

Die Bezeichnung Milchstraße kommt aus der griechischen Mythologie. Hera, die Gattin des Zeus, soll Herakles, den unehelichen Sohn ihres Gatten, im Schlaf gestillt haben. Dabei stellte sich der Knabe so ungeschickt an, dass Milch aus ihrem Busen verspritzte und die Milchstraße bildete (siehe Gemälde von Tintoretto (1518–1594), Abb. 8.1).

Die Milchstraße kann man in unseren Breiten bei klaren dunklen mondlosen Nächten als zart leuchtendes Band am Himmel erkennen, besonders eindrucksvoll an späten Sommer- bzw. frühen Herbstabenden. Auch den anderen Völkern war die Milchstraße, die man als Galaxis bezeichnet (griech. $\gamma\alpha\lambda\alpha$ bedeutet Milch), bekannt. Bei den alten Germanen wurde sie als Iringstraße bezeichnet, bei afrikanischen Völkern als Rückgrat der

Abb. 8.1 J. Tintoretto, Gemälde zur Entstehung der Milchstraße. The Yorck Project, Berlin

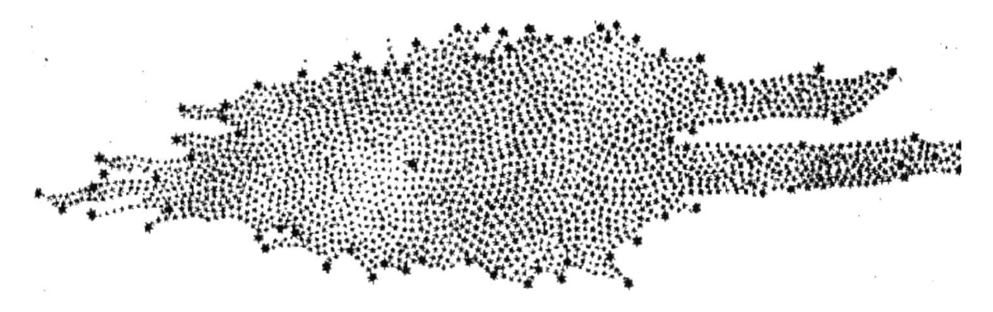

Abb. 8.2 Herschels Vorstellung von der Milchstraße. http://www.observadores-cometas.com/Herschel

Nacht. 1609 wurde zum ersten Mal das Teleskop für astronomische Beobachtungen verwendet. Galilei und andere erkannten, dass die Milchstraße in Wirklichkeit aus sehr vielen Sternen besteht.

Wie ist die Milchstraße aufgebaut? Eine Antwort auf diese Frage versuchte bereits im Jahre 1765 W. Herschel zu geben. Er zählte einfach Sterne am Himmel, eine Methode, die man als Stellarstatistik bezeichnet. Abbildung 8.2 zeigt das Bild der Milchstraße, das Herschel herausfand. Es ist aus zwei Gründen falsch:

- Es wurde angenommen, alle Sterne sind in etwa gleich weit von uns entfernt,
- der Raum zwischen den Sternen ist nicht leer, sondern mit Gas- und Staubwolken erfüllt, die das Licht dahinter gelegener Sterne stark abschwächen können.

8.1.2 Wie viele Sterne gibt es in der Milchstraße?

Mit freiem Auge erkennt man unter guten Beobachtungsbedingungen in einer klaren Nacht ohne Mond etwa 2500 Sterne. Löst man die Milchstraße in Einzelsterne auf, hat man den Eindruck, dass es unendlich viele Sterne geben könnte.

Die Sterne der Galaxis bewegen sich um das galaktische Zentrum. Dieses liegt etwa 30.000 Lichtjahre von uns entfernt und befindet sich im Sternbild Schütze (Sagittarius). Zu einem Umlauf um das galaktische Zentrum benötigt die Sonne etwa 225 Millionen Jahre.

Exkurs

Die Masse der Milchstraße lässt sich aus dem Dritten Keplergesetz ableiten. Wenn M_{gal} die Masse des Teils der Milchstraße ist, der innerhalb der Bahn der Sonne um das Milchstraßenzentrum liegt, und $M_\odot$ die Masse der Sonne, a der Abstand Sonne-galaktisches Zentrum und T die Umlaufdauer der Sonne um das galaktische Zentrum, dann:

$$\frac{a^3}{T^2} = \frac{G}{4\pi^2}(M_{\text{gal}} + M_\odot)\,. \tag{8.1}$$

Die Masse der Sonne kann man wieder vernachlässigen.

Man findet für die Gesamtmasse der Galaxis etwa 300-400 Milliarden Sonnenmassen. Falls jeder Stern eine Sonnenmasse enthält, würde dies bedeuten, die Milchstraße besteht aus 300-400 Milliarden Sternen. Die meisten Sterne sind massearm, d. h. sie enthalten weniger als eine Sonnenmasse, massereiche Sterne (O-, B-Spektraltyp) sind selten. Erste Abschätzungen über die Anzahl der Sterne in der Galaxis wurden schon früher gemacht, indem man einfach auf ausgewählten Himmelsfeldern die Sterne zählte.

8.1.3 Die Rotation der Milchstraße und Dunkle Materie

Unter dem Begriff Rotation der Milchstraße versteht man, dass die Sterne und Gaswolken um das galaktische Zentrum kreisen. Derartige Bewegungen von Himmelskörpern um ein Massenzentrum kennen wir bereits von unserem Sonnensystem: Die Planeten bewegen sich um die Sonne, je näher ein Planet bei der Sonne, desto schneller erfolgt dieser Umlauf.

Dies würde man auch von den Sternen in unserer Milchstraße erwarten. Sterne, die sich näher beim galaktischen Zentrum befinden, „überholen" praktisch die Sonne, und diese überholt wiederum Sterne, die weiter weg sind als die Sonne selbst. Dies ist in Abb. 8.3 skizziert.

In der Abbildung sieht man die Zerlegung der Geschwindigkeit in die zwei Komponenten v_r bzw. v_t, das ist die radiale und die tangentiale Komponente.

- Messung der radialen Komponente: Das ist die Komponente der Geschwindigkeit mit der sich ein Objekt direkt auf uns zu oder von uns weg bewegt; Messung durch Dopplereffekt.
- Tangentiale Komponente: durch Verschiebung des Sternes am Himmel, Eigenbewegung.

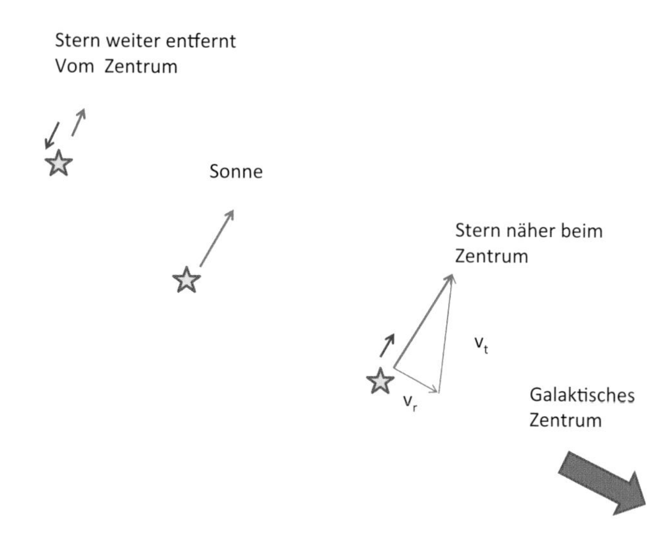

Abb. 8.3 Galaktische Rotation. Sterne, die näher beim galaktischen Zentrum sind als die Sonne, bewegen sich schneller; Sterne, die weiter entfernt sind, dagegen langsamer. Zieht man die Geschwindigkeit der Sonne ab, bekommt man die *roten* Vektoren

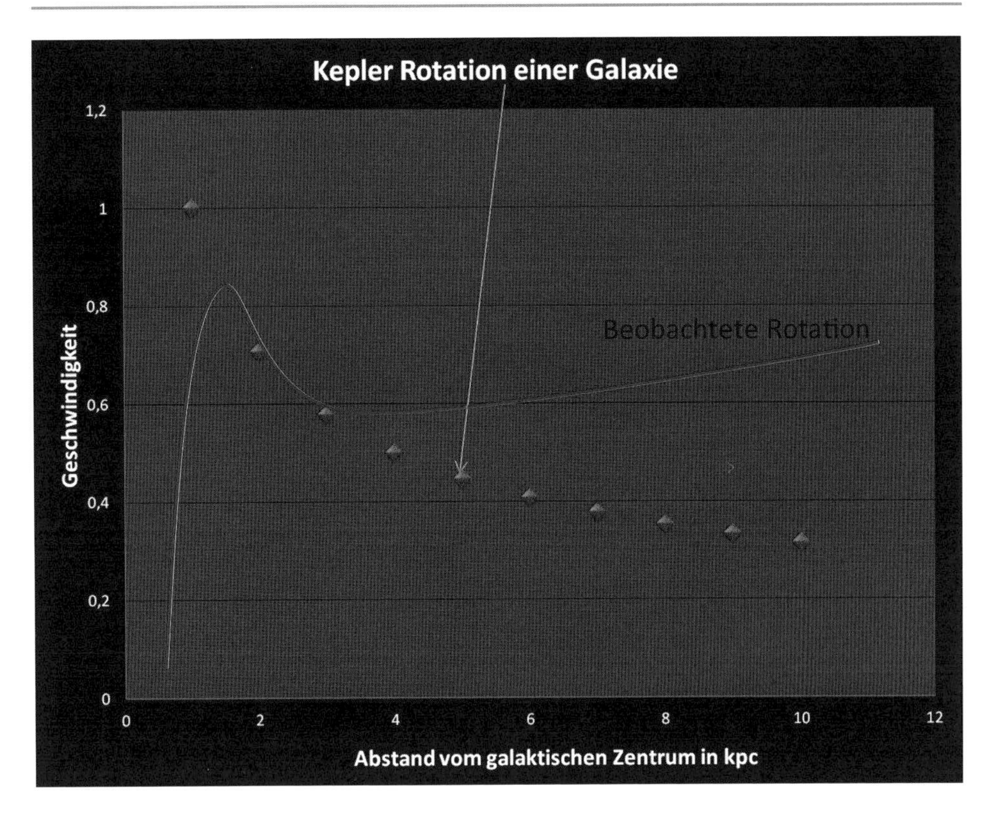

Abb. 8.4 Rotation der Galaxis als Funktion des Abstandes vom Zentrum. Die Keplerrotation ist durch violette Punkte eingezeichnet, die tatsächlich gemessene Kurve ist *rot* dargestellt

Sterne, die sich näher bei der Sonne befinden als wir, überholen uns also scheinbar; wenn sie genau in der Verbindungslinie Sonne–galaktisches Zentrum stehen, haben sie keine radiale Geschwindigkeitskomponente, wie man aus der Abb. 8.3 erkennt.

Nur ein Fünftel sichtbar ...

Man kann nun die Rotationsgeschwindigkeit der Sterne um das galaktische Zentrum als Funktion deren Abstandes zum galaktischen Zentrum auftragen. Man würde erwarten: je weiter vom galaktischen Zentrum entfernt, desto geringer die Rotationsgeschwindigkeit. Dies kennen wir vom Planetensystem. Merkur bewegt sich in nur 88 Tagen um die Sonne, Jupiter benötigt dazu fast 12 Jahre. Messungen der Umlaufgeschwindigkeit der Sterne ergaben ein anderes Bild: Die Rotation nimmt zunächst ab, wie man es erwarten würde, doch bei größeren Abständen vom Zentrum nimmt die Umlaufgeschwindigkeit wieder zu. Geschwindigkeitszunahmen kann man nur durch den Einfluss an Kräften erklären. Welche Kraft, die die Sterne schneller um das Zentrum umlaufen lässt, wirkt in den äußeren Teilen unserer Milchstraße?

Diese Kraft wirkt offenbar nur über die Schwerkraft, wir können keine Objekte dort beobachten. Deshalb nennt man diese Kraft Dunkle Materie.

▸ In den Außenbereichen der Milchstraße muss es Dunkle (d. h. nicht leuchtende) Materie geben, die den Umlauf der Sterne beschleunigt.

Wie wir gezeigt haben, kann man aus der Bewegung der Sterne die Masse der Galaxis ableiten. Aus der Bewegung der Sterne in den Außenbereichen der Galaxis kann man ableiten, dass die Dunkle Materie etwa das Fünffache der sichtbaren Materie ausmacht. Wir können also nur etwa 1/5 der Materie in der Galaxis sehen, der Rest ist unsichtbare Dunkle Materie!

In Abb. 8.4 ist die Rotationskurve der Galaxis (rot) dargestellt. Nahe dem Zentrum rotiert die Galaxis wie ein starrer Körper. Dies lässt sich durch die relativ hohe Sternkonzentration dort erklären. Dann folgt ein Bereich, wo eine Keplerrotation vorliegt, in den Außenbereichen nimmt die Rotationsgeschwindigkeit jedoch nicht mehr ab, sondern zu.

8.1.4 Der Aufbau der Milchstraße

Von der Seite betrachtet erscheint die Milchstraße als flache Scheibe mit einem Durchmesser von 40 kpc, die nur etwa 2 kpc dick ist. In der Nähe des galaktischen Kerns ist die Sterndichte am größten. Der Kern ist umgeben vom sogenannten Bulge, einer kugelförmigen Verdickung, die etwa 6 kpc im Durchmesser misst. Dieser Bulge ist länglich auseinandergezogen zu einem Balken.

Nach außen hin wird das System umgeben vom galaktischen Halo, dies ist ein kugelförmiger Bereich zwischen 30 und 40 kpc Ausdehnung. In diesem Halo findet man die ältesten Objekte unserer Milchstraße bzw. die ältesten Objekte des Universums überhaupt, die Kugelsternhaufen (engl. globular cluster). Wie ihr Name ausdrückt, sind dort die Sterne zu einem kugelförmigen Haufen angeordnet, der überaus stabil ist. Man findet von einigen 100.000 bis zu einigen Millionen Sternen.

Wie bereits erwähnt, ist unsere Sonne etwa 8,5 kpc vom galaktischen Zentrum entfernt.

Von oben betrachtet erscheint die Galaxis als eine Spiralgalaxie mit mehreren Spiralarmen. Die Spiralarme bestehen meist aus jungen Objekten, dazu zählt man:

- H-II-Regionen: H-II bedeutet ionisierter Wasserstoff, also das Wasserstoffatom, das aus einem Proton im Kern und einem Elektron besteht, hat auf Grund der hohen Temperaturen das Elektron verloren. Leuchtendes Wasserstoffgas beobachtet man immer in der Umgebung von heißen Sternen, deren Strahlung das Gas zum Leuchten anregt.
- O-, B-Sterne: Wie im Kapitel über Sternentwicklung besprochen, sind dies heiße, massereiche Sterne, die sich innerhalb weniger Millionen Jahre entwickeln.
- Molekülwolken: Moleküle können sich nur in relativ kühlen Gebieten aufhalten, sonst würden sie durch die Strahlung heller heißer Sterne zerstört. Molekülwolken zeigen immer Orte der Sternentstehung an. Moleküle können rotieren oder vibrieren, wobei diese

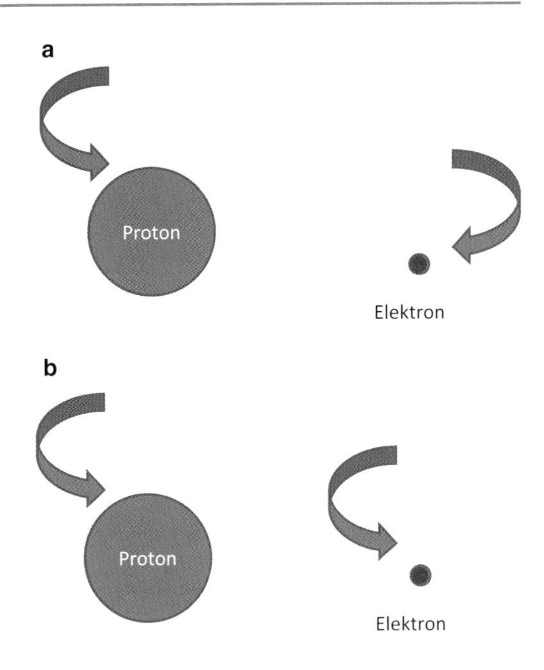

Abb. 8.5 Entstehung der 21-cm-Linie des neutralen Wasserstoffs. Proton und Elektron rotieren antiparallel zueinander (*oben*) oder parallel zueinander (*unten*)

Zustände ebenso gequantelt sind. Die Übergänge sind meist mit niedrigen Energien verbunden, sodass man Moleküle im Radiobereich beobachten kann.

Unsere Sonne befindet sich also im Orion-Cygnus-Arm, weiter innen liegt der Sagittarius-Arm, weiter außen der Perseus-Arm. Besonders wichtig für die Untersuchung der Struktur der Milchstraße ist die 21-cm-Strahlung des Wasserstoffs. Diese stammt von neutralen Wasserstoffwolken und kann im Radiobereich bei einer Frequenz von 1440 MHz oder eben einer Wellenlänge von 21 cm beobachtet werden. Die Entstehung dieser Strahlung ist interessant. Man stellt sich vor, dass in einem Wasserstoffatom sowohl das Proton im Kern rotiert als auch das Elektron. Quantenphysiker nennen dies auch Spin, also Kernspin und Elektronenspin. Nun gibt es zwei Möglichkeiten (siehe Abb. 8.5):

1. Kernspin und Elektronenspin sind parallel zueinander,
2. Kernspin und Elektronenspin sind antiparallel zueinander.

Beim Übergang parallel zu antiparallel wird Energie frei, eben die 21-cm-Strahlung. Damit kann man durch die absorbierenden Staubschichten hindurchsehen und so die Struktur der Galaxis erforschen. Neben Gas findet man in der interstellaren Materie eben auch Staub. Davon kann man sich leicht selbst überzeugen: Beobachten Sie in einer klaren mondlosen Nacht die Milchstraße im Bereich des Sternbildes Cgynus (Schwan). Man sieht dort mehrere dunkle Staubwolken, die das Licht dahinter gelegener Sterne absorbieren. Aus der 21-cm-Linie kann man, wie in Abb. 8.6 gezeigt, auf die Spiralstruktur schließen. Blickt man

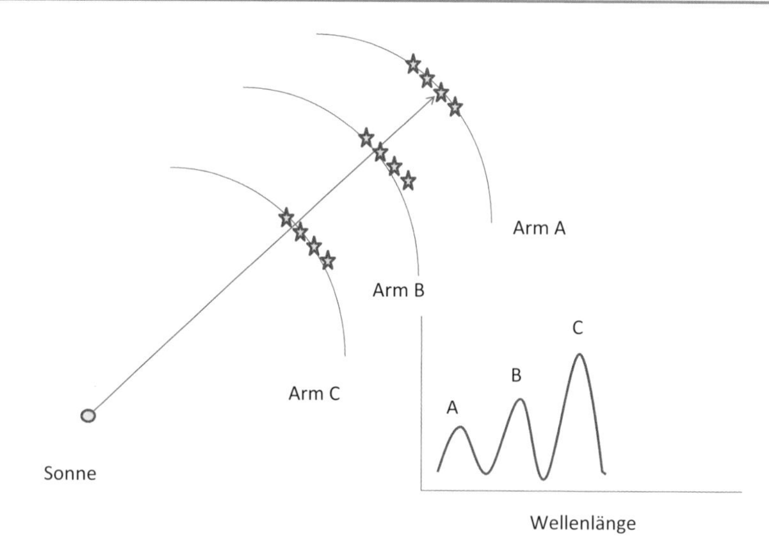

Abb. 8.6 Aus Messungen des Profils der 21-cm-Linie des neutralen Wasserstoffs kann man auf unterschiedliche Spiralarme schließen

von der Erde (in unserem Fall = Sonne) in Richtung des galaktischen Zentrums, dann besitzen die einzelnen Wolken eine unterschiedliche Dopplerverschiebung bzw. Intensität: je weiter weg, desto größer die Dopplerverschiebung bzw. geringer die Intensität.

- Aus der Verteilung der jungen Sterne sowie des leuchtenden Wasserstoffgases (H-II-Regionen) und des neutralen Wasserstoffgases (H-I-Regionen) kann man die Spiralstruktur unserer Milchstraße ableiten.

8.1.5 Das Monster im Zentrum

Das Zentrum der Galaxis befindet sich Sternbild Schütze, Sagittarius. Im optischen Bereich kann man es nicht sehen, da dunkle Staubwolken den Blick verdecken. Deshalb beobachtet man das Zentrum im Infraroten bzw. in Radiowellenlängenbereichen. Diese Wellenlängenbereiche werden vom Staub praktisch nicht beeinträchtigt. In Abb. 8.7 sieht man Aufnahmen, die mit den 10-Meter-Keck-Teleskopen auf Hawaii gemacht wurden. Es ist die Position von Sternen nahe des galaktischen Zentrums über einen Zeitraum von mehreren Jahren eingetragen. Man sieht deutlich, dass die Bahnen der Sterne um ein unsichtbares Massenzentrum verlaufen. Wieder kann man aus der Bewegung der Sterne auf die Masse schließen, um die sich diese bewegen: Es folgt eine Masse von mehreren Millionen Sonnenmassen. Da man diese riesige Masse nicht sehen kann, handelt es sich hierbei um ein supermassives Schwarzes Loch (engl. SMBH, supermassive Black Hole).

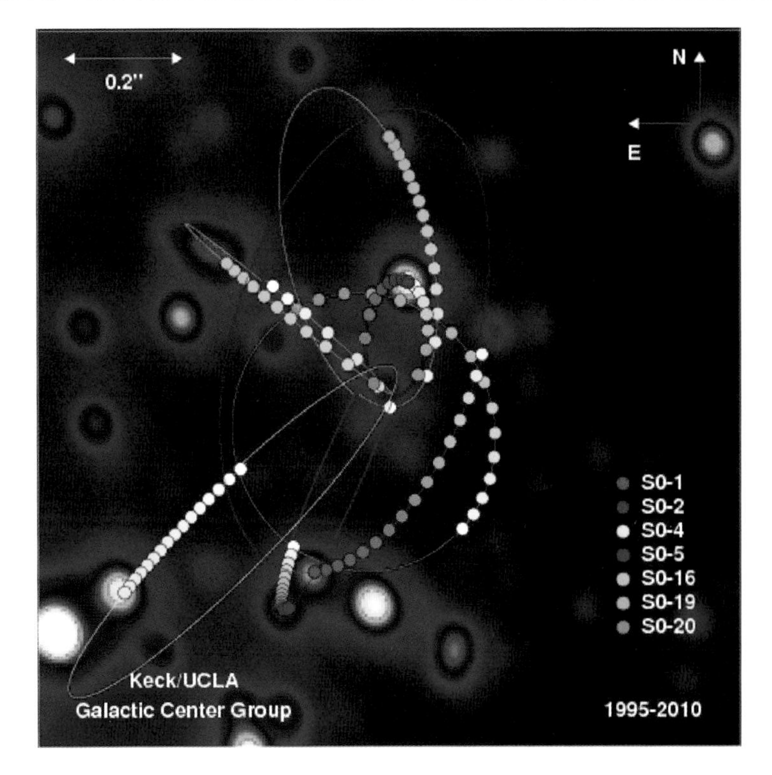

Abb. 8.7 Bewegung der Sterne nahe dem galaktischen Zentrum (Zeitraum 1995–2010); Credit: Keck Telescope

Bedeutet die Existenz eines supermassiven Schwarzen Lochs im Zentrum der Milchstraße, dass wir zusammen mit der Sonne und den anderen Planeten eines Tages in dieses stürzen? Die Antwort ist nein, gegenwärtig scheint dieses supermassive Schwarze Loch kaum Materie in sich hineinzuziehen, ansonsten wäre es als Quelle intensiver Röntgenstrahlung sichtbar. Außerdem sind wir etwa 30.000 Lichtjahre vom Zentrum der Milchstraße entfernt auf einer recht stabilen Bahn.

Die Ausdehnung eines supermassiven Schwarzen Lochs mit einer Million Sonnenmassen kann man leicht abschätzen aus der Gleichung für den Schwarzschildradius :

$$R_S = \frac{2GM}{c^2}\,. \tag{8.2}$$

Der Schwarzschildradius für eine Sonnenmasse beträgt etwa 3 km. Daher ist der Schwarzschildradius für ein supermassives Schwarzes Loch von einer Million Sonnenmassen nur etwa 3 Millionen km. Das ist etwa die zehnfache Distanz Erde–Mond. Zur Zeit seiner größten Annäherung an die Erde (Opposition) ist Mars immer noch 20-mal weiter entfernt. Ein solches supermassives Schwarzes Loch hätte also ohne weiteres in unserem

Sonnensystem Platz. Da würden allerdings dann im Laufe der Zeit alle Planeten und andere Objekte in dieses hineingesogen. Im Zentrum findet man die Radioquelle Sagittarius A*. Die Ausdehnung dieser Quelle beträgt nur 13 AE, also 13-mal die Distanz Erde–Sonne. Das ist etwa 100 Millionen Mal größer als der Schwarschildradius für ein Schwarzes Loch mit einigen Millionen Sonnenmassen. Die Radiostrahlung kommt wahrscheinlich von der Materie, die in einer Akkretionsscheibe um das supermassive Schwarze Loch langsam in dieses hineinstürzt.

Die Sterndichte nimmt zum galaktischen Zentrum hin stark zu.

In einer Schale mit 100 pc Radius um das Zentrum finden wir eine Sterndichte von etwa 100 pro Kubikparsec. In einer Kugel von 10 pc Radius findet man mehrere tausend Sterne. In einigen Parsec Entfernung zum Zentrum nimmt die Distanz zwischen den Sternen auf Lichtwochen ab.

8.1.6 Die Galaxis – eine Spiralgalaxie

Unsere Milchstraße ist von oben gesehen eine Spiralgalaxie mit mehreren Spiralarmen. Die Spiralarme bestehen aus jungen hellen leuchtkräftigen Sternen und leuchtenden Wasserstoffwolken (H-II-Regionen). Weshalb findet man diese Objekte gerade in den Spiralarmen? Leuchtkräftige Sterne existieren nur wenige Millionen Jahre. Ein anderes Problem ist die offensichtliche Stabilität der Spiralarme. Mit Hilfe der Dichtewellentheorie kann man die Struktur der Arme erklären. Dichtewellen sind so etwas wie kleine Staus auf Autobahnen. Ein langsam fahrendes Fahrzeug verursacht einen Stau dahinter. Der Stau bewegt sich mit der Geschwindigkeit des langsamer fahrenden Fahrzeuges weiter. Ein solcher Staupunkt verursacht eine Dichtezunahme. Ähnlich ist es mit den Spiralarmen unserer Milchstraße. In den Spiralarmen kommt es zu Verdichtungen der Materie zwischen den Sternen. Sterne in den Armen und ebenso andere Objekte in den Armen bewegen sich langsamer um das Zentrum einer Galaxie. Die Materiedichte nimmt also in den Spiralarmen zu. Normalerweise würde man erwarten, dass sich im Laufe der Zeit die Spiralarme aufwickeln. Das passiert jedoch deshalb nicht, weil die Spiralarme immer aus unterschiedlichem Material bestehen. Das Spiralmuster bewegt sich mit einer Umlaufperiode von etwa 500 Millionen Jahren. Sterne bilden sich also in den Armen und verlassen diese wieder.

Die Frage bleibt, woher die Spiralstruktur bzw. diese Dichtewellen überhaupt kommen. Es werden zwei Erklärungen angeboten:

- durch zufällige Störungen,
- durch nahe Begleiter, Satellitengalaxien; die Milchstraße hat zwei nahe Zwerggalaxien, die Große und die Kleine Magellan'sche Wolke.

8.2 Galaxien – Bausteine des Universums

8.2.1 Die wahre Natur der Nebel

Bereits Christopher Wren (1632–1722) äußerte im 17. Jahrhundert die Vermutung, dass einige der beobachteten Nebel riesige Sternsysteme sein könnten, die jedoch auf Grund ihrer großen Entfernungen zu uns nur verschwommen leuchten. Von ihm (siehe Abb. 8.8) stammt die Bezeichung Welteninseln. Er studierte zunächst Mathematik, war dann Lehrer für Astronomie und wurde zum Mitbegründer einer der bedeutendsten Gelehrtengesellschaften, der Royal Society, und war auch deren Präsident von 1680–1682. Er studierte die unter Ludwig XIV in Frankreich errichteten Bauwerke und wurde dann, nach dem großen Brand von London (1666), zum Baumeister der Stadt. Als solcher hat er über 60 Kirchen und öffentliche Gebäude, darunter den neuen Teil des Hampton Court Palace, den Palast zu Winchester, den Kensington Palace, die Bibliothek des Trinity College zu Cambridge, gebaut. Sein Hauptwerk ist die von 1675 bis 1710 erbaute St. Paul's Cathedral in London. Er wollte nie, dass man ihm ein Denkmal errichtet und deshalb steht auf seiner Grabplatte in der St. Pauls-Kathedrale die Inschrift *Lector, si monumentum requiris, circumspice („Betrachter, wenn Du ein Denkmal suchst, sieh dich um")*.

W. Herschel (1738–1822) war ein deutsch-englischer Astronom (geboren in Hannover). Im Jahre 1781 fand er ein diffuses Objekt und später stellte sich heraus, dass es ein Planet jenseits der Saturnbahn sein musste. Zu Ehren des englischen Königs nannte Herschel den neuen Planeten Georgsstern (Georgium sidus, George III war englischer König). Diese Bezeichnung war bei den Franzosen äußerst unbeliebt und sie nannten das Objekt Herschels Stern. Später einigte man sich dann auf den Namen Uranus. Herschel beobachtete den Himmel mit einem 6-Zoll Teleskop (1 Zoll = 2,54 cm) (siehe Abb. 8.9).

Für seine Untersuchungen nicht stellarer nebelförmiger Objekte verwendete Herschel Teleskope bis zu mehr als 1 m Durchmesser. Er veröffentlichte einen Katalog von 1000

Abb. 8.8 Sir Christopher Wren, Mathematiker, Astronom und Baumeister Londons. http://www-history.mcs.st-and.ac.uk/history/PictDisplay

Abb. 8.9 Das Teleskop von W. Herschel

Nebeln und später wurde dieser Katalog von Caroline und seinem Sohn J. Herschel erweitert. Im Jahre 1888 erschien dann der NGC, New General Catalogue, herausgegeben von J. Dreyer. Dieser Katalog enthält 7840 Objekte, darunter sehr viele Nebel. Caroline war übrigens die Schwester von W. Herschel. Das größte Teleskop, welches Herschel konstruierte, hatte einen Spiegeldurchmesser von 1,26 m und eine Brennweite von 12 Metern (siehe Abb. 8.10).

Seine Untersuchungen zur Verteilung der Nebel ergaben, dass man die meisten Nebel weit weg von der scheinbaren Position des Milchstraßenbandes am Himmel findet. Im Jahre 1885 sah man im Andromedanebel einen Stern aufleuchten. Astronomen glaubten zur damaligen Zeit nicht, dass ein einzelner Stern fast so hell wie der gesamte Andromedanebel leuchten könne, wenn dieser Nebel ein eigenständiges System wäre, ähnlich unserer Milchstraße, aber viel weiter entfernt. Im Jahre 1917 beobachtete der Astronom Curtis eine Nova in einem Spiralnebel und fand heraus, dass der Helligkeitsverlauf ähnlich sei wie bei Novae in unserer Milchstraße. Da die Nova in diesem Spiralnebel jedoch viel schwächer leuchtete als eine Nova in unserem System, lag der Schluss nahe, dass es sich um „Welteninseln" handeln müsse.

Abb. 8.10 Herschels größtes Spiegelteleskop. Das Licht wird auf dem hinten gelegenen Spiegel gesammelt und durch einen weiteren Spiegel kann dann seitlich beobachtet werden

Der endgültige Beweis, dass es Galaxien außerhalb unseres eigenen Systems gibt, kam von Hubble. Er entdeckte Cepheiden im Andromedanebel. Cepheiden sind pulsationsveränderliche Sterne. Sie ändern ihre Helligkeit, indem sie sich aufblähen und wieder zusammenziehen und dabei ändert sich auch deren Temperatur. Es gibt einen empirischen Zusammenhang zwischen ihrer wahren Leuchtkraft und der Pulsationsperiode. Man kann also die wahre Helligkeit eines Cepheiden einfach dadurch ermitteln, indem man seine Periode des Helligkeitswechsels misst. Durch Vergleich der wahren Helligkeit mit der scheinbaren gemessenen Helligkeit folgt dann die Entfernung.

E.P. Hubble lebte von 1889 bis 1953 (USA). Er studierte Physik und Astronomie an der University of Chicago, schloss dieses Studium mit dem Bachelor of Science ab und ging dann nach Oxford, England, um dort Rechtswissenschaften zu studieren. Nach drei Jahren war er Master und ging in die USA zurück. 1904 wurde von G. E. Hale das Mt.-Wilson-Observatorium gegründet und seit 1917 stand dort auch ein 100-inch-(2,54 m)-Spiegelteleskop zur Verfügung, mit dem Hubble seine Beobachtungen der Cepheiden in der Andromedagalaxie machte (Abb. 8.11).

8.2.2 Typen von Galaxien

Ebenfalls auf E. Hubble zurück geht die Einteilung von Galaxien nach verschiedenen Typen. Man unterscheidet:

Abb. 8.11 Das 2,5-m-Hooker-Teleskop auf dem Mt. Wilson (östl. Los Angeles), mit dem die Expansion des Universums entdeckt wurde. Andrew Dunn/cc by -sa 2.0

- Spiralgalaxien, diese werden noch unterteilt in
  - normale Spiralen
  - Balkenspiralen: Bei diesen Galaxien ist der Kern balkenförmig; auch die Milchstraße gehört zu diesem Typ.
- Elliptische Galaxien: Sie sind deutlich elliptisch in der Form und enthalten fast keinen Staub. So kann man unterscheiden, ob es sich tatsächlich um eine elliptische Galaxie handelt oder nur um eine von der Seite gesehene Spiralgalaxie.
- Spindelgalaxien: Sie sind spindelförmig.
- Irreguläre Galaxien.

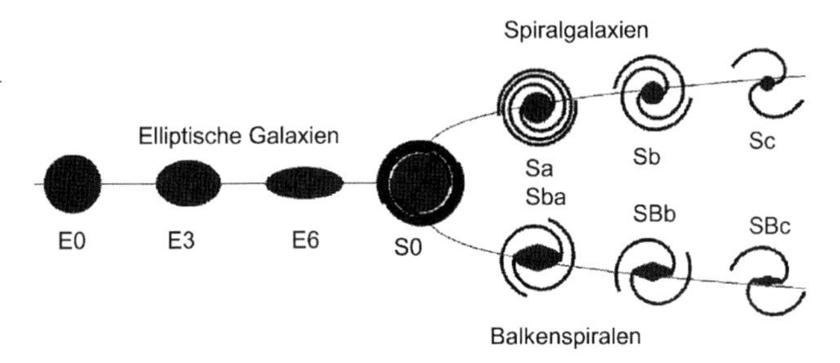

Abb. 8.12 Das auf E. Hubble zurückgehende Klassifikationsschema von Galaxien

In Abb. 8.12 ist das Klassifikationsschema dargestellt. Von E0 bis E6 nimmt der Grad der Elliptizität immer mehr zu. Man beachte, dass es sich hierbei keineswegs um eine Entwicklungssequenz von Galaxien handelt.

Wie ist die Verteilung der Galaxien auf die unterschiedlichen Typen? Hier muss man unterscheiden zwischen der beobachteten scheinbaren Verteilung und der wahren Verteilung.

- Scheinbare Verteilung: Wir können helle Galaxien noch in großen Entfernungen sehen, deshalb kann der Eindruck entstehen, dass deren Häufigkeit größer ist.
- Wahre Verteilung: Man untersucht die Verteilung auf unterschiedliche Typen berücksichtigt aber dabei die Entfernung.

Die beobachtete Verteilung ergibt, dass 77 % aller Galaxien zu den Spiralgalaxien gehören, die wahre Verteilung ergibt aber nur 33 %. Am häufigsten von allen Typen kommen die irregulären Galaxien vor mit etwa 54 %, deren beobachtete Häufigkeit beträgt aber nur 3 %, sie sind also eher lichtschwach und nur auf kleinen Entfernungen sichtbar. Spiralgalaxien enthalten Gas und Staub, elliptische Galaxien enthalten nur sehr wenig Gas und Staub und meist alte Sterne.

In Abb. 8.13 sieht man den inneren Bereich der Spiralgalaxie M51. Diese etwa 30 Millionen Lichtjahre entfernte Galaxie wird auch als Whirlpoolgalaxie bezeichnet. Wie man in der Abbildung erkennt, besitzt sie eine Begleitergalaxie. Diese Galaxie ist, was die Häufigkeit an Supernovae anbelangt, sehr aktiv. In den Jahren 1994, 2005 und 2011 wurde jeweils eine Supernova beobachtet. Ihr Kern ist relativ hell, und man zählt sie oft auch zur Gruppe der Seyfert Galaxien, das sind Galaxien mit hellem Kern. Die in der Abbildung erkennbaren rötlichen Gebilde sind H-II Regionen, also Regionen mit leuchtenden Wasserstoffwolken.

Abbildung 8.14 zeigt die Sombrerogalaxie. Sie ist etwa 28 Millionen Lichtjahre von uns entfernt. Man sieht deutlich den Absorptionsstreifen in der Mitte, der von interstellarer Materie stammt. Die Ausdehnung längs der großen Achse beträgt 9 Bogenminuten, also 1/4 des Monddurchmessers. Sie wird als Sa- oder Sb-Galaxie klassifiziert, ist also keine elliptische Galaxie, sondern eine normale, von der Kante her gesehen Spiralgalaxie.

Es gibt umfangreiche Kataloge von Galaxien. Der SDSS (Sloan Digital Sky Survey) enthält etwa 930.000 Galaxien. Für solche Himmelsdurchmusterungen verwendet man eigene Teleskope. In diesem Fall wurde das 2,5-Meter-Apache-Point-Telescope benutzt. Der Zeit-

Abb. 8.13 Spiralgalaxie M51 mit Begleitergalaxie. Aufnahme: Hubble-Teleskop

raum der Beobachtungen war von 2005–2008. Die Aufnahmen erfolgten mit einer 150 Megapixel-CCD-Kamera.

8.2.3 Warum gibt es unterschiedliche Arten von Galaxien?

Die Sterne unserer Milchstraße bewegen sich um das galaktische Zentrum. Dies wird in allen Spiralgalaxien beobachtet. Bei den elliptischen Galaxien glaubte man zunächst, dass diese sehr schnell rotieren und deshalb die Verteilung der Sterne elliptisch abgeflacht ist. Die Situation wäre dann ähnlich wie bei den Riesenplaneten, die sehr rasch rotieren und deutlich abgeflacht sind. Neuere Messungen zeigen jedoch, dass elliptische Galaxien kaum rotieren bzw. die Bewegung der Sterne fast zufällig erfolgt. In elliptischen Galaxien findet man fast keine interstellare Materie und nur sehr wenige (wenn überhaupt) junge Sterne. Der Grund, weshalb in elliptischen Galaxien der Gehalt an interstellarer Materie sehr gering ist, liegt darin, dass in diesen Galaxien die interstellare Materie in einer frühen Phase intensiver Sternentstehung verbraucht wurde.

Galaxien entstanden durch den Kollaps von Gaswolken, deren Masse etwa das Zehnfache der heutigen Galaxie betrug. Beim Kollaps stellte sich eine zufällige Rotationsrichtung ein. Das Szenario ist also sehr ähnlich wie bei der Sternentstehung. Die elliptischen Ga-

Abb. 8.14 Sombrerogalaxie M104. Aufnahme: Hubble-Teleskop

laxien haben jedoch dann etwa 90 % ihres Drehimpulses verloren. Eine Erklärung dafür wäre, dass bei den elliptischen Galaxien der Drehimpuls auf die Dunkle Materie, die sie umgibt, übertragen wurde. Möglicherweise gab es mehrere Anhäufungen von Sternen, die sich bildeten, und bei Spiralgalaxien waren diese Sterne eher gleichmäßig verteilt.

8.2.4 Zusammenstoßende Galaxien

Galaxien können auch zusammenstoßen. Kollisionen zwischen Galaxien sind relativ häufig. Die Entfernung des nächsten Sternes zur Sonne beträgt das 30-Millionenfache des Sonnendurchmessers. Deshalb sind Zusammenstöße zwischen Sternen sehr unwahrscheinlich. Die nächsten Begleiter unserer Milchstraße, die Große und die Kleine Magellansche Wolke, sind nur etwa den Durchmesser der Milchstraße entfernt. Was passiert bei dem Zusammenstoß zweier Galaxien? Die Sterne selbst kollidieren nicht, aber deren Bahnen werden teils stark gestört. Es können sich riesige Materiebrücken bilden, die Bildung neuer Sterne wird angeregt, man spricht von Starburst Galaxies. Viele elliptische Galaxien findet man in

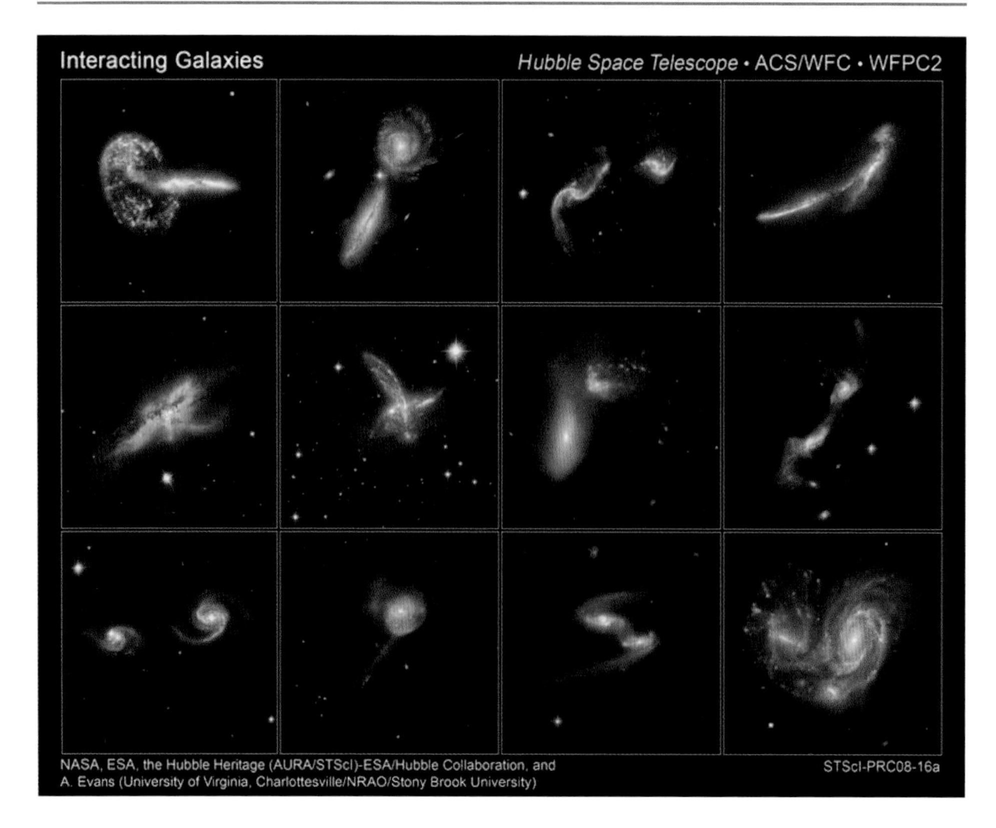

Abb. 8.15 Beispiele von kollidierenden Galaxien. NASA Hubble Space Telescop

den Zentren großer Galaxienhaufen, sie sind wahrscheinlich das Resultat solcher Kollisionen. Man beobachtet auch, dass große Galaxien durch „Verschlingen" kleinerer Galaxien wachsen, also eine Art Galaxienkannibalismus. In der Abb. 8.15 sieht man einige Beispiele von kollidierenden Galaxien. Unsere Milchstraße wird innerhalb der nächsten drei Milliarden Jahre mit der Andromedagalaxie zusammenstoßen. Möglicherweise wird dann die Sonne und damit das Sonnensystem zur Andromedagalaxie wechseln.

8.3 Aktive Galaxien

Man unterscheidet verschiedene Typen von aktiven Galaxien. Die Ursache für die Aktivität einer Galaxie liegt aber immer im Kern selbst. Bei aktiven Galaxien sind die Kerne aktiv.

Abb. 8.16 Die Seyfertgalaxie NGC 7742, eine Galaxie mit einem sehr hellen Kern. Quelle: NASA

8.3.1 Seyfertgalaxien

Um 1940 herum beobachtete C. Seyfert eine Anzahl von Galaxien, die sich durch einen hellen, oft punktartigen Kern auszeichnen. Ein bekanntes Beispiel ist die Galaxie NGC 7742 (Abb. 8.16).

Seyfertgalaxien senden sehr starke Strahlung in verschiedenen Wellenlängenbereichen aus, so auch im Radiobereich, Mikrowellen, Infrarot, UV bis hin zu Gammastrahlen. Die Intensität der Strahlung ändert sich innerhalb eines Jahres. Daraus folgt, dass die Quelle dieser Strahlung nicht viel größer als ein Lichtjahr sein kann. Man hat es also mit einem sehr kompakten Objekt im Zentrum zu tun. Die Quelle für die starke Strahlung des Kerns ist ein supermassives Schwarzes Loch. Materie fällt in das Loch, durch Reibung in der Akkretionsscheibe wird Energie in Form von Strahlung freigesetzt.

8.3.2 Quasare

Um 1940 wurde der Himmel zum ersten Mal mit Radioteleskopen untersucht. Bald entdeckte man einige sehr starke Radioquellen. Das Problem bei Radiobeobachtungen ist die große Wellenlänge der Radiostrahlung. Einerseits können Radioteleskope sehr grob konstruiert sein, da für die Abbildung die Genauigkeit im Bereich von $1/10\,\lambda$, also einem 1/10 der Wellenlänge, sein sollte, bei der man beobachtet. Sichtbares Licht hat z. B. eine Wellenlänge von 500 nm, also muss die Oberfläche der Spiegel bzw. Linsen genauer als 50 nm geschliffen sein, um eine gute Abbildung zu gewährleisten. Nehmen wir an, wir würden im Radiobereich m-Wellen untersuchen, also $\lambda \sim 1\,\mathrm{m}$, dann muss die Genauigkeit des Spiegels der Radioantenne nur im cm-Bereich liegen. Andererseits braucht man aber sehr große Radiospiegel, um eine entsprechend hohe Auflösung zu erreichen. Erst um 1960 herum standen große Radioantennen zur Verfügung und man konnte die beobachteten Radioquellen am Himmel genau lokalisieren. Dann wurde versucht, diese Quellen auch im optischen Bereich zu beobachten, und es stellte sich heraus, dass einige dieser starken Radioquellen im optischen Bereich wie ein Stern aussahen. Deshalb nannte man diese Objekte Quasare, von „quasi stellar". Im Jahre 1963 analysierte der Astronom M. Schmidt das Spektrum des Quasars 3 C 273. Bis zu diesem Zeitpunkt glaubte man, es handle sich um Sterne. Die Analyse des Spektrums ergab jedoch eine große Überraschung: Die Linien (Emissionslinien) im Spektrum waren um etwa 0,15 nach Rot verschoben.

Astronomen bezeichnen die Rotverschiebung mit dem Buchstaben z, also hat 3 C 273 ein $z = 0{,}15$. Im ersten Kapitel des Buches haben wir die Hubble-Beziehung diskutiert: die Rotverschiebung hängt mit der Entfernung bzw. der Fluchtgeschwindigkeit der Galaxien zusammen:

$$v = cz = dH\,, \tag{8.3}$$

wobei d die Entfernung bedeutet und H die Hubble-Konstante. Aus der Formel wird klar, dass je größer die Rotverschiebung, desto größer die Entfernung. Das Objekt 3 C 273 muss daher sehr weit von uns entfernt sein, es befindet sich im Sternbild Virgo (Jungfrau) und die Distanz beträgt 2,4 Milliarden Lichtjahre. Somit wird klar: Quasare können keine Sterne sein, Sterne kann man niemals von einer solchen Distanz aus erkennen. Mittlerweile hat man Quasare gefunden mit $z > 1$. Folgt daraus, dass sie sich schneller als mit Lichtgeschwindigkeit $v = c$ von uns entfernen? Die Antwort ist eindeutig nein. Bei hohen Geschwindigkeiten muss man mit der relativistischen Dopplerformel rechnen.

Exkurs

Sei λ_o die beobachtete Wellenlänge, λ_s die Wellenlänge der emittierten Strahlung bei einem Objekt, dann ist die Rotverschiebung:

$$z = \frac{\lambda_o - \lambda_s}{\lambda_s} \tag{8.4}$$

und

$$\lambda_o = \lambda_s \sqrt{\frac{1 - \frac{v}{c}}{1 + \frac{v}{c}}}\,. \tag{8.5}$$

Man sieht: Die Rotverschiebung z kann größer als 1 werden, aber die Geschwindigkeit, mit der sich die Quelle von uns entfernt, ist immer noch unterhalb der Lichtgeschwindigkeit.

Weshalb leuchten Quasare so hell, dass man sie auf diesen großen Distanzen beobachten kann? Quasare zeigen Helligkeitsvariationen im Bereich von Monaten bis wenigen Jahren. Deshalb muss die leuchtende Quelle eine Ausdehnung im Bereich einiger Lichtmonate bis einiger Lichtjahre besitzen, also sehr kompakt sein. Im Röntgenbereich findet

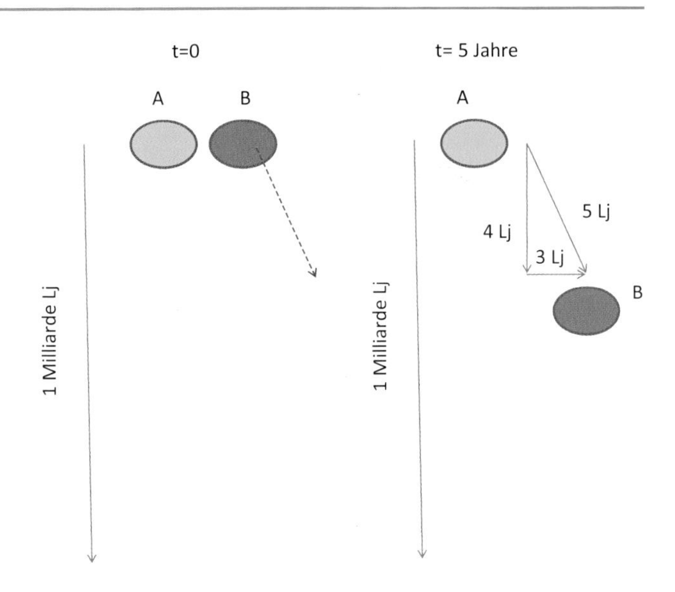

Abb. 8.17 Erklärung der Überlichtgeschwindigkeiten bei einem Doppelquasar als optische Illusion

man noch kürzere Variationen der Helligkeit im Bereich weniger Stunden. Einige Quasare erscheinen doppelt im Radiobereich und die Komponenten scheinen sich mit Überlichtgeschwindigkeiten zu bewegen. Dies ist jedoch eine optische Illusion. Das Phänomen der Überlichtgeschwindigkeiten bei Doppelquasaren ist in Abb. 8.17 erklärt. Zwei Quasare *A* und *B* werden zum Zeitpunkt $t = 0$ in einer Entfernung von einer Milliarde Lichtjahre beobachtet. Der Quasar *B* soll sich unter einem bestimmten Winkel auf uns zu bewegen. Nach fünf Jahren soll er dabei sich uns um vier Lichtjahre genähert haben, im Raum habe er annähernd fünf Lichtjahre zurückgelegt. Immer noch beträgt die Entfernung des Quasars *A* zu uns eine Milliarde Lichtjahre, die des Quasars *B* jedoch nur mehr eine Milliarde minus vier Jahre, da er sich der Erde um vier Lichtjahre genähert hat. Das Licht erreicht uns also nur ein Jahr später, nachdem die beiden Objekte *A* und *B* beieinander waren. Wir haben jedoch den Eindruck, dass sich *A* und *B* um drei Lichtjahre während eines Jahres auseinanderbewegt haben.

▸ Das Quasarphänomen kann man wie alle anderen aktiven Galaxienkerne mit der Annahme eines supermassiven Schwarzen Lochs in deren Zentren erklären.

Typische Helligkeiten von Quasaren betragen einige 100 derer von normalen Galaxien, aber dies kann auch bis auf den Wert von 10.000 gehen. Schwarze Löcher sind sehr effektiv, was die Energieerzeugung anbelangt. Etwa 30 % der Masse des in das Schwarze Loch stürzenden Objektes werden in Energie umgewandelt. Bei der Kernfusion sind das weniger als 1 %! Um einen Quasar mit der hundertfachen Helligkeit einer Galaxie zu erklären, braucht man lediglich eine Sonnenmasse pro Jahr in ein Schwarzes Loch verschwinden zu lassen. Da es genug Masse gibt in einer Galaxie, lässt sich so das Quasarphänomen einfach erklären.

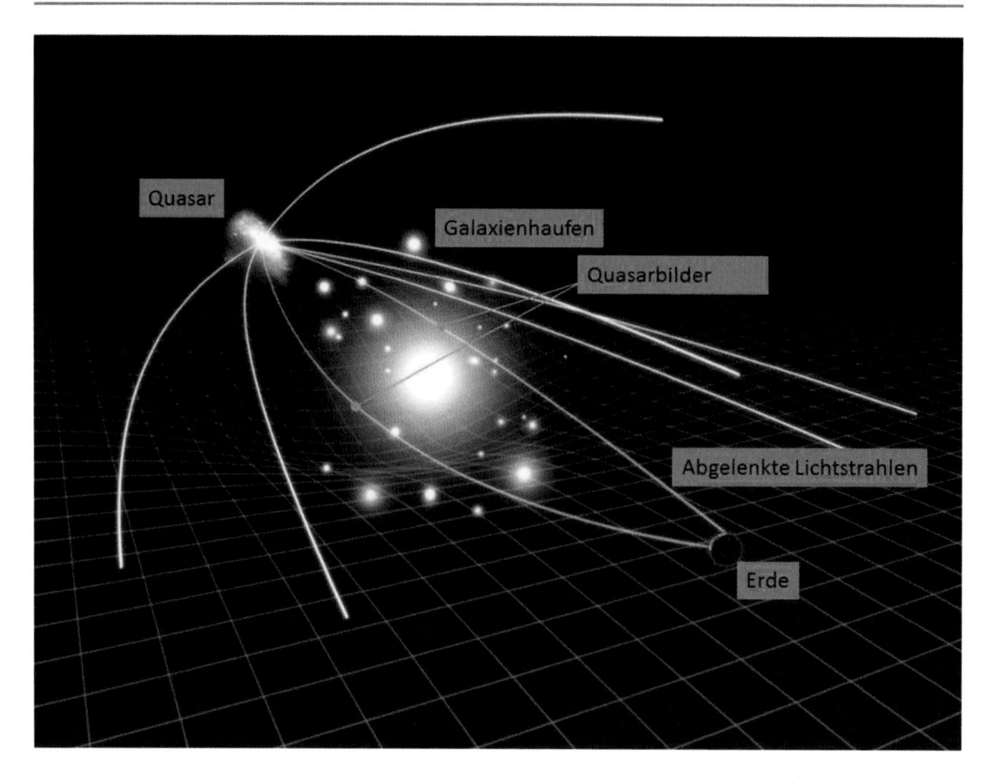

Abb. 8.18 Durch die Raumkrümmung eines Galaxienhaufens, der sich zwischen dem weiter entfernten Quasar und der Erde befindet, kommt es zu einem Doppelbild eines Quasars; ein Beispiel für eine Gravitationslinse

8.3.3 Gravitationslinsen

Wenn das Licht eines Quasars durch einen Galaxienhaufen geht, wird es von diesem abgelenkt. Die Lichtablenkung (siehe Kap. 1) war einer der wichtigsten Tests für die Gültigkeit der Relativitätstheorie. Durch diese Lichtablenkung kann ein Doppelbild oder sogar Mehrfachbild eines Quasars entstehen. Man hat Quasare beobachtet, die sehr nahe beeinander stehen und völlig identische Eigenschaften zeigen: gleiche Rotverschiebung, gleiche Spektren usw. Dies erklärt man sich durch den Gravitationslinseneffekt.

In Abb. 8.18 sieht man wie ein Galaxienhaufen den Raum krümmt. Dadurch kommt es zu einem Linsenffekt wenn sich dahinter von der Erde aus gesehen ein Quasar befindet, und man beobachtet zwei Abbildungen desselben Objekts.

Der Linseneffekt hängt ab von den Massen der Galaxien des Haufens. Man kann daher aus dem Linseneffekt auf die Masse der Galaxien schließen.

8.4 Galaxienhaufen

8.4.1 Die Lokale Gruppe

Unser Milchstraße gehört mit einigen Duzend anderer Galaxien zur etwas fantasielos bezeichneten „Lokalen Gruppe“. In diesem Galaxienhaufen gibt es zwei große Mitglieder:

- Unsere Milchstraße, Galaxis,
- Andromedagalaxie, M33.

Abb. 8.19 Die Galaxie M33 im Sternbild Triangulum,; sie ist die drittgrößte Galaxie der lokalen Gruppe. NASA

Abb. 8.20 Die Galaxie M87 im Zentrum des Virgo-Haufens. Der von ihr ausgehende mehr als 5000 Lichtjahre lange Materiejet kommt von einem riesiegen Schwarzen Loch im Zentrum. Hubble-Teleskop, NASA

Die Andromedagalaxie und unsere Milchstraße enthalten mehr als 90 % der Gesamtmasse der lokalen Gruppe.

Unweit der Andromedagalaxie findet man im Sternbild Triangulum noch die kleinere Galaxie M33. Sie besitzt einen Durchmesser von 50.000 bis 60.000 Lichtjahren und ist etwa 3 Millionen Lichtjahre von uns entfernt (Abb. 8.19). Nordöstlich von deren Zentrum findet man ein unserem Orionnebel ähnliches Sternentstehungsgebiet (NGC 604).

Alle anderen Mitglieder der lokalen Gruppe – insgesamt dürften es an die 60 sein – sind wesentlich unscheinbarer. Der Durchmesser der lokalen Gruppe liegt zwischen fünf

Abb. 8.21 Zentraler Teil des Coma-Haufens. Die Aufnahme erfolgte im Infrarotlicht mit dem Spitzer Weltraumteleskop, NASA

und acht Millionen Lichtjahren. Die Andromedagalaxie dürfte sogar noch etwas größer als unsere Milchstraße sein.

8.4.2 Der Virgo-Haufen

Der Virgo-Haufen ist ein wesentlich größerer Galaxienhaufen im Sternbild Virgo (Jungfrau). Er dürfte an die 2000 Galaxien enthalten und sein Zentrum ist etwa 65 Millionen Lichtjahre von uns entfernt. Die Objekte M49, M58, M59, M60, M61, M84, M85, M86, M87, M88, M89, M90, M91, M98, M99, und M100 im Messier Katalog sind Galaxien dieses Haufens und wurden im März 1781 entdeckt. Im Zentrum findet sich die Riesengalaxie M87, die etwa 6 Billionen Sonnenmassen enthält (Abb. 8.20).

Die Lokale Gruppe und der Virgohaufen zusammen bilden den Virgo-Superhaufen. Galaxienhaufen ordnen sich also zu Superhaufen an.

8.4.3 Coma-Haufen

Im Sternbild Coma Berenice befindet sich der etwa 1000 Galaxien umfassende Coma-Haufen. Er ist etwa 300 Millionen Lichtjahre von uns entfernt. Im Zentrum befindet sich die Galaxie NGC4889, ebenfalls eine riesige elliptische Galaxie. Sie ist etwa 320 Millionen Lichtjahre von uns entfernt.

- Galaxien ordnen sich zu Haufen und diese wiederum zu Superhaufen an. Unsere Milchstraße gehört zur lokalen Gruppe und diese wiederum zum Virgo-Superhaufen.

Leben im Universum? 9

Inhaltsverzeichnis

In diesem Kapitel beschreiben wir eine der wichtigsten Aspekte der modernen astronomischen Forschung: die Suche nach Leben im Universum. Eine Beantwortung der Frage, ob wir alleine im Universum sind, oder ob es andere, und falls, wie viele Zivilisationen gibt, hätte große philosophisch-ethische Aspekte. Wir werden zunächst versuchen eine Antwort zu geben, was Leben überhaupt ist und auszeichnet, dann die habitablen Zonen besprechen sowie die Möglichkeiten der Entstehung des Lebens auf der Erde und anderen Himmelskörpern im Sonnensystem. Dann wenden wir uns den sogenannten Exoplaneten zu, also Planeten außerhalb unseres Sonnensystems. Schließlich erläutern wir noch Möglichkeiten einer Kontaktaufnahme bzw. Kommunikation.

Nach der Lektüre dieses Kapitels wissen Sie,

- ob unser Planetensystem die Ausnahme ist, oder Planetensysteme um Sterne häufig sind,
- ob wir Kontakt mit Außerirdischen aufnehmen können,
- wie man Exoplaneten finden kann,
- ob es in absehbarer Zeit einen direkten Kontakt mit Außerirdischen geben wird.

A. Hanslmeier, *Faszination Astronomie*, DOI 10.1007/978-3-642-37354-1_9,

© Springer-Verlag Berlin Heidelberg 2013

9.1 Was ist Leben?

9.1.1 Definition des Lebens

Die Frage, was ist Leben, lässt sich nicht mit einem Satz beantworten. Leben ist gekennzeichnet von vielen Eigenschaften:

- Wachstum,
- Replikation, Vermehrung,
- Stoffwechsel,
- Reaktionen auf Reize.
- Leben auf der Erde basiert auf dem Aufbau von kleinsten Einheiten, den Zellen. Es gibt unizellulares und multizellulares Leben, bei letzterem haben bestimmte Zellen spezifische Eigenschaften übernommen (z. B. beim Menschen: Nervenzellen, Hautzellen, Muskelzellen usw.).

Leben kennen wir bisher nur auf einem einzigen Himmelskörper im Universum: auf der Erde. Dieses Leben basiert auf zwei grundlegenden Elementen:

- Wasser: Dieses Molekül besitzt wichtige Eigenschaften für Leben. Es kann Stoffe lösen, verfügt über eine große Wärmekapazität und kommt im Universum häufig vor. Ohne Wasser in flüssiger Form ist irdisches Leben undenkbar.
- Kohlenstoffverbindungen: Das chemische Element Kohlenstoff kann sehr komplexe Verbindungen eingehen, die man als organische Verbindungen bezeichnet. Bis zu vier Atome können sich anlagern. Zum Beispiel Methan, CH_4, oder Äthan, C_2H_6, Proteine, Zucker, Fette usw. Organische Verbindungen findet man ebenso sehr häufig im Universum: in der Atmosphäre des Saturnmondes Titan, auf der Oberfläche des Jupitermondes Europa, auf Meteoriten, Mars usw.

→ Die Grundbausteine des Lebens, so wie wir es auf der Erde kennen, Wasser und Kohlenstoff, sind sehr häufig im Universum zu finden, Leben dürfte daher auch verbreitet sein.

Diese Eigenschaften versucht man zu überprüfen, wenn man Leben auf anderen Planeten sucht. Die ersten auf Mars weich gelandeten Sonden waren die Viking-Lander. Man suchte nach organischen Verbindungen und Wasser.

9.1.2 Entstehung des Lebens auf der Erde

Die Erde ist wie das Sonnensystem etwa 4,6 Milliarden Jahre alt. Die Bildung der Erde dauerte etwa 500 Millionen Jahre und während der Frühphase gab es ein kosmisches Bombardement von Meteoroiden, Asteroiden und Kometen. Möglicherweise verdanken wir den Kometeneinschlägen aus dieser Zeit das Wasser auf der Erde, denn bei der Bildung der Erde war diese zu heiß und vorhandenes Wasser verdampfte. Durch den Zusammenstoß der Erde mit einem etwa marsgroßen Protoplaneten ist auch unser Mond entstanden. Die ältesten Fossilien, die man findet, sind etwa 3,5 Milliarden Jahre alt. Es dauerte also grob gesagt fast eine Milliarde Jahre, bis sich Leben auf unserem Planeten entwickelte.

Das Experiment von Urey und Miller wurde 1952/1953 an der Universität von Chicago durchgeführt. Ein Behälter gefüllt mit Wasser, Methan, Ammoniak und Wasserstoff wurde erwärmt. Diese Stoffe sollten die Verhältnisse in der frühen Erdatmosphäre wiedergeben. Elektrische Entladungen simulierten Blitze. Nach einer Woche enthielt das Gemisch mehr als zehn Prozent organische Verbindungen, also Grundbausteine des Lebens. Später konnte man zeigen, dass auch die UV-Strahlung der Sonne solche Verbindungen produziert. Die Atmosphäre des Saturnmondes Titan ist sehr dicht und enthält Tholine, das sind organische Verbindungen, erzeugt durch die Wechselwirkung des Sonnenlichts mit den Bestandteilen der Titanatmosphäre.

Heute favorisiert man die Theorie der Entstehung des Lebens in den Black Smokers, das sind geysirartige Entgasungen am Meeresboden (siehe Abb. 9.1). Heiße Gase strömen aus, und verschiedene Verbindungen setzen sich im kalten Wasser des Meeresbodens ab, man hat den Eindruck eines austretenden dunklen Gases (daher Black Smoker). Man hat zahlreiche Bakterien gefunden, die sich in solchen extremen Umgebungen sehr wohl fühlen. Diese werden als extremophil bezeichnet. Es gibt Bakterien, die sich bei hohen Temperaturen ausgezeichnet entwickeln, sogenannte Thermophile, oder in sehr salzigen Umgebungen sog. Acidophile.

Die Entstehung des Lebens auf den Ozeanböden bietet auch den Vorteil, dass es dort geschützt gewesen wäre vor der UV-Strahlung der Sonne. Die frühe Erdatmosphäre enthielt noch keinen freien Sauerstoff, und so konnte sich keine uns vor der UV-Strahlung der Sonne schützende Ozonschicht entwickeln. Leben entstand daher ursprünglich im Wasser.

Vor 3,5 Milliarden Jahren entstand auf der Erde Leben. Es entwickelten sich rasch Lebewesen (z. B. Cyanobakterien), die durch Photosynthese freien Sauerstoff in die Erdatmosphäre abgaben. Langsam reicherte sich die Erdatmosphäre mit freiem Sauerstoff an. Vor etwa einer Milliarde Jahre bildete sich dann eine dünne Ozonschicht und die schädliche kurzwellige UV-Strahlung der Sonne konnte nicht mehr bis zur Erdoberfläche vordringen.

9.1.3 Die Schutzschirme der Erde

Leben reagiert sehr empfindlich auf einfallende energiereiche kurzwellige Strahlung bzw. auf energiereiche Teilchen. Die Strahlungsschäden können nur in leichten Fällen von den betroffenen Organismen selbst korrigiert werden, es entwickeln sich Fehler bei der Fortpflanzung oder es kommt zu Krebs. Wir sind auf der Erdoberfläche vor diesen Einflüssen geschützt durch:

- Atmosphäre: Durch Absorption (z. B. UV-Strahlung in der Ozonschicht oder Röntgenstrahlung in höheren Schichten) kurzwelliger Strahlung bietet uns die Atmosphäre

Abb. 9.1 Durch vulkanische Ausgasungen am tiefen Ozeanboden entstehende Strukturen aus mineralischen Ablagerungen. Die Austrittstemperatur der Gase beträgt 400 Grad. Zentrum für Marine Umweltwissenschaften, Univ. Bremen

einen Schutz vor der Strahlung. Einige Planetenmonde könnten unterhalb einer Eiskruste einen Ozean aus salzigem Wasser besitzen (z. B. der Jupitermond Europa). Hier übernimmt die Eiskruste die schützende Rolle einer fehlenden Atmosphäre.

- Magnetfeld der Erde: Elektrisch geladene Teilchen werden durch Magnetfeldlinien abgelenkt, sie können in der Regel diese Feldlinien nicht durchdringen.
- Heliosphäre: Der Einflussbereich des Sonnenwindes und des Magnetfeldes der Sonne erstreckt sich über das gesamte Planetensystem und lenkt ebenfalls energiereiche Teilchen der kosmischen Strahlung ab.

Neben der Abschirmung vor energiereicher Strahlung besitzt die Erdatmosphäre natürlich auch eine ausgleichende Wirkung auf die globale Temperatur der Erde. Ohne natürlichen Treibhauseffekt wäre es um bis zu 30 Grad kühler, die Erde also ein gefrorener Eisplanet. Die Wolken schützen vor zu starker Abkühlung während der Nacht.

9.2 Habitable Zonen

9.2.1 Was ist eine habitable Zone?

Wir gehen in Ermangelung anderer Kenntnisse davon aus, dass Leben an das Vorhandensein von Wasser in flüssiger Form geknüpft ist. Dann kann man habitable Zonen einführen, also Bereiche um ein Objekt (Stern oder Riesenplanet), wo Wasser in flüssiger Form existieren kann. Man beachte: Leben benötigt auch Energie. Diese Energie kommt in den meisten Fällen von dem Stern, um den ein Planet kreist, also in unserem Fall von der Sonne. Sie könnte aber auch durch Erwärmung des Himmelskörpers infolge starker Gezeitenkräfte entstehen, wie bei einigen Monden des Jupiter oder des Saturn.

9.2.2 Zirkumstellare habitable Zonen

Betrachten wir einen Stern mit gegebener Temperatur und stellen uns die Frage, in welchem Abstand von diesem Stern könnte auf einem hypothetischen Planeten Wasser in flüssiger Form existieren. Es ist einsichtig, dass diese habitable Zone sehr nahe bei dem Stern liegen müsste, wenn dessen Temperatur relativ niedrig ist. Sterne, die kühler als unsere Sonne sind, besitzen also habitable Zonen die relativ nahe beim Stern sind. Bei heißen Sternen rückt die habitable Zone nach außen. Je kühler der Stern, desto weniger ausgedehnt ist die habitable Zone und desto unwahrscheinlicher wird es, dort einen geeigneten Planeten zu finden.

In Abb. 9.2 ist die habitable Zone skizziert. Zum Vergleich sind die Planeten des Sonnensystems eingetragen. Man sieht, dass Venus zu nahe bei der Sonne ist und Mars knapp außerhalb der Zone liegt. Weiter sind in dieser Abbildung die beiden Exoplaneten Gliese 581 c und Gliese 581 d eingetragen.

Sterne mit 0,3 Sonnenmassen besitzen eine habitable Zone in nur 1/10 der Entfernung Erde–Sonne, also in 15 Millionen km Entfernung. Das ist die 40-fache Entfernung Erde–Mond. Planeten in dieser Nähe zum Stern sind stark anfällig gegenüber Veränderungen der Sternhelligkeit, Ausbrüchen auf dem Stern usw. Bei einem Stern mit zwei Sonnenmassen rückt die habitable Zone in etwa der Entfernung Jupiter zur Sonne. Man beachte aber, dass die Lebendauer von Sternen mit zunehmender Masse abnimmt und somit massereiche Sterne sich so rasch entwickeln, dass keine Zeit für die Entstehung von Leben bleibt.

9.2.3 Zirkumplanetare habitable Zonen

Durch die starken Gezeitenkräfte in der Nähe eines großen Planeten können Satelliten dieses Planeten erwärmt werden, da der Mond dauernd verformt und seine Masse praktisch durchgeknetet wird. Im Falle des Jupiter sieht man diese starke Gezeitenwirkung durch Vulkanismus auf Io (Schwefelvulkane) oder durch das Vorhandensein eines flüssigen Ozeans

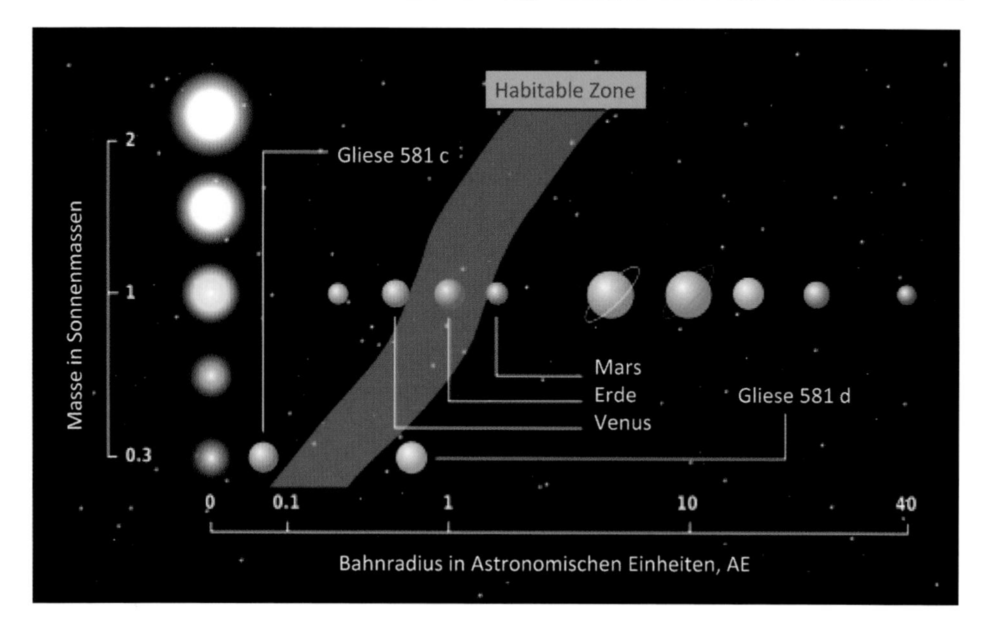

Abb. 9.2 Die Ausdehnung der habitablen Zone in Abhängigkeit von der Masse des Zentralsternes. Adaptiert von www/astrobio.net

unterhalb einer Eiskruste auf dem Mond Europa und anderen Monden. Die Gezeitenkraft liefert hier die nötige Energie für Leben. Ob sich tatsächlich im Ozean der Europa Leben entwickelt hat, werden wir erst durch zukünftige Raumfahrtmissionen feststellen.

9.2.4 Galaktische habitable Zone

Unsere Sonne und damit das Sonnensystem ist etwa 30 000 Lichtjahre vom Zentrum der Milchstraße entfernt. Man nimmt an, dass es so etwas wie eine galaktische habitable Zone gibt. Zu nahe beim Zentrum einer Galaxie sind die Verhältnisse für die Entstehung des Lebens ungünstig. Die Sterndichte wird immer höher und durch Störungen können Objekte, wie wir sie von der das Sonnensystem einhüllenden Oort'schen Wolke her kennen, in das Innere eines Planetensystem gelangen und durch Einschläge das Leben auslöschen. Die Wahrscheinlichkeit von Kometenschauern wird also stark erhöht. Sterne nahe dem galaktischen Zentrum können explodieren und die kurzwellige Strahlung, die dabei entsteht, ist ebenso lebensfeindlich.

Ist andererseits die Entfernung vom galaktischen Zentrum zu groß, dann ist die Entstehung von Planetensystemen fragwürdig. Der Gehalt an Elementen schwerer als Helium nimmt nach außen hin in einer Galaxie ab. Ohne Elemente schwerer als Helium gibt es keine Planeten mit festen Oberflächen. Es existiert also in einer Spiralgalaxie eine habitable Zone. Elliptische Galaxien kommen für Habitabilität kaum in Frage, da sie nur wenige Elemente schwerer als Helium enthalten.

- Bei der Suche nach Leben definiert man habitable Zonen. Planeten innerhalb dieser Zonen könnten Wasser in flüssiger Form an der Oberfläche halten. Damit sich überhaupt Planeten um einen Stern bilden, muss ein gewisser Abstand zum galaktischen Zentrum gegeben sein.

9.3 Wie findet man Exoplaneten?

In diesem Abschnitt behandeln wir die Suche nach Exoplaneten. Interessant ist, dass man für derartige Forschungen gar keine aufwändigen Teleskope benötigt, sondern bereits mit relativ einfachen Mitteln Exoplaneten zumindest indirekt nachweisen kann.

Direkt sehen kann man Exoplaneten nur in besonderen Ausnahmefällen. Meist wird ihr schwaches Leuchten vom wesentlich helleren Zentralstern überstrahlt, und wegen der Entfernung erscheinen uns Exoplaneten stets sehr nahe beim Zentralstern.

9.3.1 Transitmethode

Wir haben bereits besprochen, dass es in seltenen Fällen den Vorübergang des dunklen Venus- oder Merkurscheibchens vor der Sonne zu beobachten gibt. Liegt also unsere Sehlinie in Richtung der Umlaufbahn eines Exoplaneten (darunter versteht man Planeten außerhalb unseres Sonnensystems), dann kann es zu Planetentransits kommen, die man durch einen sehr kleinen Helligkeitsabfall des Sternes messen kann. Aus der Dauer der Verfinsterung lässt sich die Größe des Sternes ermitteln, aus der Dauer des Helligkeitsabfalls die Größe des Planeten. Je präziser die Helligkeitsmessungen, desto kleinere Planeten lassen sich so finden. Die genauesten Messungen bekommt man vom Weltraum aus. Von der Erde aus gesehen, zeigen große Exoplaneten auch Phasen.

9.3.2 Radialgeschwindigkeitsmethode

In Abb. 9.3 sieht man einen Stern und einen nicht sichtbaren Exoplaneten, der um diesen kreist. Beide bewegen sich gemäß den Gesetzen der Physik um den gemeinsamen Schwerpunkt. Wenn sich der Stern bei dieser Bewegung von uns weg bewegt, dann sind seine Spektrallinien nach Rot verschoben. Bewegt er sich entlang seiner Bahn auf uns zu, sind die Linien nach Blau verschoben. Durch sehr genaue Messungen kann man diese Bewegung feststellen und daraus auch die Masse des Exoplaneten abschätzen. Gibt es mehrere Perioden in der Bewegung um den Schwerpunkt, deutet dies auf mehrere Exoplaneten in diesem System hin.

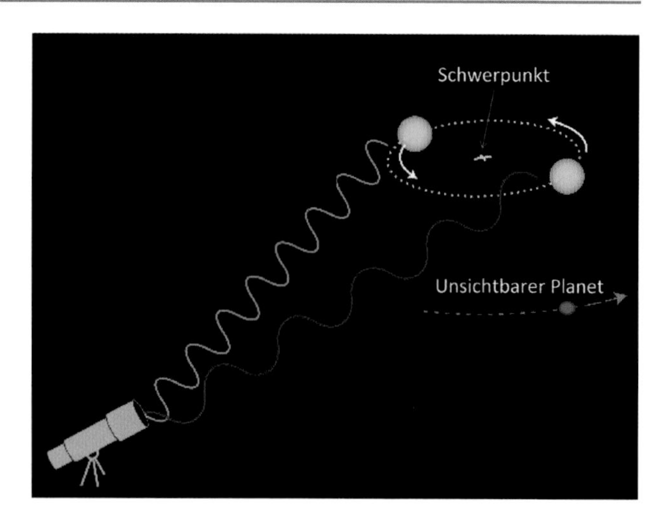

Abb. 9.3 Schwerpunktsbewegung eines Sterns infolge des Exoplaneten. Durch genaue Messung der Radialgeschwindigkeit folgt die Masse des Exoplaneten. Adaptiert von ESO

9.3.3 Sterne ändern ihre Position

Diese Methode ist mit der Radialgeschwindigkeitsmethode gekoppelt (siehe Abb. 9.3). Durch die Bewegung des Sterns um den Schwerpunkt des Systems kommt es zu leichten Positionsänderungen am Himmel, die sich periodisch ändern. Am größten sind diese Effekte für sehr große massereiche Planeten, die sich sehr nahe beim Stern befinden. Je kleiner das Verhältnis Sternmasse/Planetenmasse wird, desto größer sind die Effekte. Viele der bisher gefundenen Exoplaneten sind jupiterähnliche Objekte sehr nahe bei ihrem Mutterstern. Erdähnliche Planeten lassen sich damit nur schwer finden.

Die Schwerpunktsbewegung der Sonne (des Sonnenkerns) ist in Abb. 9.4 dargestellt. Die Bewegung ist kompliziert, weil unser Sonnensystem acht große Planeten enthält. Der Schwerpunkt des Sonnensystems wandert also ständig und kann knapp außerhalb der Sonne selbst liegen.

9.3.4 Satellitenmissionen

Im Jahre 2009 wurde die KEPLER-Mission gestartet. Über einen Zeitraum von mehr als vier Jahren werden 145 000 Sterne in einem ausgesuchten Sternfeld beobachtet. Das Feld wurde so ausgesucht, dass es möglichst weit weg ist von störenden Objekten unseres Sonnensystems (z. B. kleine Planeten) und in einer sternreichen Gegend in der Nähe der Milchstraßenebene liegt (Abb. 9.5).

Die GAIA-Mission (Global Astrometric Interferometer for Astrophysics, Abb. 9.6) wird im Herbst 2013 starten. Damit soll eine Milliarde Sterne genau vermessen werden. Man erhofft sich einige 10 000 Exoplaneten damit zu finden.

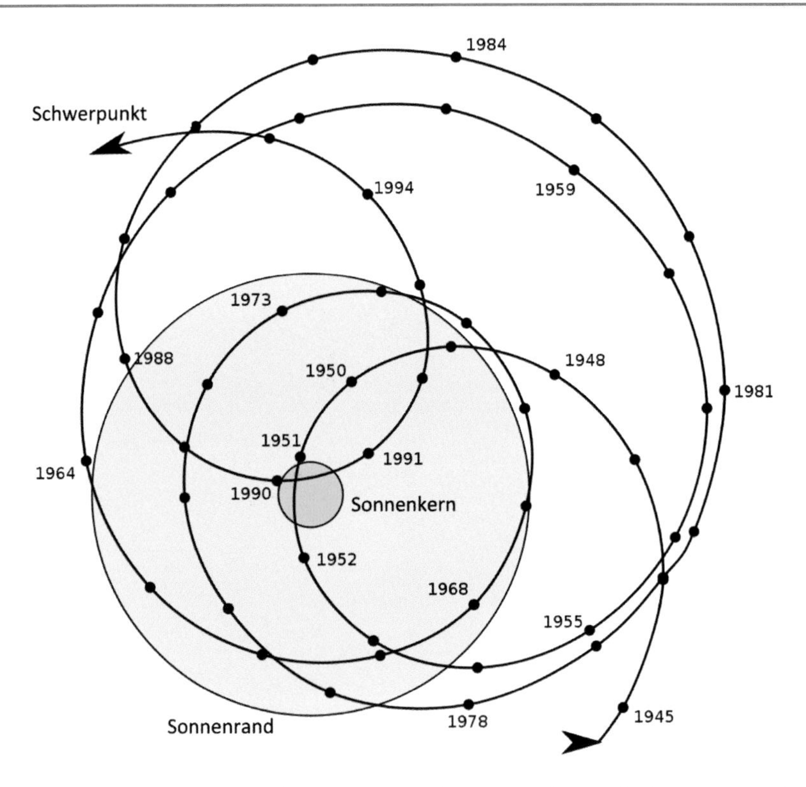

Abb. 9.4 Schwerpunktsbewegung des Sonnenkerns, hervorgerufen durch die Bewegung der Planeten. Adaptiert nach P. Horzempa

- Exoplaneten findet man z. B. durch die Beobachtung von Transits oder aus Radialgeschwindigkeitsmessungen. Direkte Beobachtung ist extrem schwierig.

9.4 Sind wir alleine im Universum?

Wir haben in den letzten Jahrzehnten erstmals Exoplaneten gefunden, damit scheint es bald eine Antwort zu geben auf die brennende Frage nach der Wahrscheinlichkeit von Leben anderswo. Es wurden schon vor der Entdeckung von Exoplaneten Versuche unternommen abzuschätzen, ob wir alleine sind oder nicht.

9.4.1 Drake-Gleichung

Frank Drake verwendete um 1960 erstmals ein Radioteleskop, um Botschaften extraterrestrischer Zivilisationen abzuhören. Er stellte eine Gleichung auf, die es ermöglicht abzuschätzen, wie groß die Anzahl der Zivilisationen in unserer Galaxie bzw. Universum sein

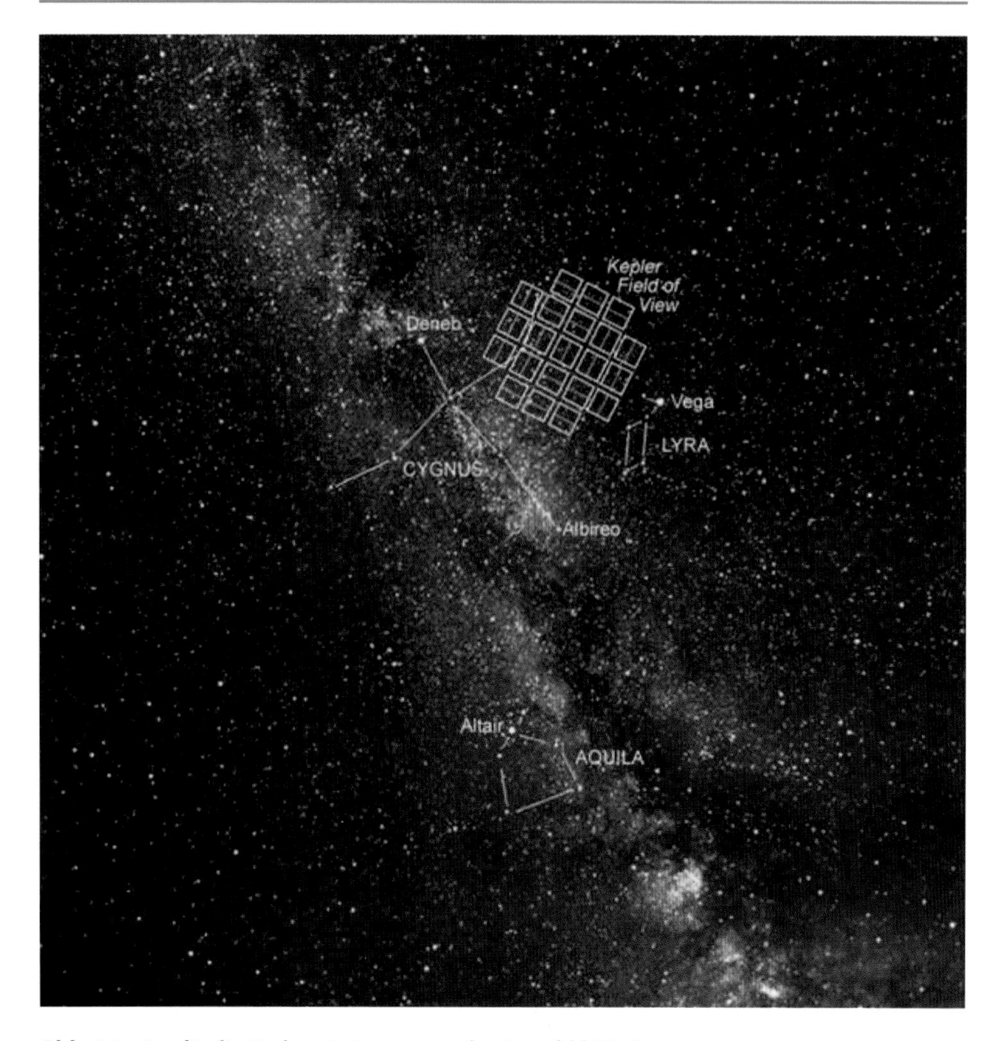

Abb. 9.5 Das für die Keplermission ausgesuchte Sternfeld. NASA

könnte, die sich in etwa auf demselben technischen Stand wie wir befinden. Es ergibt sich:

$$N = S f_P n_{\text{pm}} f_l f_c L\,. \tag{9.1}$$

Die einzelnen Größen bedeuten:

- N Anzahl der Zivilisation auf unserem technischen Niveau oder höher.
- S Gesamtanzahl der Sterne in der Milchstraße. Diese Zahl lässt sich leicht angeben: einige Milliarden.

Abb. 9.6 GAIA ein Satellit der eine Milliarde Sterne genau vermessen soll. NASA

f_P Anzahl der Sterne, die ein Planetensystem besitzen. Diese Zahl ist immer noch unsicher, man nimmt jedoch Werte zwischen 0,5 und 1 an. Der Wert $f_P = 1$ würde bedeuten: Jeder Stern besitzt ein Planetensystem.

n_{pm} Anzahl der Planeten (und Monde), die in einer habitablen Zone liegen, wo es also Leben geben könnte. In unserem Sonnensystem gibt es > 1 Kandidaten, also setzen wir diese Zahl optimistisch zwischen 0,1 und 2 an.

f_l Anzahl der Objekte in einem System, wo sich auch tatsächlich Leben entwickelt hat. Die meisten Biochemiker gehen davon aus, dass sich bei richtigen Bedingungen Leben zwangsläufig entwickelt. Diese Zahl setzt man zwischen 0,01 und 1.

f_c Anzahl der Planeten mit Zivilisationen auf hohem technischen Niveau. Auf der Erde dauerte es vier Milliarden Jahre, bis sich eine derartige Zivilisation entwickelte, also fast die halbe Lebenszeit unserer Sonne. Oft setzt man $f_c = 1$.

L gibt die Wahrscheinlichkeit dafür an, dass eine derartige Zivilisation auch heute noch existiert. Auf der Erde haben wir eine Zivilisation auf hohem technischen Niveau seit etwa 100 Jahren. Setzt man für $L = 10^{-7}$, dann bedeutet dies eine Lebensdauer einer Zivilisation von 1000 Jahren. Man könnte aber auch $L = 10^{-2}$ verwenden, was bedeutet, dass eine solche Zivilisation 100 Millionen Jahre überlebt.

Seien wir ruhig mal pessimistisch. Verwendet man die untersten Werte für die Drake-Gleichung, dann sind wir wahrscheinlich die einzige Zivilisation in der Milchstraße. Das bedeutet eine Kommunikation mit anderen Zivilisationen wäre unmöglich. Trotzdem wäre das Universum voll von Leben, es gibt einige hundert Milliarden von Galaxien, also einige Milliarden Zivilisationen, selbst wenn nur eine von 100 Galaxien einen Planeten mit hochentwickelter Zivilisation hätte.

Im günstigsten Falle könnte es einige 10 Millionen Zivilsationen alleine in unserer Milchstraße geben.

- Selbst bei sehr pessimistischen Annahmen sollte es im Universum einige Milliarden hochentwickelter Zivilisationen geben.

9.4.2 SETI und andere Projekte

SETI bedeutet Search for Extraterrestrial Intelligence. Man versucht den Himmel nach Radiosignalen abzuhorchen, die von solchen Zivilisationen gesendet wurden. Aber bei welchen Frequenzen sollen wir den Himmel abhören? Man geht von ganz speziellen Frequenzen aus, z. B. von der interstellaren 21-cm-Linie des Wasserstoffs. Diese Linie müsste einer intelligenten Zivilisation bekannt sein. Das Besondere an SETI ist jedoch, dass es nicht von Staaten gefördert wird, sondern das Projekt lebt von privaten Spendern sowie einer sehr großen Anzahl von Computerbenutzern, die sich Radiodaten auf ihren PC herunterladen. Mittels einer im Hintergrund laufenden Software werden diese Daten dann automatisch nach speziellen Mustern untersucht, die sich vom Rauschen abheben. So kann also jeder Computerbenutzer auf der Erde aktiv zur Suche beitragen. Im Jahre 1974 wurde mit dem großen Arecibo-Radioteleskop eine Botschaft zum Kugelsternhaufen M13 gesendet. Auf Grund der Entfernung von M13 müssen wir allerdings 48 000 Jahre warten, ehe eine Antwort eintrifft. Die 1972 bzw. 1973 gestarteten Raumsonden Pioneer 10 und 11 tragen eine goldene Plakette (Abb. 9.7), die schemenhaft das Sonnensystem mit den Planeten, das Wasserstoffatom sowie ein Menschenpaar zeigt. An Bord der 1977 gestarteten Voyager-Sonden befindet sich eine goldene Schallplatte mit verschiedenen Stimmen (Papst, US-Präsident, UNO-Generalsekretär usw.). Eine der Sonden wird sich in 30 000 Jahren in der Nähe eines Sternes befinden, dann aber immer noch 1 Lichtjahr von diesem entfernt sein.

Ob diese Sonden jemals von einer außerirdischen Zivilisation gefunden werden, gilt als sehr unwahrscheinlich.

9.5 Die Geschichte des Universums in einem Tag

Im zweiten Kapitel des Buches haben wir die Entwicklung des Universums vorgestellt, wenn man die Zeitskala auf ein Jahr projiziert. Hier wollen wir nochmals einen Vergleich zeigen: Wie sieht die Geschichte des Universums aus, wenn die gesamte Entwicklung vom

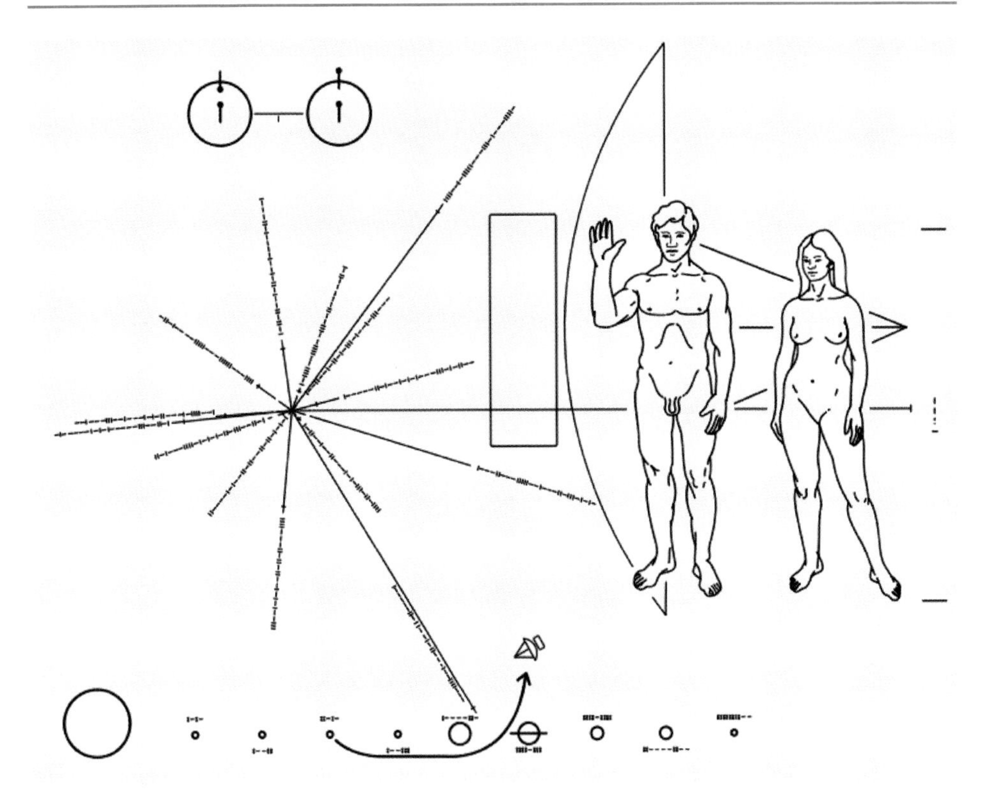

Abb. 9.7 Die goldene Plakette an Bord der Raumsonde Pioneer, eine Botschaft an Außerirdische. NASA

Urknall bis heute sich an nur einem Tage abspielen würde? Besonders werden wir hinweisen auf die Entstehung des Lebens.

- 0:00 Uhr: Das Universum entsteht, Urknall.
- 00:00:02, also zwei Sekunden nach dem Urknall: Materie, Dunkle Materie, Wasserstoff und Helium existieren bereits; Universum ist durchsichtig.
- 01:30:00D die ersten Quasare und Galaxien entstehen; wahrscheinlich auch unsere Milchstraße; erste Sterne bilden sich; massereiche Sterne leuchten nur 5 bis 10 Sekunden und explodieren zu einer Supernova; Sterne wie unsere Sonne leuchten mehr als 10 Stunden.
- 15:35:00: Unser Sonnensystem bildet sich durch den Kollaps einer interstellaren Gaswolke.
- 15:40:00: Unsere Erde stößt mit einem marsgroßen Planeten zusammen, der Mond entsteht.
- 17:00:00: Das erste Leben entsteht auf der Erde; primitive einzellige Cyanobakterien.
- 20:40:00: Mehrzellige Organismen entwickeln sich; das Leben wird komplexer.

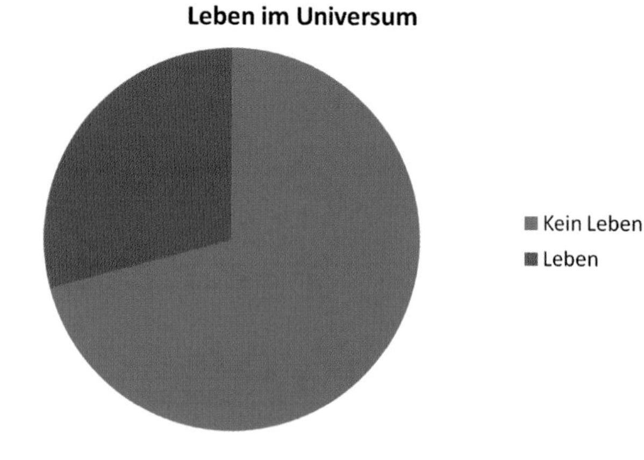

Abb. 9.8 Unbelebtes Universum im Vergleich zum Zeitraum, seit es Leben auf der Erde gab

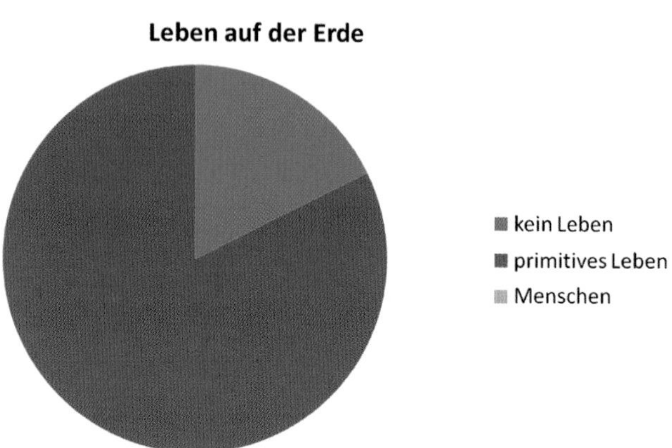

Abb. 9.9 Vergleich der Zeiträume: Erde ohne Leben, Erde mit primitivem Leben, Erde mit Menschen

- 23:00:00: Ausbreitung mehrzelliger Lebewesen, auch auf dem Land.
- 23:40:00: erste Dinosaurier.
- 23:52:48: Aussterben der Dinosaurier durch Einschlag eines Asteroiden.
- 23:59:35: erste Vorfahren des Menschen.
- 23:59:59,8: der moderne Mensch.

Die Entstehung des Lebens auf der Erde fand also erst um 17:00:00 in diesem Modell statt.

In Abb. 9.8 ist dargestellt, wie sich die Zeiträume, in denen es Leben auf der Erde gab, zu den Zeiträumen, in denen es kein Leben gab, verhalten. In Abb. 9.9 ist dargestellt, wie sich die Zeiträume, in denen es höher entwickeltes Leben auf der Erde gab, zu den Zeiträumen, in denen es kein oder nur primitives Leben gab, verhalten. Die Zeitdauer, die vergangen ist seit, die ersten Vorfahren des Menschen aufgetreten sind, spielt im Vergleich zu den anderen keine Rolle.

Literaturliste

Es gibt sehr viele Bücher zum Thema Astronomie und Astrophysik. Hier eine kleine Auswahl von Astronomiebüchern, die die in diesem Buch gegebene Einführung vertiefen:

- A. Hanslmeier, Einführung in Astronomie und Astrophysik, Springer Spektrum, 3. Auflage 2013
- A. Hanslmeier, Kosmische Katastrophen, Vehling Verlag, 2011
- A. Hanslmeier, Astrobiology – The Search for Life in the Universe, Bentham Sciences, 2011
- J. Bennett, M. Donahue, N. Schneider und M. Voit, Astronomie – die kosmische Perspektive, Addison-Wesley, 2009
- S. Maran, Astronomie für Dummies, Wiley VCH, 2007
- W. Gater, A. Vamplew, Praktische Astronomie: Das Handbuch zur Himmelsbeobachtung, Dorling Kindersley, 2011
- H. Hahn und G. Weiland, Sternkarte für Einsteiger: Einfach drehen, sicher erkennen, Franckh-Kosmos, 2011
- H. Keller, Kosmos Himmelsjahr 2013: Sonne, Mond und Sterne im Jahreslauf, Franckh-Kosmos, 2012
- J. Herrmann, H. Bukor und R. Bukor, dtv-Atlas Astronomie, Deutscher Taschenbuch Verlag, 2005
- G. Weiland und H. Keller, Kompendium der Astronomie: Zahlen, Daten, Fakten, Franckh-Kosmos, 2008
- H. Röser, W. Tscharnuter und H. Voigt, Abriss der Astronomie, Wiley VCH, 2012

Seiten für Himmelsbeobachter:

- www.astronomie.de
- http://news.astronomie.info/ai.php/90000

A. Hanslmeier, *Faszination Astronomie*, DOI 10.1007/978-3-642-37354-1,
© Springer-Verlag Berlin Heidelberg 2013

Sachverzeichnis

Printing: Ten Brink, Meppel, The Netherlands
Binding: Stürtz, Würzburg, Germany